21 世纪工科类大学生实训教材

电工电子实训教程

主　编　陈世和
副主编　唐如龙　张　迅
　　　　张小志　许　洋

北京航空航天大学出版社

内 容 简 介

本书为"工科类大学生电工电子实训教材",根据普通高等学校本科教学计划中"电工电子实习"课程的教学大纲编写,旨在增强当代大学生的工程知识、学以致用的观念和实际动手能力。

本书内容丰富实用,注重基础知识的叙述,如安全用电知识,常用的电子元器件、常用的低压电器、基本的焊接知识等。本书还注重实用性和灵活性。书中介绍了 20 个实训作品,其中电工类 10 个,电子类 10 个,涵盖了模拟电路、数字电路、电工基础等方面的知识。根据学生的动手能力可选择不同的训练内容。

本书可作为工科电学类或非电类大学生的电工电子实训教材,还可作为课程设计、毕业设计的教学参考书,以及工程技术人员进行电工电子产品与制作的参考书。

图书在版编目(CIP)数据

电工电子实训教程/陈世和主编.—北京:北京
航空航天大学出版社,2011.8
ISBN 978 - 7 - 5124 - 0543 - 1

Ⅰ.电⋯　Ⅱ.陈⋯　Ⅲ.①电工技术－高等学校—
教材②电子技术－高等学校—教材　Ⅳ.①TM②TN

中国版本图书馆 CIP 数据核字(2011)第 149937 号

电工电子实训教程

主　编　陈世和

副主编　唐如龙　张　迅

张小志　许　洋

责任编辑　张　楠　王　松

*

北京航空航天大学出版社出版发行

北京市海淀区学院路 37 号(邮编 100191)　http://www.buaapress.com.cn
发行部电话:(010)82317024　传真:(010)82328026
读者信箱:emsbook@gmail.com　邮购电话:(010)82316936
北京九州迅驰传媒文化有限公司印装　各地书店经销

*

开本:710×1 000　1/16　印张:17.5　字数:373 千字
2011 年 8 月第 1 版　2022 年 8 月第 6 次印刷　印数:13 551～14 050 册
ISBN 978 - 7 - 5124 - 0543 - 1　定价:29.00 元

前　言

　　"电工电子实习"是普通高等学校本科教学中电类和非电类专业的一门必修课程,也是一个重要的实践性教学环节。本书是根据教育部《关于加强高等学校本科教育工作提高教学质量的若干意见》文件精神和要求,以及普通高等学校本科教学计划中"电工电子实习"课程的教学大纲要求而编写的,包含供电与安全用电知识、常用电子元器件的识别与检测、常用仪器仪表的操作、电子产品装配工艺、电工技术基本知识,以及电工电子类作品制作等内容,可作为普通高等学校本科电类和非电类专业"电工电子实习"课程的教材,也可以作为电工电子工程技术人员和爱好者学习电工电子技术实际操作与训练的参考书。

　　本教材在编写过程中突出实践特色,以培养学生实际动手能力为主线,训练学生掌握电工、电子的基本操作、安装、调试方法和技巧,理论联系实际,培养学生独立思考问题、解决问题的能力和科学思维方法,达到对学生进行综合训练的目的。

　　本教材有如下特色:

　　① 起点低。根据学生的实际和认知规律,从电工操作、常用元器件的识别和检测,到整机电路的安装与调试,由浅入深,循序渐进。

　　② 基本点突出。根据"电工电子实习"课程的教学大纲要求,突出安全用电基本知识、电子元器件的识别与检测基本方法、仪器仪表的基本操作、电子产品基本装配工艺、电工技术基本操作训练以及电工电子类作品制作基础训练。

　　③ 内容新颖。为充分体现电工电子技术的新知识、新技术、新工艺、新方法,使教材以全新的面貌出现,在教材中增加了表面安装元器件的焊接方法,电工电子类作品制作采用较新集成电路元器件等。

　　④ 实践性强。本教材是实践教学中的经验总结,并在此基础上提炼出来的精华,因此具有很强的针对性和教学的可操作性。同时,采用理论与实践一体化教学模式,强化学生的实训,所安排的实训内容,可以让学生在实践中掌握电工电子基本操作、安装、调试的方法与技巧。

　　⑤ 内容和文字简练。电气符号采用国家标准,确保教材内容的准确

性、严密性和科学性。

　　本书由南华大学工程训练中心组织编写，陈世和教授主编，唐如龙、张迅、张小志、许洋副主编。唐中文、古江汉、段丽娟、李全等老师参加了编写工作和大量的电路调试工作。本书在编写过程中，参考了国内外著作和资料，得到了许多专家和学者的大力支持，听取了多方面的宝贵意见和建议。南华大学电气工程学院黄智伟教授全面、系统地审阅了各个章节的内容。南华大学电气工程学院电子信息工程系、自动化系、电气工程及其自动化系、通信工程系、电工电子基础部、电工电子实验中心等的老师们为本书的编写提出了不少有益的建议。同时，还得到了工程训练中心各位领导的大力支持，在此一并表示衷心的感谢。

　　由于我们水平有限，错误和不足在所难免，敬请各位读者批评斧正。

陈世和

2011 年 4 月于南华大学

目　录

第1章 供电与安全用电知识

在现代社会中,电与国民经济和人民生活密切相关,不可缺少。我们不仅要掌握电的基本规律,还必须了解供电、安全用电的基本知识,才能切实做到安全合理用电,使电有效地造福人类。同时,电又对人身安全构成威胁,因此在用电过程中必须牢记"安全第一"宗旨,做到安全合理用电,避免用电事故的发生。

安全用电包括人身安全和设备安全两部分。人身安全是指防止人身接触带电物体受到电击或电弧灼伤而导致生命危险;设备安全是指防止用电事故所引起的设备损坏、起火或爆炸等危险。

1.1 供电系统

1. 发 电

把其他形式的能量转换成电能的场所称为发电厂或发电站。根据发电方式所利用的能源不同,可分为火力发电、水力发电、核能发电、太阳能发电、风力发电、潮汐发电、地热发电等。目前,我国接入电力系统的发电厂主要是火力发电厂和水力发电厂。近年来,核能发电厂也并入电力系统运行。

2. 输电和配电

为了合理利用自然资源,发电厂一般都建在动力资源蕴藏丰富的地方,而用户一般距离发电厂较远。因此,电厂发出的电能还需要通过远距离的输送,才能分配给用户使用。

为了减少输电线路的电流和功率损耗,目前,都采用高压输电。但发电机由于受绝缘材料性能的限制,输出电压不能太高。因此,在输电时,要先经过升压变压器,将电压升高后再输送。输电电压的高低视输出功率和距离远近而定。一般是输送的距离越远,需要的功率越大,要求的输电电压越高。目前,我国输电电压有 35 kV、110 kV、220 kV、330 kV 和 500 kV 等。

电能经远距离输送到用电区后,为满足各类用电设备对工作电压的要求,要经过变压器,将电压降到适合各类负荷所需的电压,然后再经过配电线路将电能分配到各用户。电力的生产、分配和使用具有高度的集中统一性。

电力系统是由发电、输电、变电、供配电、用电设施等环节组成的整体,如图 1.1.1 所示。在电力系统中,联系发电和用电设备的输配电系统(包括升压、降压变电所和各种电压等级的电力线路)称为电力网,简称电网。变电所是连接电网与用户的枢纽。

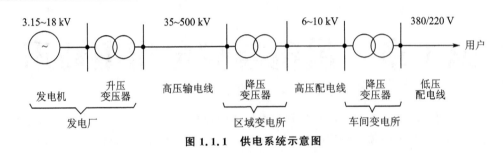

图 1.1.1　供电系统示意图

1.2　安全用电

安全用电包括人身安全和设备安全两部分。

1. 人身安全

人体对电流的反应是非常敏感的。按照通过人体的电流大小,并根据人体呈现的生理反应,触电电流大致可分为三种,即:① 感觉电流:一般人体通过工频电流 1 mA 或 5 mA 的直流电时就会使人体产生麻木的感觉,因此把这种电流称为感觉电流。② 摆脱电流:人体触电后能自主的摆脱电源的最大电流称为摆脱电流,一般为 10 mA 左右。③ 致命电流:一般情况下,在一定的时间内人体通过 50 mA 的工频电流就可使人致命。人体通过 100 mA 的工频电流时,心脏很快停止跳动。

研究表明,触电时除了电流大小对人体所造成的危害之外,还与通过人体电流的频率、时间以及途径等因素有关。50～300 Hz 的交流电对人体的危害最大,高于或低于此频率,伤害的程度都会显著减少。若流过人体的电流大小与人体所承受的电压和人体电阻的大小也有关。在干燥环境和潮湿环境中,人体电阻约在 $800～10^4$ Ω 范围内变化。根据国家有关标准规定,安全电压为 36 V、24 V、12 V 和 6 V。例如,机床上照明灯采用 36 V 供电,汽车使用 24 V、12 V 供电。在潮湿环境比较恶劣的地方,则安全电压限定为 12 V。

2. 设备安全

在电气工程中,除了要十分注意保护人身安全外,还要十分注意防止因电气事故而引起的设备损坏、起火爆炸等事故。主要有以下几方面:

① 防雷保护。雷电产生的高电位冲击波,其电压幅值可达 10^9 V,电流可达 10^5 A,对电力系统危害极大。雷电还可通过低压配电线路和金属管道侵入变电所、配电所和用户,危及设备和人身安全。

目前,防止雷电的有效措施是使用避雷针把雷电引入大地,以保护电气设备、人身以及建筑物等的安全。因此,避雷针要安装在高于保护物的位置,且与大地直接相连。

② 电气设备的防火。电气设备失火通常是由电气线路或设备老化、带故障运行或长时间过载等不合理用电引起的。因此,应在线路中采用过载保护措施,防止电气设备和线路过载运行;注意大型电气设备运行时的温升;使用电热器具及照明设备

时,要注意环境条件及通风散热,周围不可存放可燃、易燃材料物品。

此外,两种绝缘物质相互摩擦会产生静电,绝缘的胶体与粉尘在金属、非金属容器或管道中流动时,也会因摩擦使液体和容器或管道壳内带电。电荷的积累会使液体与容器产生高电位,形成火花放电,引起电气火灾。为此,应将容器或管道可靠接地,将静电引入大地。

③ 电气设备的防爆。在有爆炸危险的场所,使用的电气设备应具有防爆性能;在要求防爆的场合,电气设备应有可靠的过载保护措施,并且绝对禁止使用可能产生火花或明火的电气设备,如电焊、电热丝等加热设备。

1.3　触电对人体的危害

外部电流流经人体,造成人体器官组织损伤乃至死亡,称为触电。触电分为电击和电伤两类。电击是指电流通过人体内部,影响呼吸、心脏和神经系统,造成人体内部组织损伤乃至死亡的触电事故。电伤是指电流通过人体表面或人体与带电体之间产生电弧,造成肢体表面灼伤的触电事故。

在触电事故中电击和电伤会同时发生,对于一般人,当工频交流电流超过 50 mA 时,就会有致命危险。频率在 20～300 Hz 的交流电对人体的危害要比高频电流、直流电流及静电大。

1.3.1　触电形式

1. 单相触电

人体的一部分接触了三相导线中任意一根相线,电流就从一根相线通过人体流入大地,称为单相触电。触电时,电流经过人体通过与其他两相对地绝缘电阻而成通路。当人处在线电压之下时,通过人体的电流不仅决定于人体电阻,也决定于线路绝缘电阻大小。

在中性点接地电网中的单项触电,当人接触电网中的任何一根相线,或人处在电网的相电压之下时,电流经过人体、大地和中性点的接地电阻形成通路而触电,如图 1.3.1 所示。

大部分触电事故是单相触电事故,这是因为 220 V 低压设备应用非常广泛。单相触电的危险程度与电网运行方式有关,一般来说,中性点接地电网的单相触电比中性点不接地电网的危险性大。

2. 两相触电

人体同时接触带电设备或线路中的任意两根相线时,电流从一根相线通过人体流入另一根相线,形成回路,这种触电方式称为两相触电,如图 1.3.2 所示。在这种情况下,加在人体的电压为线电压 380 V,危险性极大。

电工电子实训教程

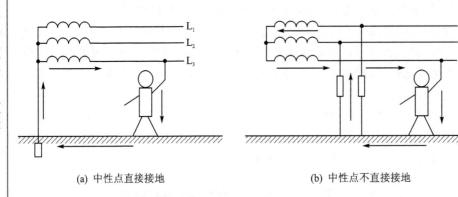

(a) 中性点直接接地　　　　　　　　(b) 中性点不直接接地

图 1.3.1　单相触电

4

3. 跨步电压触电

当电器设备发生接地故障(如绝缘损坏或架空线断落于地面)或在避雷针接地附近(正在雷击)时,该接地体附近的大地表面具有电位,电流流过周围土壤,产生电压降,人体接近地点时,两脚之间形成跨步电压,当跨步电压达到一定程度时就会引起触电,跨步电压的大小取决于离着地点的远近及两脚正对着地点方向的跨步距离。为了防止跨步电压触电,人体应离带电体着地点 20 m 以外,如图 1.3.3 所示。

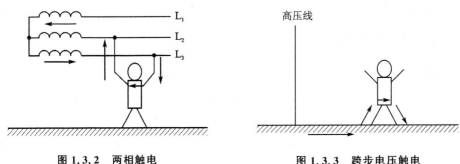

图 1.3.2　两相触电　　　　　　　　图 1.3.3　跨步电压触电

1.3.2　触电原因

不同的场合,引起触电的原因也不一样,根据日常用电情况,触电原因有四种。

1. 线路架设不合格

采用一线一地制的违章线路架设,当接地零线被拔出、线路发生短路或接地不良时,均会引起触电;室内导线破旧、绝缘损坏或敷设不合格时,容易造成触电或短路引起火灾;无线电设备的天线、广播线或通信线与电力线距离过近或同杆架设时,如发生断线或碰线,电力线电压就会传到这些设备上而引起触电;电气工作台布线不合理,使绝缘线被磨坏或被烙铁烫坏而引起触电等。

2．用电设备不合格

用电设备的绝缘损坏造成漏电，而外壳无保护接地线或保护接地线接触不良而引起触电；开关和插座的外壳破损或导线绝缘老化，失去保护作用，一旦触及就会引起触电；线路或用电器具接线错误，致使外壳带电而引起触电等。

3．电工操作不合要求

电工操作时，带电操作、冒险修理或盲目修理，且未采取切实的安全措施，均会引起触电；使用不合格的安全工具进行操作，如使用绝缘层损坏的工具，用竹竿代替高压绝缘棒，用普通胶鞋代替绝缘靴等，均会引起触电；停电检修线路时，闸刀开关上未挂警告牌，其他人员误合开关而造成触电等。

4．使用电器不谨慎

在室内违规乱拉电线，乱接用电器具，使用中不慎而造成触电；未切断电源就去移动灯具或电器，若电器漏电，就会造成触电；更换保险丝时，随意加大规格或用铜丝代替熔丝，使之失去保险作用，容易造成触电或引起火灾；用湿布擦拭或用水冲刷电线和电器，引起绝缘性能降低而造成触电等。

1.4　防止触电的安全措施

由于触电对人体的危害极大，因此必须安全用电，并要以预防为主。为了最大限度地减少触电事故的发生，应了解触电的原因与形式，以便针对不同情况提出预防措施。

1.4.1　安全电压

通过人体的电流决定于触电时的电压和人体电阻。加在人体上一定时间内不致造成伤害的电压叫安全电压。为了保障人身安全，使触电者能够自行脱离电源，不至于引起人员伤亡，各国都规定了安全操作电压。

我国规定的安全电压为：$50 \sim 500$ Hz 的交流电压额定值有 36 V、24 V、12 V、6 V 四种，直流电压额定值有 48 V、24 V、12 V、6 V 四种，以供不同场合使用。还规定安全电压在任何情况下均不得超过 50 V 有效值，当使用大于 24 V 的安全电压时，必须有防止人体直接触及带电体的保护措施。

1.4.2　保护接地

电力系统运行所需的接地，称为工作接地。把电气设备的金属外壳、框架等用接地装置与大地可靠连接，称为保护接地，如图 1.4.1 所示。它适用于中性点不直接接地的低压电力系统。保护接地电阻一般应不大于 $4\,\Omega$，最大不得大于 $10\,\Omega$。

保护接地后，若某一相线因绝缘损坏与机壳相碰，使机壳带电，当人体与机壳接触时，由于采用了保护接地装置，相当于人与接地电阻并联，又由于接地电阻远小于人体电阻,电流绝大部分通过接地线流入地下,从而保护了人身安全。

对于中性点直接接地的电力系统,不宜采取接地保护措施。

1.4.3   保护接零

在中性点直接接地的三相四线电力系统中,将电气设备的金属外壳、框架等与系统的零线(中线)相接,称为保护接零,如图 1.4.2 所示。

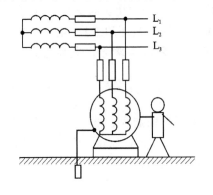

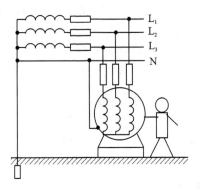

图 1.4.1   保护接地   图 1.4.2   保护接零

保护接零后,如果某一相线因绝缘损坏与机壳相碰,使机壳带电,则电流通过零线构成回路。由于零线电阻很小,致使短路电流很大,会立刻将熔丝烧断或使其他保护装置动作,迅速切断电源,从而消除了触电危险。

采用保护接零时,接零导线要有足够的机械强度,连接必须牢固,以防断线或脱线。并且在零线上禁止安装熔断器和单独的断流开关。为了保证碰壳引起的短路电流能够使保护装置可靠动作,零线的电阻不能太大。

采用保护接零时,除变压器的中性点直接接地外,还必须在零线上的一处或多处再行接地,即重复接地。重复接地的作用在于降低漏电设备外壳的对地电压,减轻零线断路时的触电危险。

1.4.4   使用漏电保护器

漏电保护器是一种防止漏电的保护装置,当设备因漏电外壳上出现对地电压或产生漏电流时,它能够自动切断电源。

漏电保护器种类很多,通常分为电压型和电流型两种。电压型反映了漏电对地电压的大小;电流型则反映了漏电对地电流的大小,又分为零序电流型和泄漏电流型。

漏电保护器既能用于设备保护,也能用于线路保护,具有灵敏度高、动作快捷等特点。对于那些不便于敷设零线的地方,或土壤电阻系数太大,接地电阻难以满足要求的场合,应广泛推广使用。

漏电保护器安装时,必须注意保护器中的继电器接地点和接地体应与设备的接地点和接地体分开,否则漏电保护器不能起保护作用。

1.4.5　采用三相五线制

我国低压电网通常使用中性点接地的三相四线制,提供 380 V/220 V 的电压。在一般家庭中常采用单相两线制供电,因其不易实现保护接零的正确接线,而易造成触电事故。

为确保用电安全,国际电工委员会推荐使用三相五线制,它有三根相线 L_1、L_2、L_3,一根工作零线 N,一根保护零线 PE,如图 1.4.3 所示。在一般家庭中采用单相三线制供电,即一根相线,一根工作零线,一根保护零线,如图 1.4.4 所示。

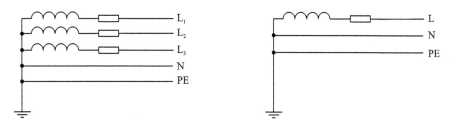

图 1.4.3　三相五线制　　　　　　　　图 1.4.4　单相三线制

采用三相五线制有专用的保护零线,保证了连接畅通,使用时接线方便,能良好地起到保护作用。现在新建的民用建筑布线很多都已采用此法。旧建筑物在大修、中修、改造、翻建时,应按有关标准加装专用保护零线,将单相两线制改为单相三线制,并在室内安装符合标准的单相三孔插座。

1.4.6　迅速脱离电源

使触电者迅速脱离电源是极其重要的一环,触电时间越长,对触电者的危害就越大。脱离电源最有效的措施是断开电源开关,拔下电源插头或熔断器与发生触电事故来不及的情况下,可用干燥的绝缘物拨开或隔开触电者身上的电线。

抢救时必须记住:当触电者未脱离电源前,本身就是带电体,直接触及同样会使抢救者触电,必须戴上绝缘手套才可以去拉开触电者。

在高空发生触电事故时,触电者有被摔下的危险,一定要采取紧急措施,使触电者不致被摔伤或摔死。如事故发生在高压设备上,应立即通知供电部门停电。

触电者脱离电源后,应根据其受电流伤害的程度,采取不同的抢救措施。若触电者只是一度昏迷,可将其放在空气流通的地方安静地平卧,松开身上的紧身衣服,摩擦全身,使之发热,以利于血液循环;若触电者发生痉挛,呼吸微弱,应进行现场人工呼吸;若触电者停止呼吸或心脏停止跳动,可能是假死,绝不可放弃抢救,应立即进行现场人工呼吸和人工胸外心脏挤压;抢救必须分秒必争,同时迅速通知医院救护。

1.4.7　制定安全操作规程

为了保证人身和设备安全,国家按照安全技术要求颁发了一系列的规定和规程。这些规定和规程主要包括有电气装置安装规程、电气装置检修规程和安全操作规程等,统称为安全技术规程。具体规程内容很多,专业性强,这里不能全部叙述,下面主要介绍电工安全操作规程:

① 工作前必须检查工具、测量仪表和防护用具是否完好。

② 任何电气设备内部未经验明无电时,一律视为有电,不准用手触及。

③ 不准在运转中拆卸、修理电气设备。必须在停车,切断电源,取下熔断器,挂上"禁止合闸,有人工作"的警示牌,并验明无电后,才可进行工作。

④ 在总配电盘及母线上工作时,在验明无电后,应挂临时接地线。装拆接地线都必须由值班电工进行。

⑤ 工作临时中断后或每班开始工作前,都必须重新检查电源是否确已断开,并要验明无电。

⑥ 每次维修结束后,都必须清点所带的工具、零件等,以防遗留在电气设备中造成事故。

⑦ 当由专门检修人员修理电气设备时,值班电工必须进行登记,完工后做好交代。在共同检查后,才可送电。

⑧ 严禁带负载操作动力配电箱中的刀开关。

⑨ 带电装卸熔断器时,要戴防护眼镜和绝缘手套。必要时要使用绝缘夹钳,站在绝缘垫上操作。严禁使用锉刀、钢尺等进行工作。

⑩ 熔断器的容量要与设备和线路的安装容量相适应。

⑪ 电气设备的金属外壳必须接地(接零),接地线必须符合标准,不准断开带电设备的外壳接地线。

⑫ 拆卸电气设备或线路后,对可能继续供电的线头要立即用绝缘胶布包扎好。

⑬ 安装灯头时,开关必须接在相线上,灯头座螺纹必须接在零线上。

⑭ 对临时安装使用的电气设备,必须将金属外壳接地。严禁把电动工具的外壳接地线和工作零线拧在一起插入插座,必须使用两线带地或三线带地的插座,或者将外壳接地线单独接到接地干线上。用橡胶软电缆接可移动的电气设备时,专供保护接零的异线中不允许有工作电流流过。

⑮ 动力配电盘、配电箱、开关、变压器等电气设备附近,不允许堆放各种易燃、易爆、潮湿和影响操作的物件。

1.5　现场抢救措施

一旦发生触电事故,抢救者必须保持冷静,千万不要惊慌失措,首先应尽快使触电者脱离电源,然后进行现场急救。

1.5.1 触电者尽快脱离电源

如图1.5.1所示,当发现有人触电时,首先必须使触电者尽快脱离电源。根据触电现场的不同情况,可以采用以下几种办法:

① 迅速关掉电源,再把人从触电处移开,如触电地点远离开关或不具备关闭电源的条件,只要触电者穿的是比较宽松的衣服,就可用手抓住将其拉离电源,或用干燥木棒或竹竿将电源线从人身上挑开。

② 如果触电发生在相线和地之间,一时又不能把触电者拉离电源,可用干燥绳索将其拉离地面,或在地面与人之间塞入一块干燥木板,同样可以切断通过人体的电流,然后关掉闸刀,使触电者脱离带电体。但在将触电者拉离地面时,注意不要发生跌伤事故。

③ 救护者手边有绝缘刀、斧、锄或硬木棒时,可以从电线的来电方向将电线砍断或撬断。

④ 如果手边有绝缘导线,可先将一端良好接地,另一端接在触电者手握的相线上,造成该相电流对地短路,使其跳闸或熔断保险丝,从而断开电源。在搭接相线时,要特别注意救护者的自身安全。

⑤ 在电杆上触电,地面上无法施救时,可以抛扬接地软导线。即将软导线一段接地,另一端抛在触电者接触的架空线上,令其该相对地段跳闸断电。这里要注意两点:一是不能将软导线抛在人身上,否则将使通过人体电流更大;二是不能让触电者从高空跌落。

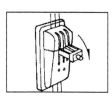

图1.5.1 使触电者迅速脱离电源

1.5.2 人工呼吸法

人工呼吸的方法很多,其中以口对口吹气的人工呼吸法最为简便有效,也最易学会,如图1.5.2所示。具体做法如下:

① 首先把触电者移到空气流通的地方,最好放在平直的木板上,使其仰卧,头部尽量后仰。先把头侧向一边,掰开嘴,清除口腔中的杂物、假牙等。如果舌根下陷,应将其拉出,使呼吸道畅通。同时解开衣领,松开上身的紧身衣服,使胸部可以自由扩张。

② 抢救者位于触电者的一侧,用一只手捏紧触电者的鼻孔,另一只手掰开口腔,深呼吸后,以口对口紧贴触电者的嘴唇吹气,使其胸部膨胀。

③ 放松触电者的口鼻,使其胸部自然回复,让其自动呼气,时间约为 3 s。

反复进行上述步骤,4～5 s 一个循环,每分钟约 12 次。如果触电者张口有困难,可用口对准其鼻孔吹气,其效果与上面方法相近。

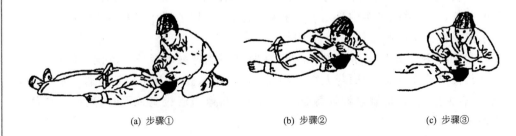

(a) 步骤①　　　　　　　　(b) 步骤②　　　　　　　　(c) 步骤③

图 1.5.2　口对口人工呼吸法

1.5.3　人工胸外心脏挤压法

凡心跳停止或不规则跳动时,应立即采取人工胸外心脏挤压法进行抢救,如图 1.5.3 所示。这种方法是用人工胸外挤压代替心脏的收缩作用,具体做法如下:

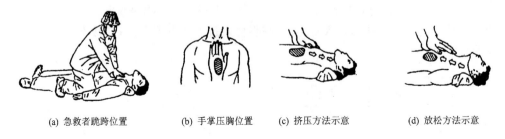

(a) 急救者跪跨位置　　(b) 手掌压胸位置　　(c) 挤压方法示意　　(d) 放松方法示意

图 1.5.3　人工胸外心脏挤压法

① 使触电者仰卧,姿势与进行人工呼吸时相同,但后背应结实着地,抢救者跨在触电者的腰部。

② 抢救者两手相叠,用掌根置于触电者胸骨下端部位,即中指尖部置于其颈部凹陷的边缘,掌根所在的位置即为正确挤压区。然后垂直向下均衡地用力挤压,使其胸部下陷 3～4 cm 左右,以压迫心脏使其达到排血的作用。

③ 使挤压到位的手掌突然放松,但手掌不要离开胸壁,依靠胸部的弹性自动回复原状,使心脏自然扩张,大静脉中的血液就能回流到心脏中来。

按照上述步骤连续不断地进行,每分钟约 60 次。挤压时定位要准确,压力要适中,不要用力过猛,以免造成肋骨骨折、气胸、血胸等危险。但也不能用力过小,否则达不到挤压目的。

　　上述两种方法应对症使用,若触电者心跳和呼吸均已停止,则两种方法可同时使用。如果现场只有一个人,则应先行吹气两次,再挤压 15 次,如此反复进行。

　　经过一段时间的抢救后,若触电者面色好转,口唇潮红,瞳孔缩小,心跳和呼吸恢复正常,四肢可以活动,可暂停数秒进行观察,有时触电者至此就可恢复。如果还不能维持正常的心跳和呼吸,那么必须在现场继续抢救,尽量不要搬动,若必须搬动,抢救工作绝不能中断,直到医务人员来接替抢救为止。

第2章 常用的电子元器件

电子元器件是电子线路中具有独立电气功能的基本单元。熟悉常用元器件的性能、特点,掌握对常用元器件的识别方法和检测方法,是选择、使用电子元器件的基础,也是组装、调试电子线路必须具备的基本技能。下面介绍各种常用电子元器件的基本知识。

2.1 电阻器

2.1.1 电阻器的种类与特性

电阻器(以下简称电阻)是一种无源电子元件,代表符号为 R。电阻的特点就是无论它被安装在电路结构的哪个部分,电阻都会有电流通过。在电路中起限流、分流、降压、分压、负载、阻抗匹配等作用,还可与电容配合做滤波器,是电子设备中使用最多的元件之一。

电阻的种类繁多,按其材料可分为碳膜电阻、金属膜电阻、线绕电阻,按其结构可分为固定电阻、可变电阻(电位器)和敏感电阻。

1. 碳膜电阻

碳膜电阻是由碳沉积在瓷质基体上制成,其外形与结构如图 2.1.1 所示。碳膜宽度 b 与阻值成反比,碳膜的有效长度与阻值成正比。并且碳膜的厚度愈薄,阻值愈大。碳膜电阻的精度较低,最高只能做到 $\pm 5\%$。碳膜电阻属负温度系数电阻,即温度升高时,其电阻值减小。碳膜电阻是目前使用最广泛的电阻,使用在各种电子产品中。

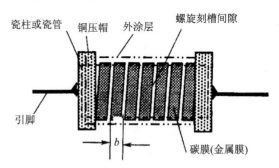

图 2.1.1 碳膜电阻的外形与结构示意图

2. 金属膜电阻

金属膜电阻是由金属合金粉沉积在瓷质基体上制成,其外形与结构示意图参见图 2.1.1。金属膜宽度 b 与其电阻值成反比,通过改变金属膜的厚度或长度得到不同的电阻值。金属膜电阻的精度较高,通用的金属膜电阻精度为 $\pm(2\% \sim 1\%)$;精密金属膜电阻精度可达到 $\pm(0.2\% \sim$

0.1%)。金属膜电阻属正温度系数电阻,即温度升高时,其电阻值随之增大。金属膜电阻与碳膜电阻相比,等阻值电阻的体积要小将近一倍。金属膜电阻特点是耐高温、精度高、高频特性好,故广泛应用在精密仪器仪表等电子产品中。

3. 线绕电阻

普通线绕电阻由外表面具有耐压绝缘层的锰钢、康铜电阻丝在陶瓷、树脂绝缘材料制成的圆柱或薄片骨架上绕制、引线、表面封装而成。薄片线绕电阻外形与结构如图 2.1.2(a)所示。其特点是耐高温,精度高,噪声小,功率大,但高频特性差,故常用于直流与超低频大功率场合。

水泥电阻是一种陶瓷绝缘功率型线绕电阻,由水泥浇灌封装,使镍铬合金电阻丝完全密封,安全隔绝,避免了氧化反应的发生,故在运行电流不超越容许电流的情况下,具有很长的使用寿命。水泥电阻有立式、卧式、长方形、圆柱形等多种结构形式的成品,矩形截面立式水泥电阻外形与结构如图 2.1.2(b)所示。其特点是功率大,散热好,阻值稳定,绝缘性强,使用在彩色电视机、计算机及精密仪器仪表等电子产品中。

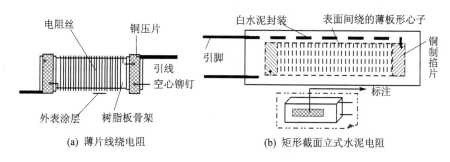

(a) 薄片线绕电阻　　　　(b) 矩形截面立式水泥电阻

图 2.1.2 线绕电阻外形与结构示意图

4. 片状电阻

片状元件是一种无引线元件(Lead - Less),简称 LL 元件。通常,无引线片状元件有片状电阻、片状电容和片状电感。

片状电阻也分薄膜型和厚膜型两种,但应用较多的是厚膜型。厚膜片状电阻是一种质体较坚固的化学沉积膜型电阻,它与薄膜电阻相比,承受的功率较大,并且高频噪声小。片状电阻的外形、结构如图 2.1.3 所示。常用矩形片式电阻器的尺寸如表 2.1.1 所列。

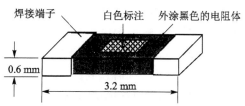

图 2.1.3　厚膜片状电阻外形和结构示意图

表 2.1.1 常用矩形片式电阻器的尺寸 单位：mm

类 型	0402	0603	0805	1206	1210	2010	2512
L	1.00±0.10	1.60±0.10	2.00±0.15	3.10±0.15	3.10±1.10	5.00±0.10	6.35±0.10
W	0.50±0.05	0.80$^{+0.15}_{-0.10}$	1.25$^{+0.15}_{-0.10}$	1.55$^{+0.15}_{-1.10}$	2.60±0.15	2.50±0.15	3.20±0.15
H	0.35±0.05	0.45±0.10	0.55±0.10	0.55±0.10	0.55±0.10	0.55±0.10	0.55±0.10
A	0.20±0.10	0.30±0.20	0.40±0.20	0.45±0.20	0.45±0.20	0.60±0.25	0.60±0.25
B	0.25±0.10	0.30±0.20	0.40±0.20	0.45±0.20	0.45±0.20	0.50±0.25	0.50±0.20

5. 保险电阻

保险电阻在正常情况下具有普通电阻的功能，一旦电路出现故障，超过其额定功率时，它会在规定时间内断开电路，从而达到保护其他元器件的作用。保险电阻按构造可分两种：

➢ 线绕保险电阻，由低熔点合金电阻丝绕制而成。

➢ 薄膜保险电阻，因碳膜与氧化膜电阻体本身所承受的负载能力要比金属膜与化学沉积膜的差，工作温度上限也低，故更适于做保险电阻。其外形与结构如图 2.1.4 所示。

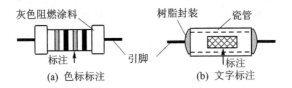

(a) 色标标注 (b) 文字标注

图 2.1.4 薄膜保险电阻外形与结构示意图

保险电阻按材质又可分为不可恢复型和可恢复型两种。不可恢复型元件熔断后必须更换。可恢复型保险电阻的阻值即可自动恢复，使电路恢复正常工作。近几年来广泛应用于彩电、VCD、DVD、扩音机、高级音响等家电产品中。

6. 压敏电阻

压敏电阻是一种对外加电压的变化产生敏感效应的特种电阻。如目前常用氧化锌(ZnO)压敏电阻，它的导电性能随施加的电压呈非线性变化。当压敏电阻两端电压低于其标称值时，呈高阻状态，相当于开路；而当电压高于其标称值时，阻值急剧下降，呈低阻状态，使过电压通过它泄放，从而达到保护其他元器件的作用。一旦过电压消失，恢复高阻状态。ZnO 压敏电阻是以氧化锌为主体材料，加入微量氧化科、氧化锑、氧化锰、氧化铬等材料，采用典型的半导体陶瓷工艺高温烧结制成。其外形、结构如图 2.1.5 所示。

图 2.1.5 中的(a)、(c)压敏电阻为常用普通型元件,主要用于各类电子设备过电压、反压峰值、雷击高压、电源浪涌、可控硅过压保护、晶体管击穿保护、继电器触点火花消除、高电压稳压等,其中,图 2.1.5(c)多用于大功率场所;图 2.1.5(b)为环形压敏电阻,是一种录音机微电机专用配套防护元件。它直接接入微电机的磁能吸收电路,以消除电机在工作过程中电刷火花引起的噪声干扰,并会大大提高电机的使用寿命。

压敏电阻使用在彩电、冰箱、洗衣机、传真机、漏电保护器等电子产品中。

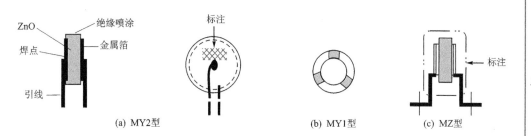

图 2.1.5　氧化锌(ZnO)压敏电阻

7. 热敏电阻

热敏电阻是一种对温度十分敏感的电阻器件,其阻值随温度变化而显著变化。

Pt 热敏电阻是一种以金属材料铂(Pt)为敏感元件的薄膜型热敏电阻。Pt 热敏电阻的电阻温度系数分散性好,其精度高,灵敏度高,在从室温到 1000 ℃温度范围内具有良好的线性度。所以常用于要求线性好、精度高的测温控温场合。它在热敏电阻行列中属于性能、精度最优越,也是价格最昂贵的敏感电阻元件。

阻值随温度升高而减小的热敏电阻称为负温度系数热敏电阻,用 NTC 表示。NTC 热敏电阻是一种采用一些过渡金属氧化混合物,如采用锰、镍、钴、铜或铁的氯化物按一定比例混合后,在拟定的工艺条件下压制而成。最常用的 MF 型 NTC 热敏电阻分普通型与精密型两种,其外形和结构如图 2.1.6 所示。NTC 元件通常采用直标法,如图 2.1.6 中标注的"213J"应识别为常态阻值为 213 Ω,允许误差为 J 级(即±5%)。

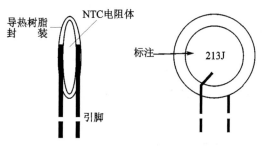

图 2.1.6　NTC 元件外形和结构示意图

NTC 热敏电阻基本特性有：

➤ 其阻值在常温下呈现几百欧姆或数千欧姆的高阻状态，当所感受的环境温度升高或通过的电流增大时，其阻值会逐渐下降至几十欧姆甚至几欧姆；

➤ NTC 元件的额定功率很小，只能生产到毫瓦级，不能承受过大电流。故在小电流工作时，NTC 元件可串入电路使用，多用于以感温为主的温度测量与温度控制电路中。

　　阻值随温度升高而增大的热敏电阻称为正温度系数热敏电阻，用 PTC 表示。PTC 热敏电阻是一种以钛酸钡为主要材料，加上微量的锯、钛、铝等化合物，采取专用设备高温制造而成的正温度系数热敏电阻，其外形和结构如图 2.1.7 所示。PTC 元件采用直标法标出产品的型号、居里点温度、常态电阻值与工作电压峰值，如 MZ - 70/39 Ω/290 V 即表示居里点温度为70℃，常态电阻值为 39 Ω，工作电压峰值为290 V。

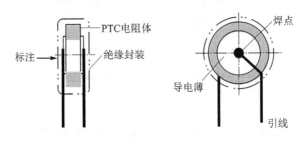

图 2.1.7　PTC 热敏电阻外形和结构示意图

PTC 的基本特性有：

➤ 阻值在常温下只有几欧姆或几十欧姆，当通过的电流超过额定值，PTC 热敏电阻的温升到达自身的居里点时，其阻值能在一、两秒内急剧上升到几百欧姆甚至数千欧姆。

➤ 额定功率大，可生产出几瓦至几百瓦功率。PTC 元件通常串联于电路使用，彩电的消磁电阻、各种电路的过载保护等通常采用 PTC 热敏电阻，PTC 热敏电阻也可作为发热元件用于加热保温设备中。

8. 光敏电阻

　　光敏电阻分可见光光敏电阻和不可见光光敏电阻。不可见光光敏电阻又分为红外光光敏电阻和紫外光光敏电阻。光敏电阻的作用原理均相同，只不过所选用的光敏半导体材料不同而已。如：可见光光敏电阻所选用的光敏半导体物质有 CdS、CdSe、Se、TiS、BiS 等；紫外光光敏电阻所选用的光敏半导体物质有 ZnO、ZnS、Sn$_2$O、CaS 等；红外光光敏电阻所选用的光敏半导体物质有 PbS、PbTe、PbSe、InSb 等。

9. 电位器

　　电位器将固定阻值的电阻变更为可任意调整的可变电阻。电位器的滑动臂电刷在电阻体上滑动一个角度，便可获得与电位器外加电压成对应比例关系的分值电压，这正是电位器名称之由来。电位器在电路中常用于电位调整、无级分压、增益调节、音量控制、音质调整、电视机模拟量调节、晶体管静态工作点微调、频率调节、均衡调整等。

近几年来,电位器发展较快,品种也较多,一些新型、超小型、微量调节、多圈、多联、函数规律变化的电位器元件不断涌现。常用电位器的分类多种多样,以工作方式可分为旋转式电位器和直线式电位器;以结构特点可分为普通电位器、多圈电位器、步进电位器、函数电位器、数字电位器、精密电位器等。电位器的外形如图 2.1.8 所示。

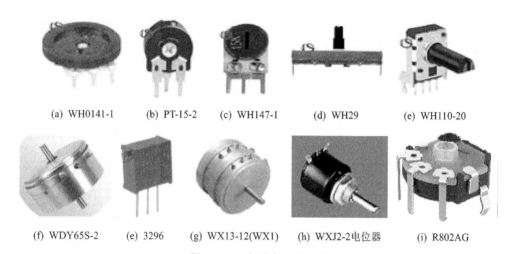

(a) WH0141-1　　(b) PT-15-2　　(c) WH147-1　　(d) WH29　　(e) WH110-20

(f) WDY65S-2　　(e) 3296　　(g) WX13-12(WX1)　　(h) WXJ2-2电位器　　(i) R802AG

图 2.1.8　各种电位器外型

2.1.2　电阻器的参数和标注方法

电阻器的主要参数有标称阻值和允许偏差、额定功率、温度系数、电压系数、最大工作电压、噪声电动势、频率特性、老化系数等。

1. 标称阻值和允许误差

标称阻值是指电阻器上标出的名义阻值,而实际阻值往往与标称阻值有一定的偏差。这个偏差与标称阻值的百分比叫做允许误差。误差越小,电阻器精度越高。国家标准规定普通电阻器的允许误差分为 $\pm 5\%$、$\pm 10\%$、$\pm 20\%$ 三个等级。电阻器的标称阻值及允许误差见表 2.1.2。

表 2.1.2　普通电阻标称阻值系列

系　列	误差/%	标称阻值系列/Ω											
E24	± 5	1.0	1.2	1.5	3.4	2.2	2.7	3.3	3.9	4.7	5.6	6.8	8.2
		1.2	1.3	3.4	2.0	2.4	3.0	3.6	4.3	5.1	6.2	7.5	9.1
E12	± 10	1.0	1.2	1.5	3.4	2.2	2.7	3.3	3.9		4.7	5.6	6.8	8.2
E6	± 20	1.0		1.5		2.2		3.3		4.7		6.8	

注:表中阻值可乘以 10^n,其中 n 为整数。例如 2.2 这个标称阻值系列就有 0.22 Ω、2.2 Ω、22 Ω、220 Ω、2.2 kΩ、22 kΩ 等。

表示电阻器的标称阻值和误差的方法有直标法、色标法、文字符号法三种形式。

① 直标法。在电阻器表面,直接用数字和单位符号标出阻值和误差,例如在电阻器上印有"$22\,k\Omega\pm5\%$",则表示该电阻器的阻值为 $22\,k\Omega$,误差为 $\pm5\%$。

② 色标法。用不同颜色的色环表示电阻器的标称阻值和误差。普通电阻器采用四环表示,精密电阻器采用五环表示,见表 2.1.3。电阻器的标注阻值示例如图 2.1.9 所示。

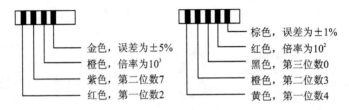

金色,误差为 $\pm5\%$
橙色,倍率为 10^3
紫色,第二位数7
红色,第一位数2

棕色,误差为 $\pm1\%$
红色,倍率为 10^2
黑色,第三位数0
橙色,第二位数3
黄色,第一位数4

$27\times10^3\,\Omega\ \pm5\%=27\,k\Omega\times(1\pm5\%)$　　$430\times10^2\,\Omega\ \pm1\%=43\,k\Omega\times(1\pm1\%)$

图 2.1.9　电阻器的色标法标注阻值示例

表 2.1.3　电阻器色环标注法

色　环	定　义	色环颜色											
		黑	棕	红	橙	黄	绿	蓝	紫	灰	白	金	银
普通电阻器													
第一色环	第一位数	0	1	2	3	4	5	6	7	8	9		
第二色环	第二位数	0	1	2	3	4	5	6	7	8	9		
第三色环	10 的倍率	10^0	10^1	10^2	10^3	10^4	10^5	10^6	10^7	10^8	10^9		
第四色环	误差/%											±5	±10
精密电阻器													
第一色环	第一位数	0	1	2	3	4	5	6	7	8	9		
第二色环	第二位数	0	1	2	3	4	5	6	7	8	9		
第三色环	第三位数	0	1	2	3	4	5	6	7	8	9		
第四色环	10 的倍率	10^0	10^1	10^2	10^3	10^4	10^5	10^6	10^7	10^8	10^9		
第五色环	误差/%		±1	±2			±0.5	±0.25	±0.1			±5	

③ 文字符号法:用数字和文字符号按一定规律组合表示电阻器的阻值,文字符号 R、k、M、G、T 表示电阻单位,文字符号前面的数字表示阻值的整数部分,文字符号后面的数字表示小数部分。例如,R1 表示 $0.1\,\Omega$,2k7 表示 $2.7\,k\Omega$,9M1 表示 $9.1\,M\Omega$。

④ LL 电阻的标注方法有三种。

(a) 三位数字标注方法如下:

标注：XXX（单位：Ω）

　　　　第三个数字表示该电阻值前两位数字后0的个数；

　　　　第二个数字表示该电阻值的第二位有效数字；

　　　　第一个数字表示该电阻值的第一位有效数字。

示例如图 2.1.10 所示。

示例 1：前两位数为 27，第三位数字为 5，表示在后加 5 个 0，为 2 700 000 Ω，即阻值为 2.7 MΩ。

示例 2：前两位数为 10，第三位数字为 0，表示在 10 后加 0 个 0，相当于没有 0，即阻值为 10 Ω。

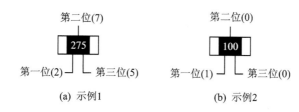

（a）示例1　　　　　　　　（b）示例2

图 2.1.10　片状电阻的三位数字标注法

（b）两位数字后加 R 标注方法如下：

标注：XXR（单位：Ω）

　　　　字母 R 表示该电阻值前两位数字之间的小数点；

　　　　第二个数字表示该电阻值的第二位有效数字；

　　　　第一个数字表示该电阻值的第一位有效数字。

示例如图 2.1.11 所示。

示例 1：前两位数为 51，R 表示数字 5 与数字 1 之间的小数点，即阻值为 5.1 Ω。

示例 2：前两位数为 10，R 表示数字 1 与数字 0 之间的小数点，即阻值为 1.0 Ω。

（a）示例1　　　　　　　　（b）示例2

图 2.1.11　片状电阻的两位数字后加 R 标注法

（c）两位数字中间加 R 标注方法如下：

标注：X R X（单位：Ω）

　　　　末尾数字表示该电阻值小数点后的有效数字；

　　　　中间 R 字母表示该电阻值前后两个数字之间的小数点；

　　　　第一个数字表示该电阻值的第一位有效数字。

示例如图 2.1.12 所示。

示例 1：前一位数为 9，R 表示小数点，末尾位数字为 1，即阻值为 9.1 Ω。

示例 2：前一位数为 2，R 表示小数点，末尾位数字为 7，即阻值为 2.7Ω。

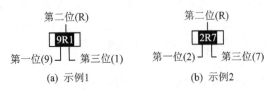

图 2.1.12 片状电阻的两位数字中间加 R 标注法

2．额定功率

电阻器的额定功率为电阻器长时间工作允许施加的最大功率。通常有 1/8 W、1/4 W、1/2 W、1 W、2 W、5 W、10 W 等。

3．温度系数

电阻器的温度系数表示电阻器的稳定性随温度变化的特性，温度系数越大，其稳定性越差。

4．电压系数

电压系数指外加电压每改变 1 V 时，电阻器阻值相对的变化量。电压系数越大，电阻器对电压的依赖性越强。

5．最大工作电压

最大工作电压指电阻器长期工作不发生过热或电击穿损坏等现象的电压。

2.1.3 电阻器的选用和测试

1．电阻值

首先选择的是电阻器的标准电阻值，也需要了解电阻器工作温度、过电压及使用环境等，这些均能使阻值漂移。不同结构、不同工艺水平的电阻器，电阻值的精度及漂移值不同。这些影响电阻值的因素在选用时应注意。

2．额定功率

电阻器的额定功率需要满足电路设计所需电阻器的最小额定功率。在直流状态下，功率 $P=I^2R$，其中 I 为流经电阻器上的电流值。选用时电阻器的额定功率应大于这个值。在脉冲条件和间歇负荷下，电阻器能承受的实际功率可大于额定功率，但需注意：

① 跨接在电阻器上的最高电压不应超过允许值；

② 不允许连续过负荷；

③ 平均功率不得超过额定值；

④ 电位器的额定功率是考虑整个电位器在电路的加载情况，对部分加载情况下的额定功率值应相应降低。

3．高频特性

在高频时,阻值会随频率而变化。线绕电阻器的高频性能最差,合成电阻器次之,薄膜电阻器的高频性能最好,大多数薄膜电阻的有效直流电阻值在频率高达100 MHz时尚能保持基本不变,频率进一步升高时,阻值随频率的变化十分显著。

4．电阻的简单测试

测量电阻的方法很多,可用欧姆表、电阻电桥和数字欧姆表直接测量,也可根据欧姆定律及 $R=U/I$,通过测量流过电阻的电流 I 及电阻上的压降 U 来间接测量电阻值。特别要指出,在测量电阻时,不能用双手同时握住电阻或测试笔,否则,人体电阻将会与被测电阻并联在一起,表头上指示的数值就不只是被测电阻的阻值。

2.2　电容器

2.2.1　电容器的种类与特性

电容器(以下简称电容)是一种储存电能的元件,由两个金属电极中间夹一层绝缘材料介质构成,在电路中起交流耦合、旁路、滤波、信号调谐等作用。

电容按结构可分为固定电容、可变电容、微调电容;按介质可分为空气介质电容、固体介质(云母、独石、陶瓷、涤纶等)电容及电解电容;按有无极性可分为有极性电容和无极性电容。其中云母、独石电容具有较高的耐压性,电解电容有极性,且具有较大的容量。

1．电解电容

电解电容的种类较多,最常用的是铝电解电容与钽电解电容;其次还有合金材料电解电容和其他材料的电解电容;近年来为了有效地缩小元件体积,提高元件使用寿命,又创新出一种铌电解电容。

(1) 铝电解电容

铝电解电容是以极薄的氧化铝膜作为介质,在作为电极的两条等长、等宽的铝箔之间夹电解物质,经卷制、封装而成。常用铝电解电容元件如图 2.2.1 所示。

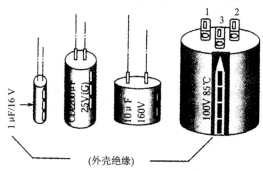

图 2.2.1　常用铝电解电容元件示意图

铝电解电容结构比较简单,它以极薄的氧化铝膜做介质并多圈卷绕,可获得较大的电容量,可达 $10\,000\,\mu F$,这种电解电容最突出的优点是容量大。然而因氧化铝膜的介电常数较小,使得铝电解电容存在由于极间绝缘电阻较小,从而漏电大、耐压低、频响低等缺点。但在应用领域,铝电解电容仍在低、中频电源滤波、退耦、储电能、信号耦合电路中占主角。

(2) 钽电解电容

钽电解电容分固体钽电解电容与液体钽电解电容两种。固体钽电解电容以极薄的、表面粗糙的氧化钽层作为钽电解电容的绝缘介质。然后在其上涂覆一层氧化锰固体电解质,再喷涂一层导电金属箔焊接引线封装而成;而液体钽电解电容的基本结构不同之处是将液体电解液作为负极,再用银壳体密封而成。从工艺到造价等方面比较,常用的仍然是固体钽电解电容。几种常用的钽电解电容元件如图 2.2.2 所示。

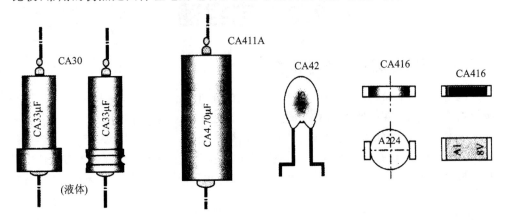

图 2.2.2   几种常用的钽电解电容元件示意图

2. 膜介质电容

(1) 有机膜介质电容

有机膜介质电容的种类较多,最常用的有聚酯膜电容(即涤纶电容)、聚丙烯膜电容、聚苯乙烯膜电容、聚四氟乙烯膜电容、聚碳酸酯膜电容、漆膜电容等。通常,有机膜介质电容的介质损耗小,漏电小,容量范围不大,耐压有高有低。由于它们的介电常数各有差异,用途也各不相同。例如涤纶膜电容,介电常数较高,体积小,容量较大,适用于低频电路;而聚苯乙烯膜电容、聚四氟乙烯膜电容等,虽然介电常数稍低,但由于介质损耗小,绝缘电阻大,耐压高,温度系数小,多用于高频电路;其他有机膜介质电容性能居中,体积小,常用于旁路、高频耦合、中和与微积分电路。常见的各种有机膜介质电容外形如图 2.2.3 所示。

(2) 无机膜介质电容

无机膜介质电容与有机膜介质电容在结构上大同小异,只不过其介质是无机膜的。常用的无机膜介质电容主要有纸膜复合电容和玻璃膜电容两种。无机膜介质电容的主要特点是绝缘强度较高,耐压高,耐腐蚀,介质损耗小,容值稳定,通常用于高频电路。

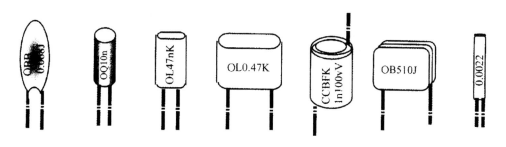

图 2.2.3　常见有机膜介质电容外形示意图

3. 无机介质电容

无机介质电容的介质由无机物质构成。根据无机物类别不同,无机介质电容分为瓷介电容、玻璃釉介质电容、云母电容、金属化纸介电容等。无机介质电容的主要特点是绝缘强度高,耐高压,耐高温,耐腐蚀,容值稳定,通常用于高频电路。

(1) 瓷介电容

瓷介电容的结构是以陶瓷材料做介质,在管形或片形的陶瓷基体两面喷涂薄薄的银导电层,再烧结成薄膜极板电极而成。常用瓷介电容外形图如图 2.2.4 所示。瓷介电容的优点有耐热,耐酸碱及各种化学溶剂腐蚀性能好,绝缘性能高(可达 30 kV),体积小等,缺点有电容量小,抗震动,冲击性能差。

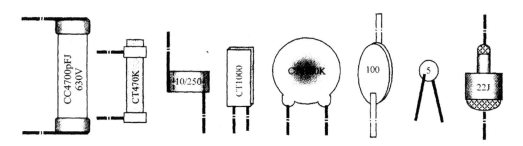

图 2.2.4　常用瓷介电容外形示意图

(2) 云母电容

将可构成极板的金属箔依次夹持在云母片之间叠压(或在云母片单面喷涂银层,切片叠压)、引线后,用专用模具压铸于电木粉中而成;或塑封于环氧树脂之中而成。常用云母电容外形如图 2.2.5 所示。云母电容的容量一般为 $5 \times 10^{-6} \sim 0.047 \mu F$,其精度比较高,允许偏差一般为 $\pm(2\% \sim 5\%)$。云母电容的性能特点如下:

➢ 介质损耗小,加上牢靠的压铸工艺使云母电容具有精密度高、稳定性好的特点;

➢ 绝缘性能好,其绝缘电阻通常可达 $7500 M\Omega$;绝缘电压可高达 $8 kV$;

➢ 温度特性好,高温下长期工作不易老化;

➢ 温度系数小,频率特性好,故适用于中高频精密电路。

电工电子实训教程

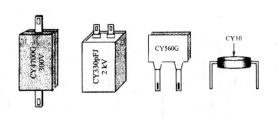

图 2.2.5　常用云母电容外形示意图

(3) 独石电容

独石电容是一种特制的瓷介类电容元件。独石电容是以酞酸钡为主的陶瓷材料制成薄膜,再将多层陶瓷薄膜叠压烧结、切割而成。

独石电容常用于较精密的数字电路,体积较小,容量范围也较低,一般为 1×10^{-6} ~$0.01 \mu F$,其精度比较高,允许偏差一般为 $\pm(2\% \sim 5\%)$。独石电容的耐压通常为 $63 V$,常用于信号耦合、信号旁路、有源滤波等。

4. 可变电容

(1) 全可变电容

全可变电容是指在电容标称值范围内,其容量可随意调节的电容,简称可变电容。

1) 空气介质可变电容

空气介质可变电容的工作介质是空气。其结构由金属片做成的定片、动片、旋转轴及金属基座构成,其外形、结构如图 2.2.6 所示。

由于空气中含有其他气体和混杂物,会影响电容量的精度和稳定度,故裸露式空气介质可变电容器允差范围为 $\pm(10\% \sim 20\%)$;密封式空气介质可变电容器的允差为 $\pm(5\% \sim 10\%)$。

2) 有机膜介质可变电容

有机膜介质可变电容的工作介质是乙烯有机膜。有机膜介质可变电容在结构上有单联、双联、四联、等容、差容等品种。由于介质纯度较高,制造工艺精细,并采用了外密封结构,使得有机膜介质可变电容具有较良好的动态稳定度,其精度也得到提高。其允差范围通常为 $\pm(2\% \sim 5\%)$。

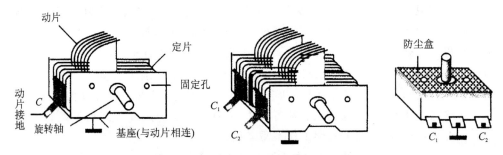

图 2.2.6　空气介质可变电容外形、结构

24

(2) 半可变电容

半可变电容是指在电容标称值范围内,容量可在一定范围调节的电容元件,简称可变电容,也称微调电容。半可变电容之所以定义为微调电容,一是调节范围很窄,只有几到十几或几十皮法,也就是说只是微量调节;另外,一旦调定,以后将不再随意变动或调节。

微调电容通常分有机薄膜介质微调电容、云母介质微调电容、瓷介微调电容、拉线微调电容四种,其结构与形状各有差异。

1) 有机薄膜介质微调电容

由上下两片半圆形状的铜片做极板,中间夹一层有机薄膜做介质而构成。其外形、结构如图 2.2.7 所示。

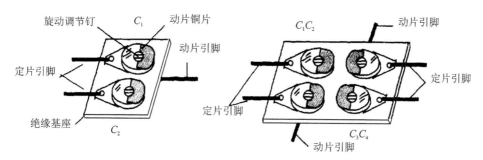

图 2.2.7 有机薄膜介质微调电容外形、结构示意图

2) 瓷介微调电容

瓷介微调电容由上下两片被镀银瓷片构成,下片作为定片,上片作为动片。被镀银层作为微调电容的极板,位于上下被镀银层中间的陶瓷片作为介质。同样,瓷介微调电容的调节钉被旋动时,联动动片同步旋转,从而改变上下被镀银极板之间的相关面积,达到改变电容容量的目的。其外形、结构如图 2.2.8 所示。

图 2.2.8 瓷介微调电容外形、结构示意图

5. 片状电容

片状电容(LL 电容)是一种小型无引线电容,其电容的介质、极板、加工工艺等,均很精密。其介质主要由有机膜或瓷片构成,外形以片状为多见,也有圆柱形的。

6. 特种电容

(1) 高储能电容

高储能电容分为有极性特种电容和无极性特种电容,有极性特种电容主要指的是固体或液体电解质电容。其特点是电容量大,耐压较高,体积较大。它主要用于充磁设备、倍压整流设备、电磁铁—电磁起重设备、电焊—电弧焊设备、高压整流滤波设备、矿山电磁分检设备、大功率可控硅控制系统等。无极性特种电容主要指采用聚苯乙烯介质的电容与油浸电容。其特点是电容量稳定,温度系数小,耐压比较高,主要用于工作在交流条件下的中功率设备,如 UPS 不间断电源、中频电源设备、饱和电抗器设备、感性负载的功率因数调整、洗衣机等。其外形结构如图 2.2.9 所示。

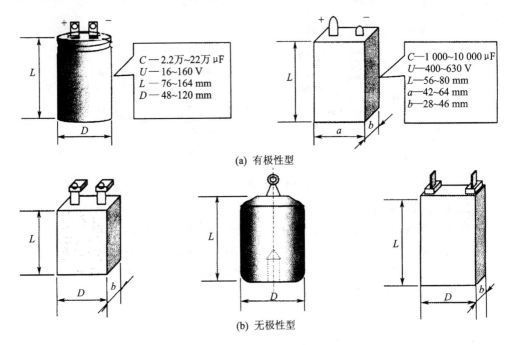

C—2.2万~22万 μF
U—16~160 V
L—76~164 mm
D—48~120 mm

C—1 000~10 000 μF
U—400~630 V
L—56~80 mm
a—42~64 mm
b—28~46 mm

(a) 有极性型

(b) 无极性型

图 2.2.9　高储能电容有极性型特种电容和无极性型特种电容外形结构示意图

(2) 交流电动机专用电容

通常,交流电动机的启动与运行往往都离不开电容。用于交流电动机的特种电容通常有两种:一种是启动电容,另一种是运行电容。

启动电容是使交流电动机的辅助绕组(即启动绕组)在给电瞬间提供超前电流以建立超前旋转磁场,帮助交流电动机顺利启动的专用电容。通常,启动电容并不是常接在电动机的绕组上,而是当完成启动使命之后,有关电路就会使之自动断开。

运行电容与交流电动机的辅助绕组连接,多为串联关系。运行电容能够增大交流电动机在运行期间达到最大转矩,提高交流电动机的运行效率。通常,运行电容一直常接在电动机的绕组上,在整个运行过程中始终保持在工作状态。

交流电动机的启动电容与运行电容通常安装在电动机的壳体或就近的规定位置上。当电机启动时,作用在启动电容上的感应电势将高出绕组工作电压几倍,有时甚至 10 倍。而电动机运行的过程中,因感应电动势的方向频繁地改变,长时间经受高电压、大电流的冲击会构成对运行电容寿命的威胁。因此,交流电动机专用电容的额定电压应选用高出 3 倍以上的额定电压标称值。

(3) 电力电容

电力电容是专用于高压强电工程中的特种电容。它主要用于输变电设备和大型科学技术研究试验等方面。由于电力电容在数千伏甚至上万伏的高电压下工作,所以它使用的介质既要具备储存能量大的作用,还要有十分优越的电气绝缘性能、自愈性能和良好的抗振、抗冲击等机械性能,故其介质仍以纸、油浸纸为主。

电力电容的类别按其用途不同大体可分为移项电容、串联电容、耦合电容及电容式电压互感器、电热电容、脉冲电容、直流电容、均压电容、标准电容 8 种类型。

2.2.2　电容器的参数和标注方法

1. 电容的主要参数

(1) 标称容量及允许误差

电容的外壳表面上标出的电容量值,称为电容的标称容量。标称容量与实际容量之间的偏差与标称容量之比的百分数称为电容器的允许误差。常用电容的允许误差有 $\pm0.5\%$、$\pm1\%$、$\pm2\%$、$\pm5\%$、$\pm10\%$、$\pm20\%$。

(2) 工作电压

电容在使用时允许加在其两端的最大电压值称为工作电压,也称耐压或额定工作电压。使用时,外加电压最大值一定要小于电容器的额定工作电压,通常,外加电压应在额定工作电压的 2/3 以下。

(3) 绝缘电阻

电容的绝缘电阻表征电容器的漏电性能,在数值上等于加在电容器两端的电压除以漏电流。绝缘电阻越大,漏电流越小,电容器质量越好。品质优良的电容器具有较高的绝缘电阻,一般都在兆欧级以上。电解电容器的绝缘电阻一般较低,漏电流较大。

2. 电容的标注方法

电容的基本单位是 F(法拉),这个单位太大,常用单位是 μF(微法)、nF(纳法)、pF(皮法),$1F=10^3\ mF=10^6\ \mu F=10^9\ nF=10^{12}\ pF$。电容器的容量、误差和耐压都标注在电容器的外壳上,其标注方法有直标法、文字符号法、数字法和色标法。

(1) 直标法

直标法是将容量、偏差、耐压等参数直接标注在电容体上,常用于电解电容器参数的标注。

(2) 文字符号法

使用文字符号法时,容量的整数部分写在容量单位符号的前面,容量的小数部分写在容量单位符号的后面,例如, 2.2 pF 记作 2p2;4700 pF 等于 4.7 nF,可记作 4n7。

允许误差用文字 D 表示±0.5%,F 表示±1%,G 表示±2%,J 表示±5%,K 表示±10%,M 表示±20%。

(3) 数字法

在一些瓷片电容器上,常用三位数字表示标称电容,单位为 pF。三位数字中,前两位表示有效数字;第三位表示倍率,即表示有效值后面"0"的个数。例如,电容器标出为 103,表示其容量为 10×10^3 pF=10 000 pF=0.01 μF;电容器标出为 682J,表示其容量为 68×10^2 pF=6 800(1±5%)pF。

(4) 色标法

这种表示方法与电阻器的色环表示方法类似,其颜色所代表的数字与电阻器的色环完全一致,单位为 pF。

2.2.3 电容器的选用和测试

电容器选择一般应注意下列问题:

1. 交流电压额定值

在交流条件下工作,要考虑以下因素:

① 额定直流电压。直流电压值加上交流电压峰值不得超过此值。

② 功率损耗产生的内部温升。此值不应使全部温升(包括环境温度影响)超过最大额定温度。

③ 电晕起始电平。电晕能在相当低的交流电平下产生。

④ 绝缘电阻。小容量电容的绝缘电阻单位为 MΩ。大容量电容的绝缘电阻值用参数 *RC* 即电容的时间常数表示,单位为 MΩ·μF。电解电容以漏电流来反映绝缘电阻,单位为 μA。

2. 质量等级和质量系数

具体产品的相应质量级别和质量系数可查阅有关标准。对于美国产品可查阅 MIL—HDBK—217,对于我国产品可查阅 GJB/Z299。

3. 各种电容主要应用场合

各类普通电容的主要应用场合如表 2.2.1 所列。

表 2.2.1　各类普通电容的主要应用场合

电容类型	应用范围								
	隔直流	脉冲	旁路	耦合	滤波	调谐	启动交流	温度补偿	储能
空气微调电容				○	○	○			
微调陶瓷电容				○		○			
Ⅰ类陶瓷电容				○		○		○	

电容类型	应用范围								
	隔直流	脉冲	旁路	耦合	滤波	调谐	启动交流	温度补偿	储能
Ⅱ类陶瓷电容			○	○	○				
玻璃电容	○		○	○		○			
穿心电容			○						
密封云母电容	○	○	○	○	○	○			
小型云母电容			○	○		○			
密封纸介电容	○	○	○	○	○		○		
小型纸介电容	○			○					
金属化纸介电容	○		○	○	○		○		○
薄膜电容	○	○	○	○	○				
直流电解电容			○	○	○				
交流电解电容							○		
钽电解电容	○		○	○	○				○

4. 电容质量优劣的简单测试

用交流电桥和 Q 表(谐振法)可精确地测量电容的容量和 Q 值,这里不作介绍。

利用万用表的欧姆档粗略地辨别电容漏电、容量衰减或失效的情况。具体方法是:选用"R×1k"或"R×100"档,将黑表笔接电容的正极,红表笔接电容的负极,若表针摆动大且返回慢,返回位置接近∞,则说明该电容正常,且电容大;若表针摆动大,但返回时,表针显示的 Ω 值较小,则说明该电容电流较大;若表针摆动很大,接近于 0,且不返回,则说明该电容已击穿;若表针不摆动,则说明该电容已开路,失效。

该方法也适用于辨别其他类型的电容。但如果电容容量较小时,应选择万用表的"R×10k"档测量。如果需要对电容再一次测量时,则必须将其放电后方能进行。

2.3　电感器

电感器又称电感线圈,是用漆包线在绝缘骨架上绕制而成的一种能储存磁场能量的电子元器件。电感器有通直流、阻交流,通低频、阻高频的特性,广泛应用于各种电子设备的滤波、扼流、振荡、延时等电路中。

2.3.1　电感器的种类与特性

电感器的种类繁多,常用的电感器(以下简称电感)、空心电感、铁心电感、磁心电感、铜心电感、永磁心电感、标准电感、动圈电感、旋转电感、电抗电感、换能电感、写读电感、LL贴片电感、印刷电感、特殊电感等。

1. 空心电感

所谓空心电感,泛指磁路介质为空气的线圈。空心电感一般分为两种,一种是带骨架线圈,比如实验室用的线圈、收音机中的振荡线圈等;另一种是无骨架线圈,比如电视机高频头中的选频线圈、调频收音机中的调谐线圈等。

空心电感既可以是固定电感,也可以是可调电感,通过改变其形状来改变电感量的。空心电感的电感量均比较小,所以空心电感一般均用于高频电路。空心电感外形结构示意图如图 2.3.1 所示。

(a) 单层普通线圈　　(b) 高频电感　　(c) 多层蜂房线圈　　(d) 无骨架电感

图 2.3.1　空心电感外形结构示意图

2. 磁心电感

磁心电感是指磁路介质为高磁导率软磁性材料的线圈,磁心电感有磁开路式和磁闭路式,所谓磁开路是指电感线圈的磁回路由磁心与空气构成。所谓磁闭路是指电感线圈的磁回路是由磁心磁路构成。

(1) 固定磁心电感

1) 磁开路式固定磁心电感

磁开路式固定磁心电感有立式、卧式、圆柱形、方形、扁形、片状等多种结构形式。例如:

$$\boxed{L}\ \boxed{G}\ \boxed{1} - \boxed{B}\ \boxed{330}\ \boxed{\mu H} \pm \boxed{10}\ \boxed{\%}$$

表示 LG1 型固定磁心电感,电流组别为 B 组,电感量为 $330\mu H$,允差为 $\pm 10\%$。

$$\boxed{L}\ \boxed{G}\ \boxed{4} - \boxed{C}\ \boxed{47}\ \boxed{mH} \pm \boxed{5}\ \boxed{\%}$$

表示 LG4 型固定磁心电感,电流组别为 C 组,电感量为 47mH,允差为 $\pm 5\%$。

2) 磁闭路固定磁心电感

在工程上常使用铁氧体闭合磁路电感。闭路磁心电感的类型较多,常用有磁环电感、磁罐电感、多孔磁心电感,中、高频扼流圈,中、高频变压器,开关电源变压器等。闭路磁心电感多为非标准件,通常根据特殊需要自制。

3) 固定磁心电感的电流组别

固定磁心电感的电流组别如表 2.3.1 所列。

表 2.3.1　固定磁心电感的电流组别

电流组别	A	B	C	D	E
最大工作电流/mA	50	150	300	700	1600

4）固定磁心电感的 Q 值、温度系数

固定磁心电感的 Q 值、温度系数如表 2.3.2 所列。

表 2.3.2　固定磁心电感的 Q 值与温度系数

电感量范围 /μH	0.10～ 0.15	0.18～ 0.82	1.00～ 5.60	6.80～ 8.20	10.0～ 39.0	47.0～ 82.0	100～ 330	390～ 820	1 000～ 3 300	3 900～ 8 200	10 000～ 22 000
Q 值测试 频率/MHz	40	24	7.6	5.0	2.4	1.5	0.76	0.4	0.24	0.15	0.08
Q 值	≮60				≮45				≮40		
温度系数 ($A_1 \times 10^{-6}$)	$-600 \sim +800$										

（2）可变磁心电感

可变磁心电感是一种电感量可调的磁开路电感。可变磁心电感通常用于高频或中频,广泛地应用在通信机、发射机、接收机、各种雷达等电子设备中。

1）磁开路可变磁心电感

LK1 型和 LT 型磁开路可变磁心电感具有可旋动左端调节帽(可锁定),旋动左端调节帽即可使内部的联动磁心上下移动,使磁心与线圈的相对位置发生变化,从而达到微调线圈电感量的目的。电感量范围为 0.10～100 μH,调节范围最小值为 0.10～0.14 μH,最大值范围为 82～135 μH。

2）磁闭路可变磁心电感

磁闭路可变磁心电感如中频调谐变压器,它是超外差收音机中频放大级、电视接收机图像中放、伴音中放、鉴频、视放中不可缺少的靠磁耦合选频的电感元件。

中频调谐变压器(中周)的外形与结构如图 2.3.2 所示。

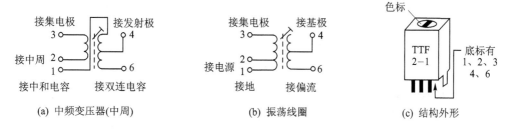

(a) 中频变压器(中周)　　　　(b) 振荡线圈　　　　(c) 结构外形

图 2.3.2　中频调谐变压器(中周)的外形与结构

3. 铁心电感

所谓铁心电感,泛指电感元件磁路介质为电工软铁、硅钢片、坡莫合金薄片等铁心介质的电感线圈。铁心电感一般分为两大类,一类是自感型铁心电感,比如阻流圈(或称扼流圈)、镇流器、自耦变压器等;另一类是各种变压器、高压产生器等。铁心电感的外形结构如图 2.3.3 所示。

4. 片状电感

LL 是指无引线微型电感,也称为片状电感。

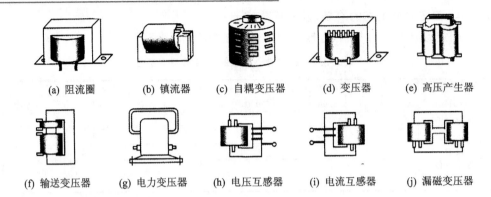

(a) 阻流圈　　(b) 镇流器　　(c) 自耦变压器　　(d) 变压器　　(e) 高压产生器

(f) 输送变压器　(g) 电力变压器　(h) 电压互感器　(i) 电流互感器　(j) 漏磁变压器

图 2.3.3　常用铁心电感外形结构示意图

(1) 片状固定电感

LL 固定电感的外形、尺寸、内部结构如图 2.3.4 所示,其外形最大尺寸只有 3.2 mm,磁心采用的是闭合磁心,由于体积小,绕线空间小,线圈匝数受到限制,故电感量较小,Q 值也比较低。电感量范围为 $0.047\sim33\,\mu H$。最大直流工作电流范围为 $5\sim300\,mA$。

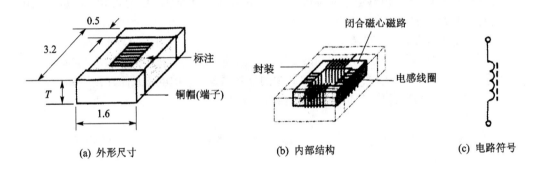

(a) 外形尺寸　　　　　(b) 内部结构　　　　　(c) 电路符号

图 2.3.4　LL 电感的外形结构

(2) 片状可调电感

外形结构不同的微型片状可调电感如图 2.3.5 所示,有单调节式和双调节式,有调节带螺纹磁帽和调节带螺纹磁心。元件制造精密,体积很小,其外廓尺寸绝大部分为 $7\sim8\,mm$,其性能也很稳定。

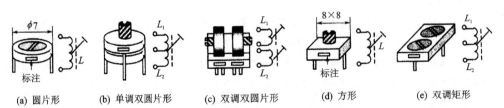

(a) 圆片形　(b) 单调双圆片形　(c) 双调双圆片形　(d) 方形　(e) 双调矩形

图 2.3.5　微型片状可调电感外形结构示意图

2.3.2 电感器的主要参数

电感器的主要参数有电感量、品质因数、标称电流值、稳定性等。

1. 电感量

电感量的单位是亨利,用字母"H"表示,是电感量的基本单位。当通过线圈的电流每秒钟变化 1 A 所产生的感应电动势是 1 V 时,这时线圈的电感是 1 H。线圈电感量的大小,主要取决于线圈的圈数、绕制方式及磁芯材料等。线圈圈数越多,绕制的线圈越密集,电感量越大;线圈内有磁芯的电感量比无磁芯的大,磁芯导磁率越大,电感量越大。

电感的换算单位有 mH(毫亨)、μH(微亨)、nH(奈亨),其单位换算关系为

$$1 \text{ H} = 10^3 \text{ mH} = 10^6 \text{ } \mu\text{H} = 10^9 \text{ nH}$$

电感线圈的精度范围为±(0.2%～20%)。通常,用于谐振回路的电感线圈精度比较高,而用于耦合回路、滤波回路、换能回路的电感线圈精度比较低,有的甚至无精度要求。精密电感线圈的精度允许偏差为±(0.2%～0.5%);耦合回路电感线圈的精度允许偏差为±(10%～15%);高频阻流圈、镇流器线圈等的精度允许偏差为±(10%～20%)。

2. 品质因数

品质因数是衡量电感线圈质量的重要参数,用字母 Q 表示。Q 值的大小表明了线圈损耗的大小,Q 值越大,线圈的损耗就越小;反之就越大。品质因数 Q 在数值上等于线圈在某一频率的交流电压下工作时,线圈所呈现的感抗和线圈直流电阻的比值,即 $Q = 2\pi f L/R = \omega L/R$,其中:$Q$ 为电感线圈的品质因数(无量纲);L 为电感线圈的电感量(H);R 为电感线圈的直流电阻(Ω);f 为电感线圈的工作电压频率(Hz)。

3. 分布电容

任何电感线圈,其匝与匝之间、层与层之间、线圈与参考地之间、线圈与磁屏蔽之间等都存在一定的电容,这些电容称为电感线圈的分布电容。若将这些分布电容综合在一起,就成为一个与电感线圈并联的等效电容 C。

当电感线圈的工作电压频率高于线圈的固有频率时,其分布电容的影响超过了电感的作用(见电感线圈固有频率 f_0 的计算表达式),使电感变成了一个小电容。因此,电感线圈必须工作在小于其固有频率下。电感线圈的分布电容是十分有害的。在其制造中,必须尽可能地减小分布电容。减小分布电容的有效措施有:① 减小骨架直径;② 在满足电流密度的前提下尽可能地选用细一些的漆包铜线;③ 充分利用可用绕线空间对线圈进行间绕法绕制;④ 采用多股蜂房式线圈。

4. 电感的固有频率 f_0

电感线圈的等效电路如图 2.3.6 所示。从电感线圈的等效电路可见,除有分布电容 C 外,还具有直流电阻 R。若电感线圈工作在直流与低频情况下,电阻 R 对线

圈的正常工作影响不大,则可以忽略;若电容 C 因频率很低而容抗很小,则也可忽略。这时电感线圈就可视为一个理想的电感。

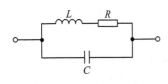

图 2.3.6　电感线圈等效电路

然而,当工作频率提高之后,电阻 R 与分布电容 C 的影响作用就逐步明显起来了。当工作频率提高到某一定值时,分布电容的容抗 X_C 与电感的感抗 X_L 相等 (即 $X_C = X_L$)时,电感线圈自身就会出现谐振现象,此时的谐振频率 f_0 为该电感线圈的固有频率。其计算表达式为

$$f_0 = \frac{1}{2\pi \sqrt{LC}}$$

式中,f_0 为电感的固有频率(Hz);L 为电感线圈的电感量(H);C 为电感线圈的分布电容(F)。

5．标称电流值

标称电流值指电感在正常工作时,允许通过的最大电流,也叫额定电流。若工作电流大于额定电流,线圈就会发热而改变其原有参数,甚至被烧毁。

6．参数稳定性

参数稳定性指线圈参数随环境条件变化而变化的程度。线圈在使用过程中,如果环境条件(如温度、湿度等)发生了变化时,电感量及品质因数等参数也随着改变。例如,温度的变化会引起电感量的变化,由于线圈导线受热后膨胀,使线圈产生几何变形,从而引起电感量的变化。为了提高线圈的稳定性,可从线圈制作上采取适当措施,如采用热绕法,将绕制线圈的导线通上电流,使导线变热,然后绕制成线圈,这样导线冷却后收缩紧紧贴在骨架上,线圈不易变形,从而提高稳定性。湿度变化会引起线圈参数的变化,如湿度增加时,线圈的分布电容和漏电都会增加。为此要采取防潮措施,减小湿度对线圈参数的影响,就可确保线圈工作的稳定性。

2.3.3　变压器及其主要参数和测试

变压器可以用来完成升压、降压、阻抗变换及耦合等功能。变压器种类很多,常见的有电源变压器、输入/输出变压器、中频变压器等。

由于工作频率及用途的不同,不同类型的变压器的主要参数也不同。例如,电源变压器的主要参数有额定功率、额定电压、电压比、额定频率、工作温度、电压调整率和绝缘性能等;一般低频变压器的主要参数有电压比、频率特性、非线性失真、效率和屏蔽性能等。

1．变压器的主要参数

(1) 变压比

设 N_1 和 N_2 分别为变压器的初、次级线圈的圈数。初级线圈两端接入交流电压

u_1，使铁心内产生交变磁场，这个交变磁场耦合到次级线圈并产生感应电动势 u_2，u_2 的大小是由初、次级的线圈比来决定的。若 $N_1 > N_2$，则次级的感应电压 u_2 小于初级线圈的电压 u_1，这种变压器叫做降压变压器；若 $N_1 < N_2$，则次级的感应电压 u_2 大于初级线圈的电压 u_1，这种变压器叫做升压变压器。如果忽略磁芯、线圈等的损耗，初、次级线圈的电压和圈数之比的关系为 $N_1/N_2 = V_1/V_2 = n$。这个比值 n 叫做变压器的变压比，也叫圈数比。

（2）电流与电压的关系

如果不考虑电能在变压器中的损耗，次级线圈的输出功率 P_2 应等于初级线圈的输入功率 P_1。又 $P_1 = V_1 I_1$，$P_2 = V_2 I_2$，I_1、I_2 分别为变压器初、次级电流，则有 $V_1/V_2 = I_2/I_1 = n$。由此可见变压器初、次级电压之比等于次级电流 I_2 与初级电流 I_1 之比。

（3）阻抗变换

当变压器的次级负载阻抗 Z_2 发生变化时，初级阻抗 Z_1 会立即受次级的反射而变化，这种变化关系叫做反射阻抗。变压比 n 不同时，其次级阻抗反射到初级的阻抗 Z_1 也各不相同。在忽略损耗的前提下，变压器的初、次级阻抗比等于圈数比的平方，即 $Z_1/Z_2 = n^2$。

（4）效　率

变压器的次级接上负载后，在次级回路输出功率。当考虑变压器本身的损耗时，变压器的输入功率为：

$$输入功率(P_{in}) = 输出功率(P_{out}) + 损耗功率(P_C)$$

通常取输出功率与输入功率之比的百分数来表示变压器的效率，即

$$\eta = \frac{P_{out}}{P_{out} + P_C} \times 100\%$$

变压器的损耗主要是由线圈内阻引起的铜损耗和铁心所引起的铁损所造成的。

（5）频率特性

由于变压器初级电感和漏感的影响，对不同频率分量的信号传输能力并不一样，使传输信号产生失真。例如，频率响应是音频变压器的一项重要指标，要求音频变压器对不同频率的音频信号都能按一定的电压比做不失真的传输。由于变压器初级电感和漏感及分布电容量的影响，实际上并不能实现这一点。初级电感越小，低频信号电压失真越大；漏感和分布电容量越大，对高频信号电压的失真越大。在实际应用中，对不同用途的音频变压器，其频率响应要求不同，可以采取适当增加初级电感量，展宽低频特性，减少漏感，展宽高频特性等方法，使音频变压器的频率响应达到指标要求。

（6）额定电压和电压比

额定电压是指变压器工作时，初级线圈上允许施加的电压值。电压比是指电源变压器初级电压与次级电压的比值。

(7) 额定功率和额定频率

电源变压器的额定功率是指在规定的频率和电压下,变压器可长期工作而不超过限定温升时的输出功率。由于变压器的负载通常不是纯电阻性的,所以常用伏安值来表示变压器的容量。变压器铁心的磁通密度与频率紧密相关,电源变压器在设计时必须确定其使用频率(额定频率)。

(8) 电压调整率

电压调整率是表示电源变压器负载电压与空载电压差别的参数,用百分数表示为:

$$电压调整率 = \frac{空载电压 - 负载电压}{空载电压} \times 100\%$$

电压调整率数值越小,表明变压器线圈电阻越小,电压稳定性能就越好。

(9) 绝缘电阻

为确保变压器安全使用,要求变压器各线圈间、线圈与铁心间应具有良好的绝缘性能,能够在一定时间内承受比工作电压更高的电压而不被击穿,要求变压器具有较大的抗电强度。变压器的绝缘电阻主要包括各绕组之间的绝缘电阻,绕组与铁心之间的绝缘电阻,各绕组与屏蔽层的绝缘电阻。

变压器的绝缘电阻越大,性能越稳定。如果变压器受潮或过热工作,绝缘电阻都将大大降低,所以应保持其工作环境散热通风。

(10) 空载电流

电源变压器次级开路时,初级仍有一定电流,此电流称为空载电流。空载电流中,供铁心建立磁通的部分称为磁化电流;另一部分由铁心引起,称为铁损电流。电源变压器空载电流大小基本上等于磁化电流。

电源变压器的技术参数还包括升温和温度等级、过荷能力、杂散磁场干扰的大小等。

2. 变压器的检查与简单测试

(1) 外观检查

检查线圈引线是否断线、脱焊,绝缘材料是否烧焦,有无表面破损等。

(2) 绝缘电阻的测量

变压器各绕组之间、绕组和铁芯之间的绝缘电阻可用 500 V 或 1 000 V 兆欧表(根据变压器工作条件而定)进行测量。测量前先将兆欧表进行一次开路和短路实验,检查兆欧表是否良好,具体做法是先将表的两根测试线开路,摇动手柄,此时兆欧表指针应指零点位置;然后将两线短路一下,此时兆欧表指针应指零点位置,说明兆欧表是良好的。

一般电源变压器和扼流圈应用 1 000 V 兆欧表测量,绝缘电阻应不小于 1 000 MΩ。晶体管收音机输入、输出变压器用 500 V 兆欧表测量,绝缘电阻应不小于 100 MΩ。如没有兆欧表,也可用万用表测量,将万用表置于 R×10 kΩ 档,测量绝缘电阻时表头指针应不动。

(3) 空载电压测试

将变压器初级接入电源,用万用表测变压器次级电压。一般要求电压误差范围为设计值的 ±5%;具有中心抽头的绕组,其不对称度应小于 2%。

2.4　分立半导体器件

2.4.1　二极管种类及其主要参数

二极管是一个内部具有一个 PN 结,外部具有两个电极的一种半导体器件,P 型区的引出线称为正极或阳极,N 型区的引出线称为负极或阴极。二极管具有单向导电性能,即正向导通,反向截止。二极管的种类如图 2.4.1 所示。

1. 整流二极管

整流二极管是一种面接触型的二极管,工作频率低,允许通过的正向电流大,反向击穿电压高,允许的工作温度高。整流二极管的作用是将交流电变成直流电。国产的整流二极管的型号有 2DZ 系列等。常用的整流二极管有 1N4001～4007(1 A/50～1000 V)、1N5391～1N5399(3.4 A/50～1000 V)、1N5400～1N5408(3A/50～1000 V)。

低频整流管亦称普通整流管,主要用在市电 50 Hz 电源、100 Hz 电源(全波)整流电路及频率低于几百赫兹的低频电路中。高频整流管亦称快恢复整流管,主要用在频率较高的电路(如电视机行输出和开关电源电路)中。

整流二极管的主要参数有:

① 最大整流电流(I_F)。二极管在长时间连续使用时允许通过的最大正向电流称为最大整流电流。在使用时不允许超过这个数值,否则将会烧坏二极管。

② 最高反向工作电压(U_{RM})。使用时绝对不允许超过此值。

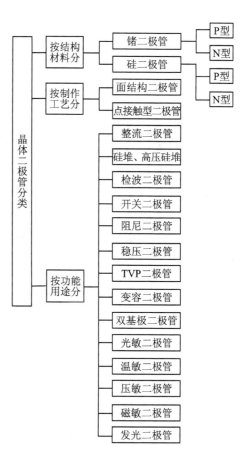

图 2.4.1　二极管的种类

③ 反向电流(I_R)。此电流值越小,表明二极管的单向导电特性越好。

④ 正向压降(U_R)。当有正向电流流过二极管时,管子两端就会产生正向压降。在一定的正向电流下,二极管的正向压降越小越好。

⑤ 最高工作频率(f_m)。此参数直接给出了整流二极管工作频率的最大值。更换工作在高频条件下的整流二极管时应特别注意这个参数。

2. 整流桥组件

整流桥全桥组件是一种把 4 只整流二极管按全波桥式整流电路连接方式封装在一起的整流组合件,内部电路和电路符号如图 2.4.2 所示。

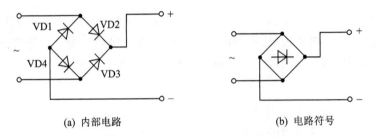

(a) 内部电路　　　　　　　　　　　　　(b) 电路符号

图 2.4.2　全桥组件的内部电路和电路符号

全桥组件的主要参数有两项:额定正向整流电流 I_O 和反向峰值电压 U_{RM}。常见的全桥正向电流为 $0.05\sim100\,A$,反向峰压为 $25\sim1000\,V$。

3. 快恢复/超快恢复二极管

快恢复二极管(FRD)和超快恢复二极管(SRD)具有开关特性好、反向恢复时间短、正向电流大、体积较小、安装简便等优点。可作高频、大电流的整流、续流二极管,在开关电源、脉宽调制器(PWM)、不间断电源(UPS)、高频加热、交流电机变频调速等电路中应用。快恢复二极管的外形及符号如图 2.4.3 所示。

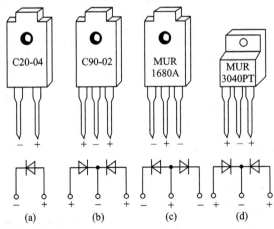

C20-04　　C90-02　　MUR 1680A　　MUR 3040PT

(a)　　　　(b)　　　　(c)　　　　(d)

图 2.4.3　快恢复二极管的外形及符号

4. 硅高速开关二极管

硅高速开关二极管具有良好的高频开关特性,其反向恢复时间仅为几纳秒。典型的硅高速开关二极管产品有 1N4148 和 1N4448(100 V/0.2 A/4 ns)。1N4148 和 1N4448 可代替国产 2CK43、2CK44、2CK70～2CK73、2CK77、2CK83 等型号的开关二极管。但使用时必须注意,因为 1N4148、1N4448 型硅高速开关二极管的平均电流只有 150 mA,所以仅适于在高频小电流的工作条件下使用,不能在开关稳压电源等高频大电流的电路使用。

5. 肖特基二极管

肖特基二极管属于低功耗、大电流、超高速半导体器件,其反向恢复时间可小到几纳秒,正向导通压降仅 0.4 V 左右,而整流电流却可达到几千安。

肖特基二极管在构造原理上与 PN 结二极管有很大区别。其缺点是反向耐压较低,一般不超过 100 V,适宜在低电压、大电流的条件下工作,例如:在计算机主机开关电源的输出整流二极就采用了肖特基二极管。

6. 稳压二极管

稳压二极管又称齐纳二极管,是一种工作在反向击穿状态的特殊二极管,用于稳压(或限压)。稳压二极管工作在反向击穿区,不管电流如何变化,稳压二极管两端的电压基本维持不变。稳压二极管的外形与整流二极管相同,电路符号如图 2.4.4 所示。

常见稳压二极管有 1N4729～1N4753,最大功耗为 1 W,稳定电压范围为 3.6～36 V,最大工作电流为 26～252 mA。

7. 变容二极管

变容二极管的电路符号和 C-V 特性曲线如图 2.4.5 所示。变容二极管是利用 PN 结结电容可变原理制成的一种半导体二极管,变容二极管结电容的大小与其 PN 结上的反向偏压大小有关。反向偏压越高,结电容越小,且这种关系是呈非线性的。变容二极管可作为可变电容使用。变容二极管是一个电压控制元件,通常用于振荡电路,与其他元件一起构成 VCO(压控振荡器)。在 VCO 电路中,通过改变变容二极管两端的电压便可改变变容二极管电容的大小,从而改变振荡频率。

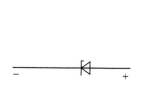

图 2.4.4　稳压二极管的电路符号

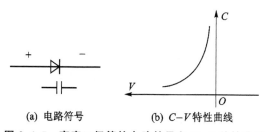

(a) 电路符号　　　　(b) C-V 特性曲线

图 2.4.5　变容二极管的电路符号和 C-V 特性曲线

8. 发光二极管

发光二极管有多种,较常用的有单色发光二极管、变色发光二极管、闪烁发光二极管、电压型发光二极管、红外发光二极管和激光二极管等。

(1) 单色发光二极管

单色发光二极管(LED)是一种将电能转化为光能的半导体器件。单色发光二极管的内部结构也是一个 PN 结,其伏安特性与普通二极管相似,死区电压约 2 V。除具有普通二极管的单向导电性外,还具有发光能力。根据半导体材料不同,可发出不同颜色的光。比如,磷化稼 LED 发绿色、黄色光,砷化稼 LED 发红色光等。

一般情况下,LED 的正向电流为 10～20 mA,当电流在 3～10 mA 时,其亮度与电流基本成正比,但当电流超过 25 mA 后,随电流的增加,亮度几乎不再加强。超过 30 mA 后,就有可能把发光二极管烧坏。

(2) 变色发光二极管

能发出不同颜色光的发光二极管称为变色发光二极管,典型的产品有:红—绿—橙、红—黄—桔红、黄—纯绿—浅绿等。红—绿—橙变色发光二极管的外形及符号如图 2.4.6所示。

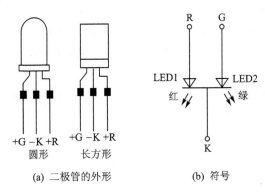

(a) 二极管的外形　　　　　(b) 符号

图 2.4.6　变色发光二极管的及符号

(3) 闪烁发光二极管

闪烁发光二极管(BTS)是一种特殊的二极管,主要用作故障过程的控制报警及显示器件。闪烁发光二极管由一块 IC 电路和一只发光二极管相连,用环氧树脂全包封而成,电源电压一般为 3～5 V(也有的为 3～4.5 V)。闪烁发光二极管的内部结构、外形和电路符号如图 2.4.7 所示。

(4) 电压型发光二极管

一般的发光二极管属于电流型控制器件,使用时必须加限流电阻才能正常发光。电压发光二极管在其管壳内除发光二极管之外,还集成了一个与发光二极管串联的限流电阻,引出两个电极。使用时只要加上额定电压,即可正常发光。

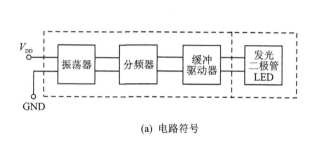

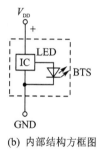

(a) 电路符号　　　　　　　　(b) 内部结构方框图

图 2.4.7　闪烁发光二极管的内部结构和电路符号

(5) 红外发光二极管

红外发光二极管是一种能把电能直接转换成红外光能的发光器件,也称为红外发射二极管,采用砷化稼(GaAs)材料制成的,也具有半导体 PN 结结构。红外发光二极管的峰值波长为 950 nm 左右,属于红外波段,其特点是电流与光输出特性的线性较好,适合于在短距离、小容量和模拟调制系统中使用,被广泛应用于红外线遥控系统中的发射电路。

(6) 激光二极管

半导体激光二极管是激光头中的核心器件。目前,在 CD、VCD、DVD 中使用的激光二极管大多是采用稼铝砷三元化合物半导体激光二极管。它是一种近红外激光管,波长在 780 nm(CD/VCD)或 650 nm(DVD)左右。

普通激光二极管主要由半导体激光器、光电二极管、散热器、管帽、管座、透镜及引脚组成。一种发射窗为斜面,俗称"斜头";另一种发射窗为平面,俗称"平头"。斜头一般用于 CD 唱机,平头一般用于 VCD 机。在管壳底板上的边缘各有一个 V 形缺口和一个凹形缺口作为定位标记。激光二极管的直径较小,一般为 5.6 mm。

(7) 红外接收二极管

红外接收二极管也称红外光电二极管,是一种特殊的光电二极管,在家用电器的的遥控接收器中被广泛应用。这种二极管在红外光线的激励下能产生一定的电流,其内阻的大小由入射的红外光决定。不受红外光时,内阻较大,为几兆欧以上,受红外光照射后内阻减小到几千欧。红外接收二极管的灵敏点是在 940 nm 附近,与红外发光二极管的最强波长对应。

在用于遥控接收器时,由于红外接收二极管的输出阻抗非常高(约 1 MΩ 左右),要求与其接口的集成电路及其他元件的阻抗实现匹配,并要求合理配置元器件的安装位置及布线,以减少干扰。

9. 二极管的识别与简单测试

普通二极管一般为玻璃封装和塑料封装两种,它们的外壳上均印有型号和标记。标记箭头所指向为阴极。有的二极管上只有一个色点,有色点的一端为阳极。有的二极管上只有一个色圈,靠色圈的一端为阴极。

若遇到型号标记不清时,可以借助万用表的欧姆档作简单判别。万用表正端(＋)红笔接表内电池的负极,而负端(－)黑笔接表内电池的正极。根据 PN 结正向导通电阻值小,反向截止电阻值大的原理来简单确定二极管的好坏和极性。具体做法是:万用表欧姆档置于"R×100"或"R×1k"处,将红、黑两表笔反过来再次接触二极管两端,表头又将有一个指示。若两次指示的阻值相差很大,说明该二极管单向导电性好,并且阻值大(几百千欧以上)的那次红笔所接为二极管的阳极;若两次指示的阻值相差很小,说明该二极管已失去单向导电性;若两次指示的阻值均很大,则说明该二极管已开路。

发光二极管出厂时,一根引线做得比另一根引线长,通常,较长的引线表示阳极(＋),另一根为阴极(－)。若辨别不出引线的长短,则可以用辨别普通二极管引脚的方法来辨别其阳极和阴极。发光二极管正向工作电压一般在 1.5～3 V,允许通过的电流为 2～20 mA,电流的大小决定发光的亮度。

2.4.2　三极管种类及其主要参数

三极管又称双极型晶体管(BJT),内含两个 PN 结,三个导电区域。两个 PN 结分别称作发射结和集电结,发射结和集电结之间为基区。从三个导电区引出三根电极,分别为集电极 C、基极 B 和发射极 E。

1. 三极管的种类与特性

三极管的种类很多,按半导体材料不同,分为锗管和硅管;按功率不同,分为小功率和大功率三极管;按工作频率不同,分为低频管、高频管和超高频管;按用途不同,分为放大管、开关管、阻尼管、达林顿管等;按结构不同,分为 NPN 管和 PNP 管;按封装不同,分为塑封、玻封、金属封等类型。三极管的用途非常广泛,主要用于各类放大、开关、限幅、恒流、有源滤波等电路中。

(1) 中小功率三极管

通常把最大集电极电流 $I_{CM}<1$A 或最大集电极耗散功率 $P_{CM}<1$W 的三极管统称为中小功率三极管。中小功率三极管的主要特点是功率小,工作电流小。其种类很多,体积有大有小,外形尺寸也各不相同。

(2) 大功率三极管

通常把最大集电极电流 $I_{CM}>1$A 或最大集电极耗散功率 $P_{CM}>1$W 的三极管称为大功率三极管。大功率三极管的主要特点是功率大,工作电流大,多数大功率三极管的耐压也较高。大功率三极管多用于大电流、高电压的电路。大功率三极管在工作时,极易因过压、过流、功耗过大或使用不当而损坏,因此,正确选用和检测大功率三极管十分重要。

大功率三极管一般分为金属壳封装和塑料封装两种。对于金属壳封装方式的管子,通常金属外壳即为集电极 C,而对于塑封形式的管子,其集电极 C 通常与自带的散热片相通。因为大功率三极管工作在大电流状态下,所以使用时应按要求加适当的散热片。

(3) 开关电源开关管

在开关电源中,除采用场效应管作为开关管之外,也有采用三极管作为开关管,开关管由于工作电压高、电流大、发热多,是最易损坏的元件之一。

(4) 对　管

为了提高功率放大器的功率、效率和减小失真,通常采用推挽式功率放大电路。在推挽式功率放大电路中一个完整的正弦波信号的正、负半周,分别由两个管子一"推"一"拉"(挽)共同完成放大任务。这两个管子的工作性能必须一样,事先要进行挑选"配对",这种管子称为"对管"。

对管有同极性对管和异极性对管。同极性对管指两个管子均用 PNP 型或 NPN 型三极管。但在电路输入端,必须要有一个倒相电路,把输入信号变为两个大小相等、相位相反的信号,供对管来放大。异极性对管是指两个管子中一个采用 PNP 型,另一个采用 NPN 型管,它可以省去倒相电路。两个管子又叫互补对管。例如 2SA1015 和 2SC1815、2N5401 和 2N5551、2SA1301 和 2SC3280 等均可组成互补对管。其中 A1015 和 C1815 为小功率对管,可作音频放大器或作激励、驱动级。2N5401 和 2N5551 为高反压中功率对管。A1301 和 03280 为高反压大功率对管,比较理想输出功率为 80 W,极限功率为 120 W。

(5) 达林顿管

达林顿管采用复合连接方式,将两只或更多只晶体管的集电极连在一起,而将第一只晶体管的发射极直接耦合到第二只晶体管的基极,依次级连而成、最后引出 E、B、C 3 个电极。达林顿管的放大倍数是各三极管放大倍数的乘积,因此其放大倍数可达几千。达林顿管主要分为两种类型,一种是普通达林顿管,另一种是大功率达林顿管。

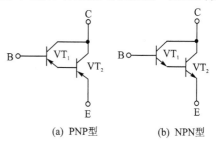

(a) PNP型　　(b) NPN型

图 2.4.8　普通达林顿管内部结构

1) 普通达林顿管

普通达林顿管内部无保护电路,功率通常在 2 W 以下,内部结构如图 2.4.8 所示。由于普通型达林顿管电流增益极高,所以当温度升高时,前级二极管的基极漏电流将被逐级放大,结果造成整体热稳定性能变差。当环境温度较高、漏电严重时,有时易使管子出现误导通现象。

2) 大功率达林顿管

大功率达林顿管在普通达林顿管的基础上增加了保护功能,从而适应了在高温条件下工作时功率输出的需要。大功率达林顿管的内部结构原理图如图 2.4.9 所示。

大功率达林顿管在 C 和 E 之间反向并接了一只起过压保护作用的续流二极管 VD$_3$,当感性负载(如继电器线圈)突然断电时,通过 VD$_3$ 可将反向尖峰电压泄放掉,从而保护内部晶体三极管不被击穿损坏。另外,在晶体三极管 VT$_1$ 和 VT$_2$ 的发射结上还分别并入了电阻 R$_1$ 和 R$_2$。R$_1$ 和 R$_2$ 的作用是为漏电流提供泄放支路,因而称为为泄放电阻。因为 VT$_1$ 的基极漏电流比较小,所以 R$_1$ 的阻值通常取得较大,一般为几千欧;VT$_1$ 的漏电流经放大后加到 VT$_2$ 的基极上,加上 VT$_2$ 自身存在的漏电流,使得 VT$_2$ 基极漏电流比较大,因此 R$_2$ 的阻值通常取得较小,一般为几十欧。

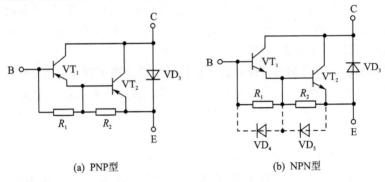

(a) PNP型   (b) NPN型

图 2.4.9 大功率达林顿管的内部结构

(6) 光电三极管

光电三极管是在光电二极管的基础上发展起来的一种光电元件。它不但能实现光电转换,而且具有放大功能。光电三极管有 PNP 和 NPN 两种类型,且有普通型和达林顿型之分,电路图形符号如图 2.4.10(a)所示。

光电三极管可等效为光电二极管和普通三极管的组合元件,如图 2.4.10(b)所示。其基极 PN 结就相当于一个光电二极管,在光照下产生的光电流 I_L 输入到三极管的基极进行放大,在三极管的集电极输出的光电流可达 βI_L。光电三极管的基极输入的是光信号,通常只有发射极 E 和集电极 C 两个引脚。

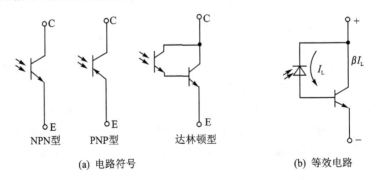

NPN型   PNP型   达林顿型

(a) 电路符号   (b) 等效电路

图 2.4.10 光电三极管的电路符号和等效电路

(7) 贴片三极管

贴片三极管采用塑料封装,封装形式有 SOT、SOT23、SOT223、SOT25、

SOT343、SOT220、SOT89、SOT143 等。其中 SOT23 是通用的表面组装晶体管,有 3 条引线,功耗一般为 150～300 mW;SOT89 适合于较高功率场合,管子底部有金属散热片和集电极相连,功率一般在 0.3～2 W;SOT143 有 4 条引线,一般是射频晶体管或双栅场效应管。

2. 三极管的主要技术参数

(1) 直流参数

① 共发射极直流放大倍数 $h_{FE}(\bar{\beta})$ 是指在共发射极电路中,无变化信号输入的情况下,三极管 I_C 与 I_B 的比值,即 $h_{FE}=I_C/I_B$。对于同一个三极管而言,在不同的集电极电流下有不同的 h_{FE}。

三极管的 h_{FE} 值可通过数字万用表的 h_{FE} 档测出,只要将三极管的 B、C、E 对应插入 h_{FE} 的测试插孔,便可直接从表盘上读出该管的 h_{FE} 值。

② 集电极反向截止电流 I_{CBO} 是指三极管发射极开路时,在三极管的集电结上加上规定的反向偏置电压,此时的集电极电流称为集电极反向截止电流。I_{CBO} 又称为集电极反向饱和电流。

③ 集电极—发射极反向截止电流 I_{CEO} 是指三极管基极开路情况下,给发射结加上正向偏置电压、给集电结加上反向偏置电压时的集电极电流,俗称穿透电流。

I_{CEO} 与 I_{CBO} 有如下关系:

$$I_{CEO}=(1+h_{FE})I_{CBO}$$

由上式可知,I_{CEO} 约比 I_{CBO} 大 h_{FE} 倍。

I_{CEO} 和 I_{CBO} 都随温度的升高而增大,特别是锗管受温度影响更大,这两个反向截止电流影响三极管的热稳定性,反向电流小,三极管的热稳定性就好。

(2) 交流参数

① 共发射极电流放大倍数 β 是指将三极管接成共发射极电路时的交流放大倍数,等于集电极电流 Ic 变化量 ΔI_C 与基极电流 ΔI_B 两者之比,即 $\beta=\Delta I_C/I_B$。

β 与直流放大倍数 h_{FE} 两者关系密切,一般情况下较为接近,但两者从含义来讲是有明显区别,且在不少场合两者并不等同甚至相差很大。β 和 h_{FE} 的大小除了与三极管结构和工艺有关外,还与管子的工作电流(直流偏置)有关,工作电流 I_C 在正常情况下改变时,β 和 h_{FE} 也会有所变化;若工作电流变得过小或过大,则 β 和 h_{FE} 也将明显变小。其中,β 值的范围很大,小的数十倍,大的几百倍甚至近千倍。

② 共基极电流放大倍数 α 是指将三极管接成共基极电路时的交流放大倍数,β 等于集电极电流 I_C 变化量 ΔI_C 与输入电流 ΔI_E 两者之比,即 $\alpha=I_C/I_E$。

α 和 β 都是交流放大倍数,这两个电流放大倍数存在如下关系:

$$\beta=\frac{\alpha}{1-\alpha}, \quad \alpha=\frac{\beta}{1+\beta}$$

③ 三极管的频率参数主要有截止频率 f_α、f_β 与特征频率 f_T 以及最高振荡频率 f_m。

f_α 称为共基极截止频率或 α 截止频率,在共基极电路中,电流放大倍数 α 值在工作频率较低时基本为一常数,当工作频率超过某一值时,α 值开始下降,当 α 值下降至低频值 α_0(例如 f 为 1 kHz)的 $1/\sqrt{2}$(即 0.707 倍)时所对应的频率为 f_a。

f_β 称为发射极截止频率或 β 截止频率,在发射极电路中,电流放大倍数 β 值下降至低频值 β_0 的 $1/\sqrt{2}$ 时所对应的频率为 f_β。

同一只晶体管的 f_β 值远比 f_a 值要小,这两个参数有如下关系:

$$f_a \approx \beta f_\beta$$

在实际使用中,工作频率即使等于 f_β 或 f_a 时,三极管仍可有相当的放大能力。例如某晶体管的 β 在 1 kHz 时测试为 100(即 $\beta_0 = 100$),当 $f = f_\beta$ 时,$\beta = 100 \times 70.7\%$ = 70.7,这就说明晶体管在 $f = f_\beta$ 工作时仍有相当高的放大倍数。由于 α 值在较宽的频率范围内比较均匀,且 $f_a \leqslant f_\beta$,所以高频宽带放大器和一些高频、超高频、甚高频振荡器常用共基极接法。一般规定,$f_a < 3\,\mathrm{MHz}$ 称为低频管,$f_a > 3\,\mathrm{MHz}$ 称为高频管。f_T 称为特征频率,晶体管工作频率超过一定值时,β 值开始下降,当 β 下降为 1 时,所对应的频率就叫做特征频率 f_T。当 $f = f_\mathrm{T}$,晶体管就完全失去了电流放大功能。有时也称为增益带宽乘积(f_T 等于三极管的频率 f 与放大系数 β 的乘积)。

f_m 称为最高振荡频率,定义为三极管功率增益等于 1 时的频率。

(3) 极限参数

三极管的极限参数主要有集电极最大电流 I_CM、集电极最大允许功耗 P_CM、集电极—发射极击穿电压 $\mathrm{BV_{CEO}}(U_\mathrm{BR})$ 和集电极—基极击穿电压 $\mathrm{BV_{CBO}}$,使用时不允许超过极限参数值,会造成三极管损坏。

3. 三极管的识别与测试

(1) 判断基极 B

采用万用电表电阻 $\mathrm{R \times 1\,k\Omega}$ 档,用黑表笔接三极管的某一引脚端(假设作为基极),再用红表笔分别接另外两个引脚端,如果表针指示的两次都很小,该管便是 NPN 管,其中黑表笔所接的那一引脚端是基极。如果指针指示的阻值一个很大,一个很小,那么黑表笔所接的引脚端就不是三极管的基极,再另外换一个引脚端进行类似测试,直至找到基极。

用红表笔接三极管的某一引脚端(假设作为基极),再用黑表笔分别接另外两个管脚,如果表针指示的两次都很小,该管是 PNP 管,其中黑表笔所接的引脚端是基极。

(2) 判断集电极 C 和发射极 E

方法一:对于 PNP 管,将万用表置于 $\mathrm{R \times 1\,k\Omega}$ 档,红表笔接基极,用黑表笔分别接触另外两个引脚端时,所测得的两个电阻值会是一大一小。在阻值小的一次测量中,黑表笔所接引脚端为集电极;在阻值较大的一次测量中,黑表笔所接引脚端为发射极。

对于 NPN 管,要将黑表笔固定接基极,用红表笔去接触其余两引脚端进行测量,在阻值较小的一次测量中,红表笔所接引脚端为集电极;在阻值较大的一次测量中,红表笔所接的引脚端为发射极。

方法二:将万用表置 R×1kΩ 档,两表笔分别接除基极之外的两引脚端,如果是 NPN 型管,用手指握住基极与黑表笔所接引脚端,可测得一个电阻值,然后将两表笔交换,同样用手握住基极和黑表所接引脚端,又测得一个电阻值,两次测量中阻值小的一次,黑表笔所对应的是 NPN 管的集电极,红表笔所对应的是发射极。如果是 PNP 管,应用手指握住基极与红表笔所接引脚,同样,电阻小的一次红表笔对应的是 PNP 管集电极,黑表笔所对应的是发射极。

方法三:数字万用表上一般都有测试三极管 h_{FE} 的功能,可以用来测试三极管的集电极和发射极。首先测出三极管的基极,并且测出是 NPN 型还是 PNP 型三极管,然后将万用表置于 h_{FE} 功能档,将三极管的引脚端分别插入基极孔、发射极孔和集电极孔,此时从显示屏上读出 h_{FE} 值;对调一次发射极与集电极,再测一次 h_{FE};数值较大的一次为正确插入发射极和集电极引脚端。

2.4.3　场效应管种类及其主要参数

场效应管(简称 FET)是一种电压控制的半导体器件,与三极管一样也有 3 个电极,即源极 S、栅极 G 和漏极 D,分别对应于(类似于)三极管的 E 极、B 极和 C 极。

场效应管可以分为两大类:一类为结型场效应管,简写成 JFET;另一类为绝缘栅场效应管,也叫金属-氧化物-半导体绝缘栅场效应管,简称为 MOS 场效应管。

场效应管根据其沟道所采用的半导体材料不同,可分为 N 型沟道和 P 型沟道两种。MOS 场效应管有耗尽型和增强型之分。

场效应管具有输入阻抗高,开关速度快,高频特性好,热稳定性好,功率增益大,噪声小等优点,因此,在电子电路中得到了广泛的应用。

1. 结型场效应管

结型场效应管(JFET)利用加在 PN 结上的反向电压的大小控制 PN 结的厚度,改变导电沟道的宽窄,实现对漏极电流的控制作用。结型场效应管可分为 N 沟道结型场效应管和 P 沟道结型场效应管。

结型场效应管的主要参数如下:

① 饱和漏源电流 I_{DSS}。在一定的漏源电压下,当栅压 $U_{GS}=0$ 时(栅源两极短路)的漏源电流,称为饱和漏源电流 I_{DSS}。

② 夹断电压 U_p。在一定的漏源电压下,使漏源电流 $I_{DS}=0$ 或小于某一小电流值时的栅源偏压值,称为夹断电压 U_p。

③ 直流输入电阻 R_{GS}。在栅源极之间加一定电压的情况下,栅源极之间的直流电阻称为直流输入电阻 R_{GS}。

④ 输出电阻 R_D。当栅源电压 U_{GS} 为某一定值时,漏源电压的变化与其对应的漏极电流的变化之比,称为输出电阻 R_D。

⑤ 跨导 g_m。在一定的漏源电压下,漏源电流的变化量与引起这个变化的相应

的栅压的变化量的比值,称为跨导 g_m,单位为 $\mu A/V$,即 $\mu\Omega$(微欧姆)。这个数值是衡量场效应管栅极电压对漏源电流控制能力的一个参数,也是衡量场效应管放大能力的重要参数。

⑥ 漏源击穿电压 U_{DSS}。使 I_D 开始剧增的 U_{DS} 为漏源击穿电压 U_{DSS}。

⑦ 栅源击穿电压 U_{GSS}。反向饱和电流急剧增加的栅源电压为栅源击穿电压 U_{GSS}。

2. 绝缘栅场效应管

结型场效应管(JFET)的输入电阻可达 10^8。绝缘栅场效应管是 G 极与 D、S 完全绝缘的场效应管,输入电阻更高。它是由金属(M)作电极,氧化物(O)作绝缘层和半导体(S)组成的金属-氧化物-半导体场效应管,因此,也称之为 MOS 场效应管。

绝缘栅场效应管的参数如下:

① 夹断电压 U_p。对于耗尽型绝缘栅场效应管,在一定的漏源 U_{DS} 电压下,使漏源电流 $I_{DS}=0$ 或小于某一小电流值时的栅源偏压值称为夹断电压 U_p。

对于增强型绝缘栅场效应管,在一定的漏源 U_{DS} 电压下,使沟道可以将漏源极连接起来的最小 U_{GS} 即为开启电压 U_T。

② 饱和漏源电流 I_{DSS}。对于耗尽型绝缘栅场效应管,在一定的漏源电压 U_{DST} 下,当栅压 $U_{GS}=0$ 时的漏源电流称为饱和漏源电流 I_{DSS}。

③ 直流输入电阻 R_{GS}。在栅源极之间加一定电压的情况下,栅源极之间的直流电阻称为直流输入电阻 R_{GS}。

④ 输出电阻 R_D。当栅源电压 U_{GS} 为某一定值时,漏源电压的变化与其对应的漏极电流的变化之比称为输出电阻 R_D。

⑤ 跨导 g_m。在一定的漏源电压下,漏源电流的变化量与引起这个变化的相应的栅压的变化量的比值称为跨导 g_m。

⑥ 栅源击穿电压 U_{GSS}。反向饱和电流急剧增加的栅源电压为栅源击穿电压 U_{GSS}。应注意的是,栅、源之间一旦击穿,将造成器件的永久性损坏。因此在使用中,加在栅、源间的电压不应超过 20 V,一般电路中多控制在 10 V 以下。为了保护栅、源间不被击穿,有的管子在内部已装有保护二极管。

⑦ 漏源击穿电压 U_{DSS}。一般规定,使 I_D 开始剧增的 U_{DS} 为漏源击穿电压 U_{DSS},在使用 MOS 管时,漏、源间所加工作电压的峰值应小于 U_{DSS}。

2.4.4　晶闸管(可控硅)种类及其主要参数

晶闸管也叫可控硅,是一种"以小控大"的功率(电流)型器件,有单向晶闸管、双向晶闸管、可关断晶闸管等,在交流无触点开关、调光、调速、调压、控温、控湿及稳压等电路中应用。

1. 单向晶闸管

单向晶闸管,也叫单向可控硅,是一种三端器件,共有控制极(栅极)G、阳极 A 和阴极 K 三个电极。单向晶闸管种类很多,按功率大小来区分,有小功率、中功率和大功率三种规格。小功率晶闸管多采用塑封或金属壳封装;中功率晶闸管的控制极引脚比阴极细,阳极带有螺栓;大功率晶闸管的控制极上带有金属编织套。

　　常见单向晶闸管封装有螺栓形封装、金属壳封装和塑封形式。单向晶闸管的结构、等效电路和电路符号如图 2.4.11 所示。

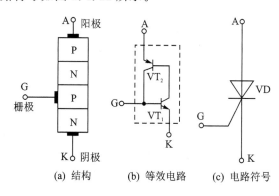

(a) 结构　　　(b) 等效电路　　(c) 电路符号

图 2.4.11　单向晶闸管的结构、等效电路和电路符号

　　单向晶闸管由 PNPN 四层半导体构成。当阳极 A 和阴极 K 之间加上正极性电压时,A、K 不能导通。只有当控制极 G 加上一个正向触发信号时,A、K 之间才能进入深饱和导通状态。而 A、K 两电极一旦导通后,即使去掉 G 极上的正向触发信号,A、K 之间仍保持导通状态,只有使 A、K 之间的正向电压足够小或在二者间施以反向电压时,才能使其恢复截止状态。目前,单向晶闸管已经广泛用于可控整流、交流调压、逆变电源以及开关电源等电路中。

2. 双向晶闸管

　　双向晶闸管是在单向晶闸管的基础上发展而成的,它不仅能代替两只反极性并联的单向晶闸管,而且仅需一个触发电路,是目前比较理想的交流开关器件,其英文名称为 TRIAC(三端双向交流开关)。常见双向晶闸管外形如图 2.4.12 所示。双向晶闸管的结构与电路符号如图 2.4.13 所示。双向晶闸管的 3 个电极分别是 T_1、T_2、G。与单向可控硅相比,主要是能双向导通。

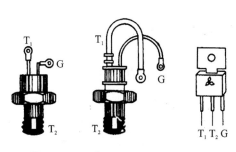

图 2.4.12　常见的双向晶闸管外形

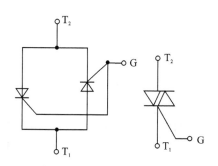

图 2.4.13　双向晶闸管的结构与电路符号

双向可控硅也具有去掉触发电压后仍能导通的特性,只有当 T_1、T_2 间的电压降低到不足以维持导通或 T_1、T_2 间的电压改变极性,又恰逢没有触发电压时,可控硅才被阻断。

3. 可关断晶闸管

可关断晶闸管(GTO)也称门控晶闸管。主要特点是:当栅极加负向触发信号时,能自行关断。可关断晶闸管既保留了普通晶闸管耐压高、电流大等优点,又具有自关断能力,使用方便,是理想的高压、大电流开关器件。

可关断晶闸管也属于 PNPN 四层三端器件,其结构及等效电路与普通晶闸管相同。大功率可关断晶闸管多采用圆盘状或模块封装形式,它的 3 个电极分别为阳极 A、阴极 K 和栅极(亦称控制极)G。尽管它与普通晶闸管的触发导通原理相同,但两者的关断原理及关断方式截然不同。普通晶闸管在导通之后即处于深度饱和状态,而可关断晶闸管导通后只能达到临界饱和,所以给门极加上负向触发信号即可关断。

可关断晶闸管有一个重要参数就是关断增益 β_{off},它等于阳极最大可关断电流 I_{ATM} 与门极最大负向电流 I_{GM} 之比,一般为几倍至几十倍,β_{off} 值越大,说明门极电流对阳极电流的控制能力越强。显然,β_{off} 与晶体管电流放大系数 h_{FE} 有相似之处。

2.4.5　光电耦合器种类与特性

光电耦合器由一只发光二极管和一只受光控的光敏晶体管(常见为光敏三极管)组成。光电耦合器的发光二极管和一只受光控的光敏晶体管封装在同一管壳内,当输入端加电信号时发光二极管发出光线,光敏晶体管接受光照之后就产生光电流,由输出端引出,从而实现了"电→光→电"的转换。由于光电耦合器具有抗干扰能力强、使用寿命长、传输效率高等特点,可广泛用于电气隔离、电平转换、级间耦合、开关电路、脉冲放大、固态继电器、仪器仪表和微型计算机接口等电路中。

光电耦合器种类很多,主要类型如图 2.4.14 所示,有管式、双列直插式等封装形式。

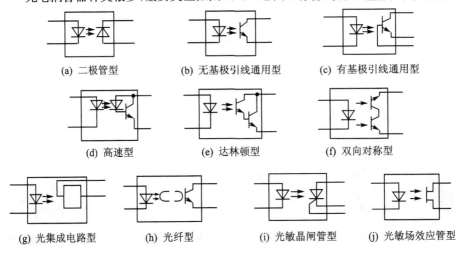

(a) 二极管型　　　(b) 无基极引线通用型　　　(c) 有基极引线通用型

(d) 高速型　　　(e) 达林顿型　　　(f) 双向对称型

(g) 光集成电路型　　(h) 光纤型　　(i) 光敏晶闸管型　　(j) 光敏场效应管型

图 2.4.14　光电耦合器的主要类型

2.5　半导体集成电路

2.5.1　集成电路的命名方法

集成电路的品种很多,不仅是对于初学者,即使对于专业技术人员,正确合理地运用集成电路都是一件不容易的事情。

若不认识集成电路的符号或标志,也不知道如何查阅资料,那么在应用集成电路时就会觉得很困难。

不同的厂家对集成电路产品有各自的型号命名方法。从产品型号上可大致反映出该产品在厂家、工艺、性能、封装和等级等方面的内容。

各集成电路制造厂家的产品型号,一般由"前缀"、"器件"、"后缀"三部分组成。

➤ "前缀"部分常表示公司代号、功能分类和产品系列等;

➤ "器件"部分常表示芯片的结构、容量和类别等;

➤ "后缀"部分常表示封装形式、使用温度范围等。

集成电路型号的命名方法如图 2.5.1 所示。

部分集成电路生产厂商的型号前缀和网址如表 2.5.1 所列。

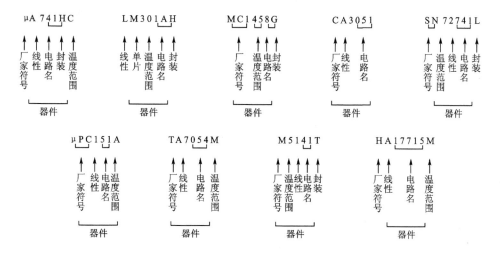

图 2.5.1　集成电路型号的命名方法

表 2.5.1 部分集成电路生产厂商的型号前缀和网址

型号前缀	对应国外生产厂商	网 址
AC,TP,SN,TCM,TL,TMS	TEXAS INSTRUMENTS(TI,美国德克萨斯仪器公司)	http://www.ti.com/
AD,MA,MC	ANALOG DEVICES(美国模拟器件公司)	http://www.analog.com/
AM	ADVANCED MICRO DEVICES(美国先进微电子器件公司)	http://www.advantage-memory.com/
AM	DATA-INTERSIL(美国戴特-英特锡尔公司)	http://www.datapoint.com/
AN,DBL,MN,OM	PANASONIC(日本松下电器公司)	http://www.panasonic.com/
AY	GENERAL INSTRUMENTS[GI](美国通用仪器公司)	
BX,CT,CX,CXA,CXD,KC	SONY(日本索尼公司)	http://www.sony.com/
CD,CA,CAW	RCA(美国无线电公司)	
CA, HEF, LF, LM, MC, SA, SAA, SAK, SE, TBA, TCA, TDA, UA, EFB, ESM, NE, SG, TAA, TEA	PHILIPS(荷兰飞利浦公司)	http://www.semiconductorys.philips.com/

2.5.2 集成电路简介

1. 集成电路分类

按制造工艺分类,集成电路可分为半导体双极型 IC、MOS IC 和膜混合 IC 等;按集成度分类,可分为每片集成度少于 100 个元件或 10 个门电路的小规模 IC(SSI,Small Scale Integrated Circuit),每片集成度为 100~1000 个元件或 10~100 个门电路的中规模 IC(MSI,Middle Scale Integrated Circuit),每片集成度为 1000 个元件或 100 个门电路以上的大规模 IC(LSI,Large Scale Integrated Circuit),每片集成度为 10 万个元件或 1 万个门电路以上的超大规模 IC(VLSI,Very Large Scale Integrated Circuit);按电路功能分类,可分为模拟集成电路、数字集成电路、专用集成电路等。

模拟集成电路有线性应用电路、非线性应用电路和集成稳压电源等。线性应用模拟集成电路有基本放大电路、积分电路、微分电路、仪器放大器和动态校零型斩波放大器等。非线性应用模拟集成电路的输出与输入之间呈非线性关系。包括对数器、指数器、乘法器、检波器、限幅器、函数变换器、电压比较器等。集成稳压器按引出线端子多少和使用情况大致可分为三端固定式(如 78XX 和 79XX)、三端可调式(如 LM317/LM337)、多端可调式及单片开关式等几种。

　　数字集成电路产品的种类繁多,目前中小规模数字集成电路最常用的是 TTL 系列和 CMOS 系列,又可细分为 74XX 系列、74LSXX 系列、CMOS 系列和 HCMOS 系列等。按工艺类型进行的分类的数字集成电路如表 2.5.2 所列。

表 2.5.2　数字集成电路按工艺类型的分类

系　列	子系列	代　号	名　　称	时间/ns	工作电压/V	功　耗/μW
TTL 系列	TTL	74	普通 TTL 系列(某些资料上称为 N 系列或 STD 系列)	10	74 系列: 4.75～5.25 54 系列: 4.5～5.5	10 000
	HTTL	74H	高速 TTL 系列	6		22 000
	LTTL	74L	低功耗 TTL 系列	33		1 000
	STTL	74S	肖特基 TTL 系列	3		19 000
	ASTTL	74AS	先进肖特基 TTL 系列	3		8 000
	LSTTL	74LS	低功耗肖特基 TTL 系列	9.5		2 000
	ALSTTL	74ALS	先进低功耗肖特基 TTL 系列	3.5		1 000
	FTTL	74F	快速 TTL 系列	3.4		4 000
CMOS 系列	CMOS	40/45	互补型场效应管系列	125	3～18	1.25
	HCMOS	74HC	高速 CMOS 系列	8	2～6	2.5
	HCTMOS	74HCT	与 TTL 电平兼容型 HCMOS 系列	8	4.5～5.5	2.5
	ACMOS	74AC	先进 CMOS 系列	5.5	2～5.5	2.5
	ACTMOS	74ACT	与 TTL 电平兼容型 ACMOS 系列	4.75	4.5～5.5	2.5

　　按不同的用途,专用集成电路被设计和制造成大规模集成电路,例如通信专用集成电路中有移动通信终端与系统控制芯片、无线通信与宽带芯片、通信网络与网络设备专用芯片和光通信用芯片等;电源专用芯片有开关集成稳压器、DC/DC 变换器、AD/DC 变换器、DC/AC 变换器、充电器专用集成电路与基准电压源等;电机控制专用芯片有直流电动机 PWM 控制器、直流电动机速度与位置伺服控制器、三相无刷直流电动机驱动器、三相可编程脉宽调制器等;可编程的器件、微处理器等。

2. 封装形式

　　半导体集成电路的封装形式多种多样,按封装材料大致可分为金属、陶瓷、塑料封装。常见的半导体集成电路的封装形式如图 2.5.2 所示,如金属封装的 T 或 K 型;塑料和陶瓷封装的扁平型和双列直插型;表面贴片安装型的 SOP、SOC、SOJ、QFP、PLCC 等形式。

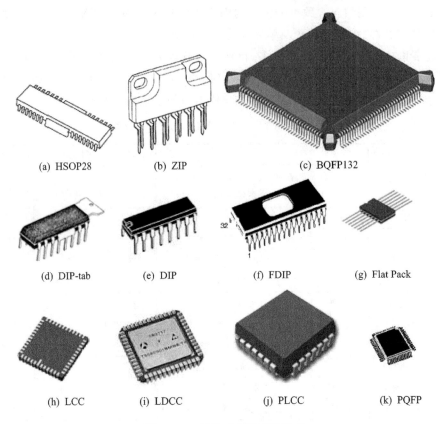

(a) HSOP28	(b) ZIP	(c) BQFP132
(d) DIP-tab	(e) DIP	(f) FDIP	(g) Flat Pack
(h) LCC	(i) LDCC	(j) PLCC	(k) PQFP

图 2.5.2　见集成电路封装形式

2.6　石英晶体、陶瓷谐振元件及声表面滤波器

2.6.1　石英晶体的种类与特性

石英晶体是一种各向异性的结晶体,从一块晶体上按一定的方位角切下薄片称为晶片(可以是正方形、矩形或圆形等),然后在晶片的两个对应表面上涂敷银层并装上一对金属板,就构成石英晶体谐振器,石英晶体谐振器具有压电谐振现象,等效电路如图 2.6.1 所示。

石英晶体具有很高的品质因数,其品质因数 Q 在 10000～500000 的范围内。

石英晶体具有串联和并联两种谐振现象,可构成并联晶体振荡器和串联晶体振荡器,前者石英晶体是以并联谐振的形式出现,而后者石英晶体则是以串联谐振的形式出现。

由石英谐振器组成的振荡器,其最大特点是频率稳定度极高,例如,10MHz 的振荡器一天内的频率变化小于 0.1～0.01 Hz,甚至小于 0.0001 Hz。

晶振元件按封装外形分有金属壳、玻壳、胶木壳和塑封等几种；按频率稳定度分，有普通型和高精度型；按用途分，有彩电用、手机用、手表用、电台用、录像机用、影碟机用、摄像机用等。主要是按工作频率及体积大小上的分类，性能一般差别不大，只要频率和体积符合要求，其中很多晶振元件是可以互换使用的。

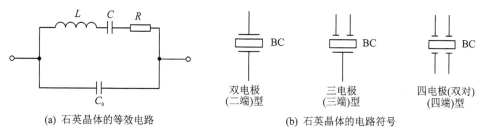

(a) 石英晶体的等效电路　　　　　　(b) 石英晶体的电路符号

图 2.6.1　石英晶体谐振器的等效电路与电路符号

2.6.2　陶瓷谐振元件的种类与特性

1. 压电陶瓷蜂鸣片

压电陶瓷蜂鸣片的外形结构及电路符号如图 2.6.2 所示。蜂鸣片通常是用锆钛酸铅或铌镁酸铅压电陶瓷材料制成。在陶瓷片的两面制备上银电极，经极化、老化后，用环氧树脂把它与黄铜片(或不锈钢片)粘贴在一起成为发声元件。当在沿极化方向的两面施加振荡电压时，交变的电信号使压电陶瓷带动金属片一起产生弯曲振动，并随此发出声音。

压电陶瓷蜂鸣片的声响可达 120 dB，体积小，质量轻，厚度薄，耗电省，可靠性高，价格低廉。常作为各种电子产品上的讯响器。

2. 压电陶瓷蜂鸣器

压电陶瓷蜂鸣器主要由多谐振荡器和压电陶瓷蜂鸣片组成，并带有电感阻抗匹配器与微型共鸣箱，外部采用塑料壳封装，是一种一体化结构的电子讯响器。压电陶瓷蜂鸣器的内部结构方框图如图 2.6.3 所示。

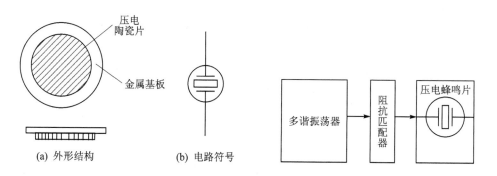

(a) 外形结构　　　　　　(b) 电路符号

图 2.6.2　压电陶瓷蜂鸣片的外形结构和电路符号　　**图 2.6.3　压电陶瓷蜂鸣器的原理方框图**

图 2.6.3 中，多谐振荡器是由晶体管或集成电路构成。接通电源后，多谐振荡器起振，输出音频信号（一般为 1.5～2.5 kHz），经阻抗匹配器推动压电蜂鸣片发声。国产压电蜂鸣器的工作电压一般为直流 6～15 V，有正负极两个引出线。

2.6.3　声表面滤波器的种类与特性

声表面波滤波器（SAWF）是一种利用声表面波（SAW）效应和谐振特性制成的对频率有选择作用的器件。在四端网络理论中，它是一种对频率有选择的电路，其作用是允许某一频带的信号通过，而阻止其他频率信号通过。其具体工作原理是由输入 IDT（又指换能器）经逆压电变换将电信号转换成声信号，声信号沿压电晶体表面传播，再由输出 IDT 将接收到的声信号经压电变换转变成电信号输出，它对电信号的处理是在这两次变换中完成的。

图 2.6.4　声表面波滤波器的外形图

声表面波滤波器的外形图如图 2.6.4 所示。

应用在电视机上，38 MHz 的型号有 N1952、N3955、N7262、N6274、LBN38 - 76、X3822、N3868、N9455、K2974J、K2978、K2972、F2972、Q1036；38.9 MHz 的型号有 LBN389 - 14、LBN389 - 15、LBN389 - 16、LBN389 - 17、LBN389S18、LBD1034、LBD1037、K2955 及 N3953；45.75 MHz 的型号有 LBN45 - 15、X1967、M3561M、LBN45 - 18、LBN45 - 19 及 LBN4575 等。

应用在无绳字母机上的型号有 LN45、LN48、LN46、LN49、LN45/48、LN46/49、LN45/48 - 20、LN46/49 - 25、LN26/41 及 LN31/40 等。

应用在数字电缆电视（窄带）的型号有 D23.5、N31.5、N38、N41.25、N45.75、N47.5、N57.75、N74、N83.75、N87、N90、N94、N103、N103.5、N105、N107、N108、N108.75、N110、N70 - 1.2 及 N70 - 3 等。

应用在数字电缆电视（宽带）的型号有 LBN35 - 8M、LBM38 - 5.5、LBN38 - 2P、LBN36 - 8、LBN389 - 4.5、LBN389 - 5.5、LBN45N、LBN45 - 5.5、LBN45 - 6.5、LBN70 - 16、LBN70 - 30、LBN80 - 16 及 LBN90 - 24 等

数字电缆电视（陷波）的型号有 XB34.75、XB34.75 - 2、XB35.65、XB42.5、XB50.75、XB58.75、XB61 及 XB66.75 等。

第3章 常用的仪器仪表

随着电子技术的发展,在生产岗位上除了需要大量的通用仪表,还需要各种特殊仪表。万用表、示波器、信号发生器是最为常见的仪表,也是大多数生产企业包括产品研发部门以及科研、教学、维修等部门不可缺少的仪表。

3.1 示波器

示波器就是用示波管显示信号波形的设备,常用于检测电子设备中的各种信号的波形。根据示波器内部结构或应用领域以及测量范围等可以分为模拟示波器和数字示波器。

3.1.1 模拟示波器

模拟示波器是一种实时监测波形的示波器,其结构方框图如图 3.1.1 所示,适于检测周期性较强的信号。

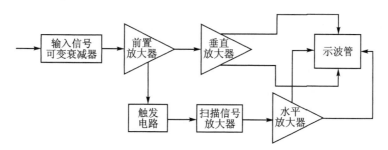

图 3.1.1 模拟示波器的结构方框图

在只需要观察实时信号而不需存储和记忆的情况下,模拟示波器有如下特点:

➤ 操作简单直观,全部操作都在面板上可以找到;

➤ 垂直分辨率高,连续而且无限级;

➤ 信号能实时捕捉,实时显示,更新快,每秒捕捉几十万个波形。

这些特点使模拟示波器深受使用者欢迎。

1. 典型模拟示波器的介绍

国内外模拟示波器的品牌繁多,我国生产示波器的主要厂商在上海、北京、西安、江苏、内蒙古、台湾等地。国外主要厂商有美国泰克、日本建伍、日本日立、韩国 EZ、韩国兴仓等。日本建伍的 CS-4125A 形图如图3.1.2 所示。

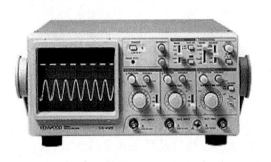

图 3.1.2　日本建伍模拟示波器 CS – 4125A 外形图

上海无线电 21 厂生产的型号有 XJ4630（1 MHz，双通道，长余辉慢扫描）；XJ4241、XJ4245（10 MHz，双通道双踪）；XJ4315、XJ4317、XJ4322、XJ4328（20 MHz，双通道双踪）；XJ4318A（30 MHz，双通道）；XJ4339（60 MHz，双踪）；XJ4361A、XJ4364（双踪）；XJ4383（150 MHz，双通道）。

内蒙古华峰电子科技公司生产的主要型号有 NM4480（20 MHz，双通道双踪，带 CRT 游标读出）；SS5702A（20 MHz，双通道双踪）；SS5711（100 MHz，四通道八踪）。

我国台湾固纬的型号有 GOS – 310（10 MHz，单通道）；GOS – 6021（20 MHz，双通道四踪）；GOS6050（0 MHz，双踪）；GOS – 6051（50 MHz，双通道四踪）；GOS – 6103（100 MHz，双通道双时基）；GOS – 6112（100 MHz，双通道双时基）；GOS – 6200（200 MHz，双通道双时基）等。

日本建伍的型号有 CS – 4125A（20 MHz，双通道）；CS – 4135A（40 MHz，双通道）；CS – 5375、CS – 5400（100 MHz，三通道八踪）；CS – 5450、CS – 5455、CS – 5455（50 MHz，三通道八踪）；CS – 5470（70 MHz，三通道八踪）。

韩国 EZ 的型号有 OS – 502RB（20 MHz，双通道双踪）；OS – 5040A、OS – 504RD（40 MHz，双通道双踪）；OS – 5060A（60 MHz，双通道双踪）；OS – 5100RA（100 MHz，四通道八踪）等。

模拟示波器的技术性能有垂直通道（Y）和水平通道（X）的灵敏度、频率响应、输入阻抗等，例如，CS – 4125A 的主要技术性能如下。

➢ 垂直通道（Y）和水平通道（X）的灵敏度：1～2 mV/格，±5%，0.005～5 V/格，±3%。

➢ 垂直通道（Y）衰减器：1 – 2 – 5 步，12 段，准确调整。

➢ 垂直通道（Y）输入阻抗：1×（1±2%）MΩ，约 22 pF。

➢ 垂直通道（Y）最大输入电压：800 V 峰-峰值或 400 V（DC＋AC 峰值）。

➢ 垂直通道（Y）频率响应：DC——DC～20 MHz，－3 dB；AC——10^{-5}～20 MHz，－3 dB。

➢ 扫描模式：NORM——触发扫描；AUTO——无触发信号时自动工作。

➢ 扫描时间：$0.5×10^{-6}$～0.5 s/格±3%；1 – 2 – 5 步，20 段可精确调整。

> 触发源：VERT 模式,在垂直模式下选择通道 1 或者通道 2 输入信号;LINE
> 模式,市电 EXT;外部触发模式,由外部输入信号。

2. 模拟示波器面板按钮的功能及使用前的准备

日本日立 V - 432 型示波器的面板按钮和开关的位置和功能如图 3.1.3 所示。

在开机之前需要将水平位置(H. POSITION)调整钮①和垂直位置(V. POSI-
TION)调整钮②置于中心位置;触发信号源(TRIGSOURCE)钮③置于内部(INT)
位置;触发电平(LEVEL)钮④置于中间位置;显示模式开关(MODE)置于自动位置
(AUTO)。

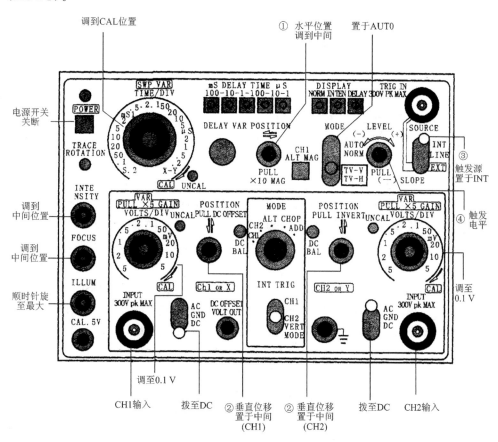

图 3.1.3　日立 V - 432 型示波器的面板按钮和开关的位置及功能示意图

3.1.2　数字示波器

数字示波器采用了数字处理和计算机控制技术,使其在波形的存储、记忆以及特
殊信号的捕捉等功能上得到大大加强,这是模拟示波器无法实现的。另外,对信号波
形的自动监测、对比分析、运算处理也是数字示波器的特长。数字示波器的显示部分

与模拟示波相同,其结构如图 3.1.4 所示。

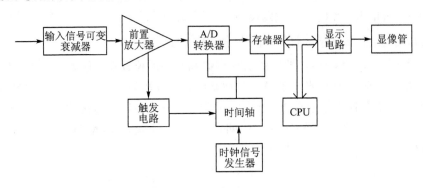

图 3.1.4　数字示波器的结构方框图

1. 典型数字示波器

国内外数字示波器的品牌繁多,我国生产数字示波器的主要厂商有北京普源精电科技有限公司(RIGOL)、杨中绿杨(LUYANG)、杨中科泰(CALTEK)、台湾固纬。国外主要厂商有美国泰克(Tektronix)、美国福禄克 FLUKE、日本岩崎(IWATSU)、韩国(LG-EZ)等。

北京普源精电科技有限公司的数字示波器的型号主要有 DS3022M(双通道,25 MHz);DS5042M(双通道,40 MHz);DS5062C、DS5062CA、DS5062MA、DS5062M(双通道,60 MHz);DS5102C、DS5102CA、DS5102MA、DS5102M(双通道,100 MHz);DS5152C、DS5152CA、DS5152MA(双通道,150 MHz);DS5202CA(双通道,200 MHz)等。

美国泰克公司生产的数字示波器的型号主要有 TDS1002、TDS2002(2 通道,60 MHz);TDS1012、TDS2012、TDS3012B(2 通道,100 MHz);TDS2014、TDS3014B、TDS5014(4 通道,100 MHz);TDS2022(2 通道,200 MHz);TDS3032B(2 通道,300 MHz);TDS3034B(4 通道,300 MHz);TDS3052B、TDS5052(2 通道,500 MHz);TDS3054B、TDS5054、TDS5014(4 通道,500 MHz)等。

韩国 LG-EZ 的数字示波器的型号主要有 DS1080、DS1250、DS1080C(双通道,80 MHz);DS115、DS1150C(双通道,150 MHz);DS1250C(双通道,250 MHz)等。

2. 美国泰克公司生产的数字示波器的主要特点和优点

➤ 显示:TDS2000 系列均为彩色 LCD,264 mm(10.4 英寸)XGA 显示屏。

➤ 取样率:TDS2002 为 1.0 GS/s;TDS2022、TDS2024 为 2.0 GS/s。

➤ 记录长度:所有通道 2.5 K 点。

➤ 脉冲宽度触发:33 ns～10 s 可选。

➤ 时基范围:5 ns～50 s/div。

➤ 自动测量:11 种波形参数测量。

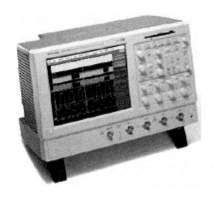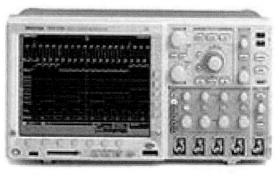

图 3.1.5　美国泰克生产的 DPO4000 系列数字示波器外形图

➤ 触发信号读出：触发源触发频率读出。
➤ 具有并行总线和串行总线 Wave Inspector 控制功能；
➤ 能够简单高效地寻找模拟波形和数字波形；
➤ 超薄设计，厚仅 137 mm(5.4 英寸)；
➤ 新型数字探头设计，简化了连接被测设备的工作。

3. 数字示波器面板键操作方式和显示方式

数字存储示波器的面板操作键分两种——立即执行键和菜单键。当按下立即执行键时，示波器立即执行该项操作；当按下菜单键时，在屏幕下方显示一排菜单，然后按菜单下所对应的操作键，执行菜单中该项的操作。它对显示的信号波形可以进行记忆，也可以进行分析。数字示波器与计算机组合，可对信号进行各种处理，并能通过网络进行传输。

智能化数字存储示波器利用内部微计算机的控制功能和不同的存储方法，可实现多种灵活的波形显示方式，以适应不同波形的观测需要，而且在示波器显示波形的同时，还可以显示相应的工作状态信息和测量数据。数字存储示波器通常有以下几种显示方式：

① 存储显示方式。存储显示是数字存储示波器的基本显示方式，它适于对一般信号的观测。在一次触发形成并完成信号数据的存储之后，经过显示前的缓冲存储，并控制缓冲存储器的地址顺序，依次将欲显示的数据读出，进行 D/A 转换后，将其稳定地显示在示波器屏上。这样显示的波形是由一次触发捕捉到的信号片断，在这种方式下，满足一次触发条件，屏幕上原来的波形就被新存储的波形更新一次。

② 抹迹显示方式。抹迹显示方式适于观测一长串波形中在一定条件下才会发生的瞬态信号。在该方式下，应先按照预期的瞬态信号设置触发电平和极性。观测开始后，仪器工作在末端触发和预设触发相结合的方式下，当信号数据存储器被装满，但瞬态信号未出现时，实现末端触发，在屏幕上显示一个画面，保持一段时间后，被新存储的数据更新，若瞬态信号仍未出现，再利用末端触发显示一个画面。这样一

个个画面显示下去,如同为了查找某个内容一页页地翻书一样。一旦预期的瞬态信号出现,则立即实现预置触发,将捕捉到的瞬态信号波形稳定地显示在示波管上,并存入基准波形存储器中。

③ 卷动显示方式。卷动显示方式特别适合观测缓变信号中随机出现的突发信号。它包括两种形式,一种是使用新的波形逐渐代替旧的波形,变化点自左向右移动;另一种是波形从屏幕的右端推出向左移动,在左端消失。当异常波形出现时,可按下存储键,将此波形保存在屏幕上或存入参考波形存储器,以便更细致地观测和分析。

当设定为该方式时,信号存储器在装满之后,将不停地移动所有数据,推出旧数据,存入新数据,并不断地把新数据移入显示缓冲存储器,再适当延迟后读出显示。

④ 放大显示方式。放入显示方式适于观测信号波形的细节,此显示方式是利用延迟扫描方法实现的。此时,屏幕一分为二,上半部显示原波形;下半部显示放大了的部分,其放大位置可用光标控制,放大比例也可以调节,还可以用光标测量细节部分的参数。

3.1.3　示波器在电压、相位、时间和频率测量中的应用

利用电子示波器可以进行电压、时间、相位差、频率以及其他物理量的测量。

1. 电压测量

用电子示波器不仅可以直接观看测量电压波形的电压幅值、瞬时值,更有实际意义的是,它还可以测量脉冲电压波形的上冲量、平顶降落等。数字示波器还可以在屏幕上读出测量数值。

(1) 直流电压的测量

测量直流电压,所用示波器的 Y 通道应当采用直接耦合放大器,如果示波器的下限频率不是 0,则不能用于测量直流电压。进行测量前,必须校准示波器的 Y 轴灵敏度,并将其微调旋钮旋至"校准"位置。测量方法如下:

① 将垂直输入耦合选择开关置于"⊥",采用自动触发扫描,使荧光屏上显示一条扫描基线,然后根据被测电压极性,调节垂直位移旋钮,使扫描基线处于某特定基准位置(作 0 V 电压线);

② 将输入耦合选择开关置于 DC 位置;

③ 将被测信号经衰减探头(或直接)接入示波器 Y 轴输入端,然后调节 Y 轴灵敏度(V/cm)开关,使扫描线有较大的偏移量,如图 3.1.6 所示。

设荧光屏显示直流电压的坐标刻度为 $H(\text{cm})$,仪器的 Y 轴灵敏度所指档级为 $S_Y = 0.2\,\text{V/cm}$,Y 轴探头衰减系数 $K=10$(即用了 10:1 衰减探极),则被测直流电压 $U_x(\text{V})$ 为

$$U_x = H(\text{cm})S_Y(\text{V/cm})K$$
$$= H(\text{cm}) \times 0.2(\text{V/cm}) \times 10$$
$$= 2H\ \text{V}$$

（2）交流电压测量

一般是直接测量交流电压的峰-峰值 U_{xpp}。其测量方法是,将垂直输入耦合选择开关置"AC"位置,根据被测信号的幅度和频率对"V/cm"开关和"t/cm"开关选择适当的档级,将被测信号通过衰减探头接入示波器 Y 轴输入端,然后调节触发电平,使波形稳定,如图 3.1.7 所示。

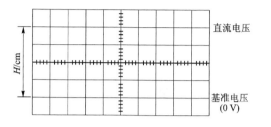

图 3.1.6　直流电压的测量波形图

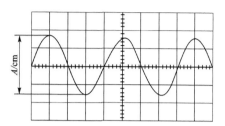

图 3.1.7　直接测量交流电压的峰峰值 U_{xpp} 波形图

设荧光屏上显示信号波形峰-峰值的坐标刻度为 $A(\text{cm})$,仪器的 Y 轴灵敏度所指档级为 $S_Y=0.1\text{V/cm}$,Y 轴探头衰减系数 $K=10$,则被测信号电压的峰-峰值为

$$U_{\text{xpp}} = A(\text{cm})S_Y(\text{V/cm})K$$
$$= A\ (\text{cm}) \times 0.1(\text{V/cm}) \times 10$$
$$= A\ (\text{V})$$

对于正弦信号来说,峰-峰值 U_{xpp} 与有效值 U_{x} 的关系为

$$U_{\text{x}} = U_{\text{xpp}}/2\sqrt{2} = A/2\sqrt{2}$$

（3）电压瞬时值的测量

测量含有直流分量的被测信号的某特定点及电压瞬时值 u_R,首先将垂直输入耦合选择开关置于"⊥",调整扫描基线位置,确定基准电平(0 V);然后将输入耦合选择开关置"DC"位置,选择适当的"V/cm"和"t/cm"档级,将被测信号通过探头接入 Y 输入端,使荧光屏上显示一个或几个周期的稳定波形,如图 3.1.8 所示,可算得 R 点的电压瞬时值为

$$u_R = B S_Y K$$

2. 相位测量

测量相位通常是指两个同频率的信号之间相位差的测量。在电子技术中,主要测量 RC、LC 网络、放大器相频特性以及依靠信号相位传递信息的电子设备。

对于脉冲信号,称同相或反相,而不用相位来描述,通常用时间关系来说明。

测量相位的方法有多种,采用双迹示波器测量两个同频信号的相位既直观又方便。

具体测量方法:

① 将触发源选择开关置于"外"位置,用 u_1（或 u_2）作外触发信号从触发输入端引入。

电工电子实训教程

② 把 u_1 和 u_2 分别送入 Y_A 和 Y_B 输入端，荧光屏上显示出 u_1、u_2 波形，如图 3.1.9 所示，记下波形的 u_1 的 A、C 位置和 u_2 的 B、D 点位置。

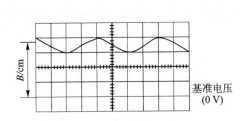

图 3.1.8　电压瞬时值的测量波形图　　　图 3.1.9　被测信号在荧光屏上显示的波形

64

考虑到 $AC=X_T$ 相当于相位角 360°，由图可算出两个正弦信号 u_1、u_2 间的相位差角为

$$\varphi = \frac{X}{X_T} \times 360°$$

3. 时间测量

时间测量包括对周期、脉冲上升时间、脉宽及下降时间等的测量。若采用数字示波器测量，既直观又方便，在屏幕上可以直接读出。这里介绍使用通用示波器对信号周期、脉冲上升时间及时间间隔的测量。

(1) 测量周期

测量前，应对示波器的扫描速度进行校准。在未接入被测信号时，先将扫描微调置于校准位置，再用仪器本身的校准信号对扫描速度进行校准。

接入被测信号，将图形移至荧光屏中心，调节 Y 轴灵敏度和 X 轴扫描速度，使波形的高度和宽度合适，如图 3.1.10 所示。设扫描速度为 $v=10\,\text{ms/cm}$，扩展倍数 $K=5$，则信号的周期为

$$T = X \cdot v/K$$
$$= 1\,\text{cm} \times 10\,\text{ms/cm} \div 5 = 2\,\text{ms}$$

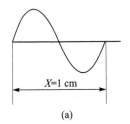
(a)

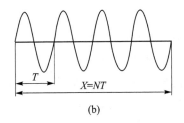
(b)

图 3.1.10　测量周期

为了减少读数误差,也可采用图 3.1.10(b)所示的多周期法进行测量。设 N 为周期个数,则被测信号周期为

$$T = X \times v \div K \div N$$

（2）脉冲前沿时间与脉冲宽度的测量

调节 Y 轴灵敏度使脉冲幅度达到荧光屏满刻度,同时调节扫描速度 v 使脉冲前沿展开些(如使上升沿占有几厘米),然后根据荧光屏上坐标刻度上显示的波形位置,读测信号波形在垂直幅度的 10% 与 90% 两位置间的时间间隔距离 X,如图 3.1.11 所示。如果 v 的标称值为 $0.1\,\mu s/cm$,$X = 1.5\,cm$,扩展倍数 $K = 5$,则荧光屏上读测的上升时间为

$$\begin{aligned} t_r &= X \times v \div K \\ &= 1.5\,cm \times 0.1\,\mu s/cm \div 5 \\ &= 0.03\,\mu s \end{aligned}$$

因为示波器存在输入电容,使荧光屏上显示的上升时间比信号的实际上升时间要大些。若考虑示波器本身固有的上升时间 t_{ro},则信号的实际上升时间为

$$t_{rx} = \sqrt{t_r^2 - t_{ro}^2}$$

若 $t \geqslant t_{ro}$,则 $t_{rx} = t_r$。

脉冲宽度是指脉冲前后沿与 $0.5U_m$ 线两个交点间的时间,假设 t_p 在示波器荧光屏上对应的长度为 $X(cm)$,由图 3.1.12 有

$$t_p = X \times v \div K$$

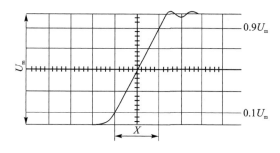
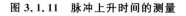
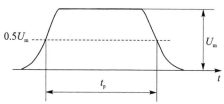

图 3.1.11　脉冲上升时间的测量　　　　图 3.1.12　脉冲宽度的测量

4．频率测量

对于周期性信号的频率测量,在无专门的频率测量仪器的情况下,利用示波器简单而又灵活进行频率测量的方法是用测周期法确定频率。

由于信号的频率为周期的倒数,因此,可用前述方法先测出信号周期,再换算为频率。

3.2　信号发生器

随着电子信息业的发展,信号发生器在生产、调试和维修等场合得到广泛的应用。信号发生器的种类也不断增加,有低频信号发生器、高频信号发生器、射频信号发生器、任意波形发生器、函数信号发生器/函数发生器、脉冲信号发生器、信号源、电视信号发生器、音频信号发生器、调频调幅标准信号发生器、合成信号发生器、脉冲发生接收器、微波合成扫频信号发生器等。

3.2.1　低频信号发生器

1. 低频信号发生器简介

低频信号发生器可以产生频率和幅度可调的正弦波,有些低频信号发生器也可产生波形、频率、幅度、脉宽可调的所需波形,供工厂或实验室作为相应频段的信号源使用。

低频信号发生器由振荡器、衰减器、功率放大器、指示表头、直流稳压电源、衰减器切换开关和输出匹配变压器组成,XD1 型低频信号发生器整机方框图如图 3.2.1 所示。振荡器产生正弦振荡,经过衰减器和切换开关后可作为电压信号输出,电压信号经功放后,再经衰减器和切换开关可控制输出电压的大小,除了步进衰减外,还用电位器连续调节衰减,并用交流电压表进行监测。指示表头实际上是交流电压表,用于指示本身的振荡电压或功率输出电压,也可测量外部的交流电压。

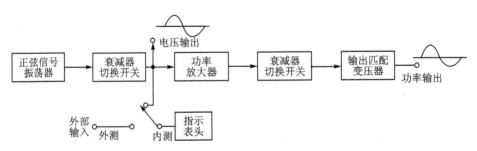

图 3.2.1　XDI 型低频信号发生器整机方框图

国内外低频信号发生器的品牌繁多。型号为 XD1 的低频信号发生器能产生从 $1 \sim 10^6$ Hz 的正弦波,分为 I~VI 6 个波段,频率的基本误差为 $\pm(1\% f + 0.3)$ Hz。除电压级输出外,还具有最大为 4 W 左右的功率输出。功率输出可配接 50 Ω、75 Ω、150 Ω、600 Ω、5 kΩ 等5 种负载,电压输出和功率输出的最大衰减均达 90 dB。仪器附有满量程为 5 V、15 V、50 V、150 V 的电压表,供本机测量和外部测量。

　　型号为 XD22 宽频带低频信号发生器的外形图如图 3.2.2 所示。XD22 能够产生 $1 \sim 10^6$ Hz 的正弦波信号、脉冲信号和逻辑信号(TTL),分为 Ⅰ~Ⅵ 6 个波段,频率(工作)误差为 $\pm(1.5\% f + 1 \mathrm{Hz})$;输出电压有效范围为 $5 \times 10^{-5} \sim 6$ V;标准的 600 Ω 输出阻抗;脉冲信号的幅度和宽度均为连续可调;频率用数码管显示,电压表误差小于满度值的 $\pm 5\%$。

图 3.2.2　XD22 的宽频带低频信号发生器的外形图

　　型号为 XD1022 低频信号发生器的外形图如图 3.2.3 所示。XD1022 能够产生 $1 \sim 10^6$ Hz 正弦波信号、脉冲信号和 TTL 逻辑信号,频率误差小于 $\pm(1.5\% f + 1 \mathrm{Hz})$;输出电压范围为 $5 \times 10^{-5} \sim 6$ V,额定输出电压误差 $\leqslant \pm 1$ dB;具有标准的 600 Ω 输出阻抗,负载能力大于 25 mA;脉冲信号的幅度为 $0 \sim 10$ V(峰-峰值),宽度为 $0.3 \sim 0.7$ 连续可调,TTL 具有很强的负载能力和理想的波形。

图 3.2.3　XD1022 低频信号发生器的外形图

2. 低频信号发生器的键钮功能

　　下面以 XD1 型低频信号发生器为例介绍各键钮功能。XD1 型低频信号发生器的面板键、钮和开关如图 3.2.4 所示。

　　① 电压表输入插孔。当电压表用做外测量时,由此插孔接输入电压信号。

　　② 电源开关。按键按下时,电源接通,方框中间指示灯 ZD 亮。再按一下,按键弹出,指示灯灭,电源关断。

　　③ 电压测量开关。当置"内"位置时,电压表用做内测量;当置"外"位置时,电压表用做外测量。

　　④ 阻尼开关。为减小表针在低频时抖动而设置,当置"快"位置时,未接通阻尼电容;当置"慢"位置时,接通阻尼电容。

　　⑤ 电压量程转换开关。当电压表作内测量时,指 5 V 档位置;当电压表作外测量时,还可在 15 V、50 V、150 V 档变换。

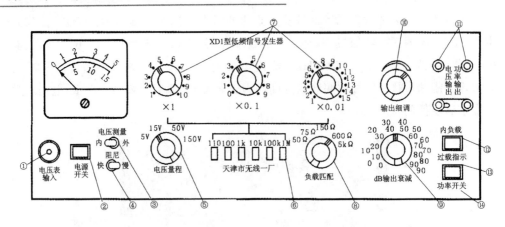

图 3.2.4　XDI 型低频信号发生器面板图

⑥ 频率选择按键。分 6 档：1、10、100、1k、10k、100k、1M 为频率选择粗调。

⑦ 频率选择开关。"×1"、"×0.1"、"×0.01"三旋钮为频率选择细调。与频率选择按键配合使用，根据所需要的频率，可按下相应的按键，然后再用三个频率选择旋钮，按十进制的原则细调到所需频率。例如按键是"1k"，"×1"旋钮置 1，"×0.1"旋钮置 3，"×0.01"旋钮置 9，则频率为 1000 Hz×1.39＝1390 Hz。

⑧ 负载匹配旋钮。当功率输出时，调此旋钮，其指示值表示输出与负载匹配。

⑨ dB 输出衰减转换开关。调节输出幅度，步进 10 dB 衰减，也对应电压倍数。

⑩ 输出细调旋钮。调此旋钮，微调输出幅度，顺时针旋增大，反向减小。

⑪ 输出端接线柱。有电压输出与功率输出。

⑫ 内负载按键。当使用功率级时，按键按下，表示接通内部负载。

⑬ 过载指示灯。当功率输出级过载时，指示灯亮，该指示灯装在功率开关方框中。

⑭ 功率开关按键。按下时，使功率级输入端接入信号。

3. 低频信号发生器的使用方法

下面以 XD1 型低频信号发生器为例介绍低频信号发生器的使用方法。

① 开机前，应将输出细调电位器拨至最小，开机后，等过载指示灯熄灭后，再逐渐加大输出幅度。若想达到足够的频率稳定度，需预热 30 min 左右再进行使用。

② 频率的选择。面板上的 6 档按键开关为分波段的选择。根据所需要的频率，可先按下相应的按键，然后再用 3 个频率旋钮，细调到所需的频率。

③ 输出调整。仪器有电压输出和功率输出两组旋钮，这两种输出共用一个输出衰减旋钮，做每步 10 dB 的衰减。使用时应注意在同一衰减位置上，电压与功率衰减的分贝数是不相等的，面板上已用不同的颜色区别。输出细调是由同一个电位器连续调节的，这两个旋钮适当配合，可在输出端上得到所需的输出幅度。

④ 电压级的使用。从电压级可以得到较好的非线性失真数（＜0.1%），较小的输出电压（200 μV）和小电压下较好的信噪比。电压级最大可输出 5 V，其输出阻抗是

随输出衰减的分贝数变化而变化的。为了保持衰减的准确性及输出波形失真不超标（主要是在电压衰减 0 dB 时），电压输出端上的负载应大于 5 kΩ。

⑤ 功率级的使用。使用功率级时应先将功率开关按下，以将功率级输入端的信号接通。

为使阻抗匹配，功率级共设有 50 Ω、75 Ω、150 Ω、600 Ω 及 5 kΩ 5 种负载值。若要得到最大输出功率，则应使负载选择以上 5 种数值之一，以求匹配。若做不到，一般也应使实际使用的负载值大于所选用的数值，否则失真将增大。当负载接以高阻抗时，并要求工作在频段两端，即接近 10 Hz 或几百 kHz 的频率时，为了输出足够的幅度，应将功放部分的内负载按键按下，接通内负载，否则输出幅度会减小。当负载值与面板上负载匹配旋钮所指数值不相符时，步进衰减器指示将产生误差，尤其是在 0～10 dB 这一档。当功率输出衰减放在 0 dB 时，信号源内阻比负载值要小，但衰减 10 dB 以后的各档，内阻与面板上阻抗匹配旋钮指示的阻抗值就相符，可做到负载与信号源内阻匹配。

在开机时，过载保护指示灯亮，但 5～6 s 后熄灭，表示功率级进入工作状态。当输出旋钮开得过大或负载阻抗值太小时，过载保护指示灯燃亮，指示过载。保护动作过几秒钟以后自动恢复，若此时仍过载，则灯又闪亮。在第 6 档高端的高频下，有时由于输入幅度过大，甚至一直亮。此时应减小输入幅度或减轻负载，使其恢复。

遇保护指示不正常时，就不要继续开机，需进行检修，以免烧坏功率管。当不使用功率级时，应使功率按键开关弹出，以免功率的保护电路的动作影响电压级输出。

⑥ 对称输出。功率级输出可以不接地，当需要这样使用时，只要将功率输出端与地的连接片取下即可对称输出。

选择工作频段须注意：功率级由 0.01～700 kHz（5 kΩ 负载档在 10～200 kHz）范围的输出，符合技术条件的规定；但在 5～10 Hz 和 0.7～1 MHz（或 5 kΩ 负载档在 0.2～1 MHz）范围内仍有输出，但功率减小；功率级在 5 Hz 以下，输入被切断，没有输出。

3.2.2　高频信号发生器

1. 高频信号发生器简介

高频信号发生器主要是用来产生频率和幅度都经过校准的从 1 V 到几分之一 μV 的信号电压，并能提供等幅波或调制波（调幅或调频），广泛应用于研制、调试和检修各种无线电收音机、通信机、电视接收机以及测量电场强度等场合。

高频信号发生器主要由主振级、调制级、输出级、内调制振荡器、监测器和电源组成，其工作原理方框图如图 3.2.5 所示。

主振级产生具有一定工作频率范围的正弦信号，被送调制级作为幅度调制的载波。内调制振荡器产生调制级所需的音频调制信号。两信号经调制和放大后，送到输出级。输出级可对高频输出信号进行步进或连续调节，以获得所需的输出电平范

电工电子实训教程

70

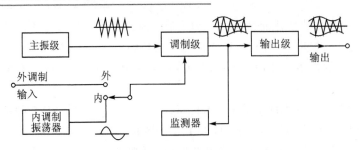

图 3.2.5　高频信号发生器工作原理方框图

围,其输出阻抗应满足要求。监测器用以监测输出信号的载波幅度和调制系数。

　　YB1052B 高频信号发生器可提供载频、调频、调幅信号,其外形图如图 3.2.6 所示。YB1052B 的有效工作频率范围为 $0.1 \sim 150$ MHz,分为 $0.1 \sim 10$ MHz、$10 \sim 150$ MHz 两个频段;音频频率为 400 Hz,1 kHz;调幅范围为 $0 \sim 80\%$ 连续可调;调频频偏范围为 $0 \sim 100$ kHz 连续可调;信号发生器的输出频率由 6 位数码管 LED 显示,输出幅度由 3 位数码管 LED 显示,并具有外测频功能;频率指示误差为 $1 \times 10^{-4} \pm 1$ 个字;输出幅度调节 > 10 dB;在整个工作频段内,信号发生器有一致的调制度和稳定的输出幅度特性。

　　EE1051 型高频信号发生器采用贴片工艺,金属机箱可靠性高,可提供载频、调频、调幅信号。它的输出频率为 $0.1 \sim 150$ MHz,分 6 频段,4 位 LED 数字显示,输出电平不小于 60 mV(rms)。内调制 1 kHz 正弦波,外调制 $0.05 \sim 20$ kHz;音频输出为 1.5 V(rms) 1 kHz 正弦波。

　　DF1071 高频信号发生器的外形图如图 3.2.7 所示。DF1071 采用微处理器,使该仪器具有智能控制、数字显示、10 个工作频率方式存储、RS-232 接口、通信测试和实验等功能。DF1071

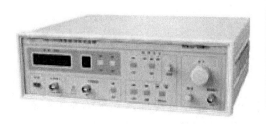

图 3.2.6　YB1052B 高频信号发生器的外形图

图 3.2.7　DF1071 高频信号发生器的外形图

的频率范围为 $0.1 \sim 150$ MHz,分为 3 个波段($0.1 \sim 1$ MHz、$1 \sim 10$ MHz 和 $10 \sim 150$ MHz);RF 输出为 316 mV/50 Ω;幅频特性为 1 dB 音频输出为 2 V/1 kHz;频偏为 22.5 kHz(400 Hz)、75 kHz;立体声调制为 3 波段;L 声道频率为 $400 \times (1 \pm 10\%)$ Hz、R 声道频率 $1 \times (1 \pm 10\%)$ kHz;隔离度为 30 dB;信号比为 40 dB。

2. 高频信号发生器的使用方法

（1）AS 1051S 型高频信号发生器的使用方法

AS 1051 高频信号发生器的外形图如图 3.2.8 所示。

接通仪器电源后，打开仪器电源开关，此时工作指示灯点亮。一般情况下仪器需预热 3～5 min 后才可投入使用。

① 音频信号放大器的检测方法。首先将频段切换旋钮置于 1，因频段 1 频率范围为 87～108 MHz，是音频输出调节专用频段，然后将立体声发生器调制开关置于 CW 载波，此时所需要的音频信号就从音频输出插口输出了，若要调节输出音频信号的幅度，可通

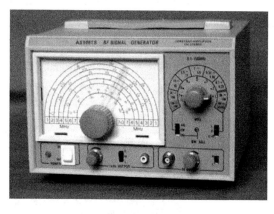

图 3.2.8　AS 1051 高频信号发生器的外形图

过输出幅度开关和幅度微调旋钮进行调节，它们共同实现了幅度的连续可调。通过此方法输出的信号可测试音频放大器的工作情况，此时将音频输出端口接放大器的输入端，放大器的输出端与示波器相连，若放大器正常，便会在示波器上看到一组放大的音频信号。

② 调频立体声收音机的检测方法。将频段切换旋钮置于 1，然后将立体声发生器调制开关置于 FM（调频），此时就会在 RF 输出端输出调频立体声信号。通过此方法输出的信号可测试调频立体声收音机工作的频率范围是否正常，如测试一台调频立体声收音机，它的正常工作频率的范围是 87～108 MHz，首先将高频信号发生器的 RF 信号输出端与调频立体声收音机的天线相连，然后将频信号发生器的频段切换旋钮调置 1，立体声发生器调制开关置于 FM（调频），再将频率微调旋钮置于第 1 条刻度线的 87 MHz 处，此时将收音机打开，并将收音机的调频旋钮置于其频率刻度的 87 MHz 处，要是听到清晰的声音，说明该收音机的低频信号接收正常，此时将收音机的调频旋钮置于其频率刻度的 108 MHz 处，将高频信号发生器的频率微调旋钮置于第 1 条刻度线的 108 MHz 处，要是也能听到清晰的声音，说明该收音机的高频信号接收也正常。

③ 调幅收音机的检测方法。将频段切换旋钮置于所需选定频段，调制开关按需选于调幅（AM）、载频（CM）或调频（FM），高频信号输出幅度调节由 RF 幅度调节旋钮、高频输出幅度选择开关配合调节，高频信号由 RF 输出插口输出。通过此方法输出的信号可检测调幅收音机工作的频率范围是否正常，如测试一台调幅收音机，其正常工作范围是 535～1605 kHz，首先将高频信号发生器的 RF 信号输出端与调幅收音机的天线相连，然后将高频信号发生器的频段切换旋钮调至 3，立体声发生器调制开

关置于 AM(调幅),再将频率微调旋钮置于第 3 条刻度线的 535 kHz 处,此时将收音机打开,将收音机的调频旋钮置于其频率刻度的 535 kHz 处,要是听到清晰的声音,说明该收音机的低频信号接收正常,此时将收音机的调频旋钮置于其频率刻度的 1605 kHz 处,将高频信号发生器的频率微调旋钮置于频率刻度线的 1605 kHz 处,要是也能听到清晰的声音,说明该收音机的高频信号接收也正常。

(2) AS 1053 高频信号发生器的使用方法

AS 1053 高频信号发生器的外形如图 3.2.9 所示。

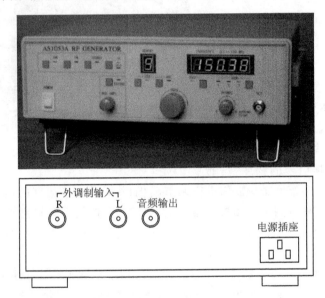

图 3.2.9　高频信号发生器的外形图

① 等幅波输出。等幅波输出时,调节以下开关位置及旋钮。

(a) 调幅选择开关置等幅位置。

(b) 将波段开关扳至所需的波段,转动频率调节旋钮至所需要的频率附近,然后调节频率细调旋钮,达到所需频率。

(c) 转动载波调节旋钮,使电压表指示在红线 1 刻度上。这时,从 0～0.1 V 插座输出的信号电压等于输出微调旋钮的读数与输出倍乘开关的读数的乘积,单位为 μV。例如,当输出微调旋钮的读数为 6 格,输出倍乘开关在 10 的位置时,其输出电压为 $6 \times 10 = 60 \mu V$。

如果再使用带有分压器的输出电缆,且从 0～0.1 V 插孔输出,这时,输出电压将衰减到原来的 1/10,其实际输出电压为 $6 \mu V$。如果需要的信号电压值大于 0.1 V,可从 0～1 V 插孔输出。这时,先旋动载波调节旋钮,使电压表指在红线 1 上。输出电压值按输出微调旋钮刻度值乘 0.1 读数。当输出微调旋钮指示在 10 时,输出电压即为 1 V。

② 调幅波输出。调幅波输出时,调节以下开关的位置及旋钮。

（a）使用内调制时，将调幅选择开关置于 400 Hz 或 1 000 Hz，按输出等幅信号的方法选择载波频率，转动载波调节旋钮，使电压表指在红线 1 处。然后调节调幅度调节旋钮，使调幅度表指示出所需的调幅度。一般调节指示在 30％处。同时利用输出微调旋钮和输出倍乘开关，调节输出调幅波电压，计算方法与输出等幅信号相同。

（b）使用外调制时，要选择合适的音频信号发生器作为调幅信号源，输出功率在 0.5 W 以上，能在 20 kΩ 负载上输出大于 100 V 的电压。将调幅选择开关置于等幅位置，将音频信号发生器输出接到外调幅输入插孔后，其他工作程序与内调制相同。

3.2.3　函数信号发生器

1. 函数信号发生器简介

函数信号发生器是一种能够产生正弦波、方波、三角波、锯齿波以及脉冲波等多波形的信号源。有的函数信号发生器还具有调制的功能，可以产生调幅、调频、调相及脉宽调制等信号。因此，函数信号发生器是一种多功能的通用信号源。

函数信号发生器在设计上又分为模拟方式和数字合成方式。数字合成式函数信号源无论就频率、幅度乃至信号的信噪比均优于模拟信号发生器，其锁相环（PLL）的设计使输出信号不仅频率精准，而且相位抖动（Phase Jitter）及频率漂移均能达到相当稳定的状态，但始终难以有效克服数字电路与模拟电路之间的干扰，也造成数字合成式函数信号发生器在小信号的输出上不如模拟式函数信号发生器。

模拟式函数信号发生器的电路结构方框图如图 3.2.10 所示。

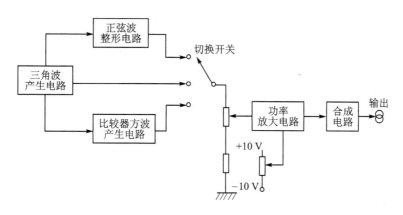

图 3.2.10　模拟式函数信号发生器的电路结构方框图

国内外函数信号发生器的种类繁多，典型的生产厂商和产品有：

➤ 南京盛普公司的 SPF20、SPF40、SPF80、SPF120 型 DDS 数字合成函数/任意波信号发生器/计数器。

➤ 石家庄数英公司的 TFG2080A、TFG2030A、TFG2015A 函数发生器/任意波发生器，TFG2300V、TFG2150V 数字合成信号发生器，TFG2030V、

TFG2015V、TFG2006V、TFG2030、TFG2015、TFG2006、TFG2003DDS 函数
信号发生器。

> 美 国 泰 克 公 司 的 AFG310、AFG320、AFG3022、AFG3101、AFG3102、
AFG3251、AFG3252 任意波形/函数发生器。

> 美国安捷伦公司 Agilent 的 33250A 函数/任意波形发生器。

> 我国台湾富贵公司 ESCORT 的 EGC－3238A、EGC－3236A、EGC－3235A 、
EFG－3210 扫描函数发生器。

> 我国台湾固纬公司 GWinstek 的 GFG－3015 、GFG－8210、GFG－8255A、GFG－
8250A、GFG－8219A、GFG－8217A、GFG－8216A 函数信号产生器。

> 南京盛普公司 SPF120 型 DDS 合成函数/任意波信号发生器的外形图如
图 3.2.11所示。

SPF120 型是一台采用现代直接数字合成技术设计,带有微处理器的数字合成
信号发生器。与一般传统信号源相比,具有高精度、多功能、高可靠性和其他一些独
特的优点。

SPF120 型的主要特点和技术性能如下:

> 专用 13 位大字符 VFD 荧光显示。

> 频率、幅度可直接数字设置,亦可
用调节旋钮设置。

> 数字合成多种波形输出、失真极
小,满足各种应用需要。

> RS－232 接口标准配置,IEEE－
488 接口可选配。

> 100 MHz 频率计数器,温补晶振。

> 表面贴装工艺生产,独特的多层线
路板。

> 可靠性 MTBF＞10 000 h。

> 新型金属机箱,屏蔽性好,外形尺

图 3.2.11 SPF120 型 DDS 合成
函数/任意波信号发生器的外形图

寸为255 mm×370 mm×100 mm(W×H×D),质量为 3.5 kg。

> 输出波形有正弦波、方波、脉冲波、三角波、锯齿波、TTL 脉冲波、点频、扫频、
调频、调幅、脉冲串、FSK 、PSK 猝发等波形,多种调制 AM、FM、ASK、FSK、
PSK (机内预存 32 种波形)。

> 输出频率为 $10^{-10}\sim 120$ MHz (正弦波);$10^{-10}\sim 40$ MHz (方波);$10^{-7}\sim 100$
kHz (三角波、锯齿波、脉冲波等预存波型);频率分辨率为 $1\ \mu$Hz;频率精度$\leqslant$
$\pm 5\times 10^{-6}$。

> 输出幅度为 1 mV(p－p)~10 V(p－p)(50 Ω 负载,$f\leqslant 40$ MHz);100 μV(p－
p)~3 V (p－p)(50 Ω 负载,$f＞40$ MHz);2 mV(p－p)~20 V(p－p)(1 MΩ 负

载，$f \leqslant 40\,\mathrm{MHz}$），$200\,\mu\mathrm{V(p-p)} \sim 6\,\mathrm{V(p-p)}$（$1\,\mathrm{M\Omega}$ 负载，$f > 40\,\mathrm{MHz}$）；波形幅度分辨率为 12 位；幅度最高分辨率为 $1\,\mu\mathrm{V}$；幅度误差（精度）为 $\pm(1\% + 0.2\,\mathrm{mV})$；输出平坦度为 $\pm 3\%$。

➢ 调幅调制度为 $1\% \sim 120\%$。

➢ 相位调节范围为 $0.1° \sim 360.0°$，相位调节分辨率为 $0.1°$。

➢ 采样速率为 $300\,\mathrm{MS/s}$。

➢ 正弦波的失真为 $\leqslant 0.1\%$，谐波抑制为 $-50\,\mathrm{dBC}$。

➢ 方波升降时间 $\leqslant 15\,\mathrm{ns}$，占空比在 $0.1\% \sim 99.9\%$ 连续可调。

➢ 偏移范围为 $\pm 10\,\mathrm{V}$；偏移最高分辨率为 $1\,\mu\mathrm{V}$；偏移误差（精度）$< \pm(1\% + 10\,\mathrm{mV})$。

➢ 计数器测频范围为 $10^{-6} \sim 100\,\mathrm{MHz}$；计数容量 $\leqslant 3.29 \times 10^{9}$。

➢ 时基标称频率为 $10\,\mathrm{MHz}$，稳定度优于 $\pm 1 \times 10^{-6}$。

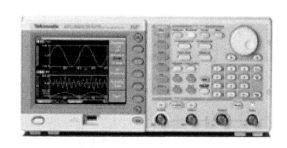

美国泰克公司的 AFG3000 系列任意波形/函数发生器（AFG3021、AFG3022、AFG3101、AFG3102、AFG3251、AFG3252）的

图 3.2.12　AFG3102 的外形图

主要技术性能如表 3.2.1 所列。AFG3102 的外形图如图 3.2.12 所示。

表 3.2.1　美国泰克的 AFG3000 系列的主要技术性能

名称/型号	AFG3021	AFG3022	AFG3101	AFG3102	AFG3251	AFG3252
道数	1	2	1	2	1	2
波形	12 种标准波形，包括正弦波、方波、脉冲、三角波等					
正弦波/方波/脉冲	$1 \times 10^{-9} \sim 25\,\mathrm{MHz}$，$1 \times 10^{-9} \sim 12.5\,\mathrm{MHz}$		$1 \times 10^{-9} \sim 100\,\mathrm{MHz}$，$1 \times 10^{-9} \sim 50\,\mathrm{MHz}$		$1 \times 10^{-9} \sim 240\,\mathrm{MHz}$，$1 \times 10^{-9} \sim 120\,\mathrm{MHz}$	
脉冲宽度	$30 \times 10^{-9} \sim 999\,\mathrm{s}$		$8 \times 10^{-9} \sim 999\,\mathrm{s}$		$4 \times 10^{-9} \sim 999\,\mathrm{s}$	
上升/下降时间	$18 \times 10^{-9} \sim 625\,\mathrm{s}$ 可变		$5 \times 10^{-9} \sim 625\,\mathrm{s}$ 可变		$2.5 \times 10^{-9} \sim 625\,\mathrm{s}$ 可变	
任意波幅度分辨率	$1 \times 10^{-9} \sim 12.5\,\mathrm{MHz}$ 14 位		$1 \times 10^{-9} \sim 50\,\mathrm{MHz}$ 14 位		$1 \times 10^{-9} \sim 120\,\mathrm{MHz}$ 14 位	
波形存储点数，采样速率	$2 \sim 64\,\mathrm{kbps}$；$250\,\mathrm{MS/s}$		$2 \sim \leqslant 16\,\mathrm{kbps}$：$1\,\mathrm{GS/s}$；$> 16 \sim 128\,\mathrm{kbps}$：$250\,\mathrm{MS/s}$		$2 \sim \leqslant 16\,\mathrm{kbps}$：$2\,\mathrm{GS/s}$；$> 16 \sim 128\,\mathrm{kbps}$：$250\,\mathrm{MS/s}$	
波形幅度($50\,\Omega$)	$10\,\mathrm{mV(p-p)} \sim 10\,\mathrm{V(p-p)}$		$20\,\mathrm{mV(p-p)} \sim 10\,\mathrm{V(p-p)}$		$\leqslant 200\,\mathrm{MHz}$：$50\,\mathrm{mV(p-p)} \sim 5\,\mathrm{V(p-p)}$；$> 200\,\mathrm{MHz}$：$50\,\mathrm{mV(p-p)} \sim 4\,\mathrm{V(p-p)}$	
调制	AM、FM、PM、FSK、PWM、Burst					
扫频	Lin、Log		Lin、Log		Lin、Log	
远控接口	USB		USB、GPIB、LAN		USB、GPIB、LAN	

2. 函数信号发生器的使用方法

下面以我国台湾 GFG813 函数信号发生器为例,介绍函数信号发生器的具体使用方法。图 3.2.13 为 GFG813 函数信号发生器的面板上各键钮的功能示意图。

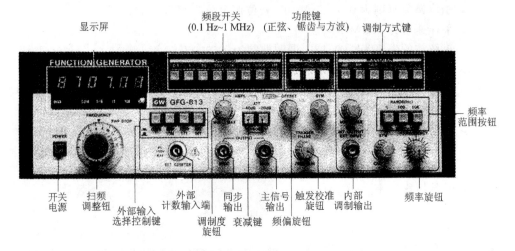

图 3.2.13　GFG813 函数信号发生器面板上各键钮的功能示意图

(1) GFG813 函数信号发生器的各按键旋钮功能

我国台湾 GFG813 函数信号发生器的频率范围为 $1 \times 10^{-7} \sim 13\,\text{MHz}$。可输出的波形为正弦波、方波、三角波。

其各按键和旋钮功能如下:

➢ 开关电源键。开关电源键是控制函数信号发生器的供电的。

➢ 扫频调整钮。扫频调整钮位于开关电源键的右侧,是用来设置扫频信号的频率范围的。

➢ 外部计数输入端。外部计数输入是用来测量外部信号的频率的,它的最大输入幅度不得超过 150 V。

➢ 外部输入选择控制键。外部输入选择控制键是配合外部计数输入信号来使用的。

它是由 4 个供选择的按键构成的,4 个按键从左到右依次为 GATE(触发闸门)键、频率键(30 MHz/10 MHz)、衰减键(1/10 或 1/1)和 EXT/INT(外部/内部)键。

➢ 调制度旋钮。调制度旋钮用来调整调制度(%)。

➢ 衰减键。衰减键是用来调整输出幅度的。有 3 档,分别为 $-20\,\text{dB}$、$-40\,\text{dB}$ 和 $-60\,\text{dB}$。

➢ 同步输出。输出同步信号。

➢ 主信号输出。输出所需要的信号。

➢ 频偏旋钮。在 FM 状态时调整频偏。

➢ 触发校准旋钮。用来调整触发相位。

➢ 外部调制输入端。输入外部调制信号。

➢ 频率旋钮。用来调整信号频率。

➢ 频率范围按钮。频率范围按钮有 3 档,分别为 1 Ω、100 Ω 和 10 kΩ。

➢ 调制方式。设置调制方式有 6 个按键,分别为 AM、FM、SMP 正弦、锯齿和方波。

➢ 功能键钮。设置输出波形种类有 3 个按键,即正弦波,锯齿波与方波。

➢ 频段开关。用来选择信号的频率,0.1 Hz～1 MHz,分 8 个按键。

➢ 显示屏。显示输出信号的频率,6 位数字显示。

(2) GFG813 函数信号发生器的使用

下面简单介绍 GFG813 函数信号发生器的使用方法。

① 需要该机输出一个 100 kHz 的方波信号,其操作步骤如下:

➢ 打开开关电源。

➢ 在频段开关处将 100 kHz 频段开关键按下。

➢ 继续在频段开关处的右侧功能键中选择方波键,将其按下。

➢ 此时,从主信号输出插口即可得到 100 kHz 方波信号。

➢ 选择衰减量可得到衰减后的信号。

② 需要一个 1 MHz 的调幅信号,操作如下:

➢ 打开开关电源。

➢ 按下频段开关处的 1 MHz 键。

➢ 在调制方式栏中按下 AM 键。

➢ 按下频率范围键选择调幅信号的频率,如调制信号送 1 kHz,则按下 10k 键,再微调频率钮。

➢ 调整调制度钮,即可在主输出信号端得到调幅的信号。

3.3 数字万用表

3.3.1 数字万用表的种类与特点

数字万用表也称数字多用表(DMM),它是将所测量的电压、电流、电阻的值等测量结果直接用数字形式显示出来的测试仪表,具有测量速度快,显示清晰,准确度高,分辨率强,测试范围高等特点。许多数字万用表除了基本的测量功能外,还能测量电容值、电感值、晶体管放大倍数等,是一种多功能测试仪表。

数字万用表通常分为手持式数字万用表、钳形数字万用表和台式数字万用表。

数字万用表国内外生产厂商和品牌繁多,我国品牌有北京普源精(RIGOL)、东莞优利德、上海茂迪电子、深圳胜利仪器 VICTOR、深圳优仪高、深圳华谊、香港 CEM 及台湾固纬、台湾富贵、台湾泰仕 TES 等;国外品牌有美国福禄克 Fluke、日本共立仪器 KYORITSU、日本万用 MULTI、日本日置 HIOKI、日本凯世 kaise、德国

GMC、美国理想 IDEAL 等。

1. 手持式数字万用表

　　手持式数字万用表功能全面、使用方便、可靠性好。目前在电子电气测量中经常使用。手持式数字万用表的外形图如图 3.3.1 所示。图 3.3.1(a)为美国福禄克 Fluke 170 系列(Fluke 175、Fluke 177 和 Fluke 179)手持式数字万用表的外形图,图 3.3.1(b)为东莞优利德 UT88 系列高精度数字万用表的外形图,图 3.3.1(c)台湾富贵 ESCORT176 数字万用表的外形图。

(a) Fluke 170系列　　(b) 优利德　　(c) 台湾富贵
　　　　　　　　　　　UT88系列　　　ESCORT176

图 3.3.1　手持式数字万用表的外形图

　　Fluke 170 系列数字万用表是最为通用的数字万用表,它们一体化的保护套和符合人体工程学的流线型外壳,使现场应用更加舒适、方便。

　　Fluke 170 系列能对真有效值电流、电压、频率、电容、电阻、通断和二极管测量,Fluke 179 增加随机附带温度探头进行温度测量。Fluke 170 系列过压保护装置可抗高达 6000 V 冲击电压,并有 IEC 61010—1 过压安全等级认证。技术指标如表 3.3.1 所列。

表 3.3.1　Fluke 170 系列数字万用表的技术指标

被测值		型　号		
		Fluke 175	Fluke 177	Fluke 179
交流电流	量程	0.01 mA～10.00 A(20 A 过载约 30 s)		
	精度	±(1.5%读数＋3 个数)		
	峰值因子	≤3		
	AC 响应	0.045～1 kHz		
直流电流	量程	0.001～10.00 A(20 A 过载约 30 s)		
	精度	±(读数的 1.0%＋3 个数)		
交流电压	量程	0.1 mV～1000 V		
	精度	1%峰值偏离＋3 个数(45～500 Hz) 2%峰值偏离＋3 个数(0.5～1 kHz)		
	AC 响应	0.045～1 kHz		

续表 3.3.1

被测值		型　号		
		Fluke 175	Fluke 177	Fluke 179
直流电压	量程	0.1 mV～1000 V		
	精度	±(0.15%读数＋2 个数)	±(0.09%读数＋2 个数)	±(0.09%读数＋2 个数)
电阻	量程	0.1 Ω～50 MΩ		
	精度	±(0.9%读数＋1 个数)		
电容	量程	1 nF～9 999 μF		
	精度	±(1.2%读数＋2 个数)		
频率	量程	2 Hz～100 kHz		
	精度	±(0.1%读数＋1 个数)		

2. 箝式数字万用表

箝式数字万用表具有符号人体工程学的设计,其形状更适于手持,在现场使用更为方便。几款典型箝式数字万用表的外形图如图 3.3.2 所示。

(a) 东莞优利德UT222　　(b) 美国FlukeF336　　(c) 日本凯世SK-7706　　(d) 香港CEM DT9805

图 3.3.2　几款典型箝式数字万用表的外形图

美国福禄克 Fluke 箝形表的品种很多,有 Fluke F312/F318、F330 系列(5 种)、Fluke F902、T5-600 及 T5-1000 等,它们的特点如下:

Fluke F333、Fluke F334 的测量结果为平均值。对于测量量程,交流电流为 400 A;交流电压为 600 V,电阻为 0～600 Ω。测量交流电流分辨率为 0.1 A,精度为电流 2%±5 个数(50/60 Hz)。测量交/直流电压精度为 1%±5 个数 50/60 Hz)。测量电阻精度为 1.5%±5 个数。

Fluke 335、Fluke 336 是有效值电流箝形表,具有自动关机、显示保留,带背光大屏幕显示等功能;对于测量量程,交/直流电流为 600 A;交流电压为 600 V,电阻为 0～6 000 Ω。测量交流电流精度为 2%±5 个数(10～100 Hz 时)和 6%±5 个数(100～400 Hz 时)。测量交/直流电压精度为 1%±5 个数(10～100 Hz 时)和 6%±5 个数

(100～400 Hz 时)。测量电阻精度为 1.5%±5 个数。

Fluke F337 是本系列中顶极的真有效值电流箝形表,大钳口开度,可测量交流/直流电流和电压、欧姆读数、马达启动电流(突流)、频率、最小/最大容量,带背光的大显示屏显示。对于测量量程,交/直流电流为 999.9 A;交流电压为 600 V,电阻为 0～6 000 Ω。测量交流电流精度为 2%±5 个数(10～100 Hz 时)和 6%±5 个数(100～400 Hz 时)。测量交/直流电压精度为 1%±5 个数(10～100 Hz 时)和 6%±5 个数(100～400 Hz 时)。测量电阻精度为 1.5%±5 个数。

Fluke F902 能够捕获烟道气温度,测量火焰温度;测量电机启动和运行电容器;测量电源侧电流和电压;测量负载侧电流和电压;测量三相系统的电流和电压相平衡;排除压缩机电机故障。

Fluke F312/F318 是真有效值箝形表。对于测量量程,交流/直流电流为 1 000 A;交流电压为 750 V,直流电压为 1 000 V;电阻为 4 000 Ω;开口尺寸为 40 mm。

日本凯世公司生产的箝形表品种很多,其中 SK - 7640 是高性能数字钳形表,最大可测量电流 2 000 A,交/直流电压为 1 000 V;测量交流电流精度 400.00 A±1.5% ±5 个数,分辨率为 0.1 A, 2 000.0 A±1.5%±5 个数,分辨率为 1 A。图 3.3.2(c)所示的 SK - 7706 是真有效值箝形表,测量量程为 AC/DC 2 000 A,采样速度 1 000 次/s。显示 4 000 字 4 重液晶表示,最大表示为 9999;测量直径最大为 Φ55 mm、铜片为 10 mm×65 mm 和 20 mm×60 mm 。

图 3.3.2(d)所示的香港 CEM DT9805 箝形表能够测量交流电流、直流/交流电压、电阻、温度、电容及短路测试,钳口直径为 Φ33 mm,具有峰值保持、数据保持、量程过载保护等功能,安全设计,符合 IEC—1010—1 标准。

图 3.3.2(a)所示为东莞优利德 UT222 数字箝式万用表,其直流/交流电压测量量程为 400 mV/4 V/40 V/400 V/600 V,直流电压测量精度为±(0.7%+2 个数),交流电压测量精度为±(1.5%+5 个数);交/直流电流测量量程为 400 A 和 600 A,直流电流测量精度为±(1.5%+7 个数),交流电流测量精度为±(1.9%+5 个数);电阻的测量量程为 400 Ω/4 kΩ/40 kΩ/400 kΩ/4 MΩ/40 MΩ,电阻测量精度为±(0.9% +3 个数);钳口最大开口为 45 mm。还具有交流有效值、音响报通断、数据保持、峰值保持、自动调零、自动关机、600 V 过载保护等功能。

3. 台式数字万用表

台式数字万用表由于比手持式和箝式数字万用表的体积大,其功能和精度相对要高得多,几款典型台式数字万用表的外形图如图 3.3.3 所示。

北京普源精(RIGOL)DM3000 系列(DM3061、DM3062、DM3064)是 $6\frac{1}{2}$ 台式数字万用表,能够完成直流电压和电流、交流电压和电流、两线和四线电阻、电容、短路测试、二极管测试、频率、周期、比率测量、温度、任意传感器测量、上限,下限和上下限测量、最大值、最小值、平均值、消零、dBm、dB 等 26 种测量。具有 50 kbp/s 的采样

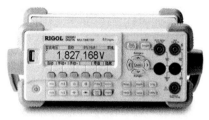

(a) 北京普源精(RIGOL)DM3000系列

(b) 东莞优利德UT805型

(c) 美国福禄克Fluke F45

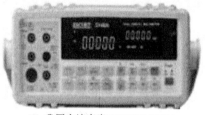

(d) 我国台湾富贵ESCORT 3146A

图 3.3.3　几款典型台式数字万用表的外形图

速率,1M 采样点的存储深度;16 路数据巡检模块:数据采集、巡检和可编程自动测量;256×64 点阵液晶显示,支持多显功能和屏幕菜单;多种接口配置(GPIB、LAN、RS-232 和 USB Device);集成 USB Host,支持 U 盘存储和 USB 接口打印机等特性。

东莞优利德 UT805 型是一款 $5\frac{1}{2}$ 位台式有效值数字万用表,可用于测量交直流电压、交直流电流、电阻、二极管、电路通断、电容、频率。UT805 整机电路设计以大规模集成模拟和数字电路相组合,采用微机技术,以 24 位 A/D 转换器为核心、高精度的运算放大器、有效值的交直流转换器、全电子调校技术,赋予仪表高可靠性、高精度。应用 RS-232C 和 USB 接口技术,使其和计算机构成可靠多种的双向通信。采用目前最时尚的 VFD 显示器,并具备存储回读功能。这些特点使之成为性能优越的高精度电工仪表。

美国福禄克 Fluke F45 是一款 $5\frac{1}{2}$ 台式多功能双显示测试仪。其电精度为0.05%,交流电压测量范围为 0.015~750 V;直流电压测量范围为 0~1000 V;分辨率为 $1×10^{-6}$~0.01 V。具有 RS-232 接口,峰值保持、相对模式等功能。

我国台湾富贵仪器 ESCORT 3146A 台式数字万用表,具有自动或手动量程、相对模式、数据保持、快速电子校准/自我校准、RS-232 标准配置、IEEE-488(GPIB)可选配置、防滑、防震等功能。可以测量 DCV、ACV、DCA、ACA、电阻(2W/4W)、频率、二极管、电路通断、dBm。交流电压测量范围为 0.015~750 V,准确度为 0.2% +100 个数,分辨率为 0.001~10 mV;直流电压测量范围为 0~1000 V,准确度为 0.012% +5 个数,分辨率为 0.001~10 mV;测量结果为有效值(AC、AC+DC),测量频宽高达 100 kHz;电流测量量程：12 mA/120 mA/1.2 A/12 A，准确度为0.05% +5 个数，分辨率为 1～100 μA；dBm 和 dBV 测量的参考阻抗可选：在2～8000 Ω；电阻量程范围为 0.12～300 MΩ，准确度为 0.05% +2 个数，分辨率为 1×10⁻⁶～10 kΩ；频率量程范围为 1200 Hz～1 MHz，准确度为 0.005% +2 个数，分辨率为 0.01×10⁻⁶～10 Hz。

3.3.2　数字万用表的使用方法

使用数字万用表前，要检查仪表的电池电压是否正常，表笔是否损坏或不正常，如出现表笔裸露、液晶显示器无显示等，请不要使用。

下面以 UT212 箝式数字万用表为例，介绍数字万用表的使用方法。UT212 箝式数字万用表外形结构图如图 3.3.4 所示。

按键功能：SAVE 为储存数据键；READ 为回读数据键；POWER 为电源按键开关。

LCD 显示器如图 3.3.5 所示。图 3.3.5 中：

⟳	自动关机功能提示符；
STANDBY	等待测试提示符；
NO.88	已存储的数据条数；
SAVE	保存数据提示符；
━	显示负的读数；
AC	交流测量提示符；
DC	直流测量提示符；
OL	超量程提示符；
AUTO	自动量程提示符；
🔋	电池欠压提示符。

1. 开机状态

按下电源开关 POWER，开启或关闭电源。

仪表在开机时 LCD 全显，仪表进入自检状态，时间大约 2 s 左右，自检完成后万用表进入等待测试状态，LCD 显示"STANDBY----"。

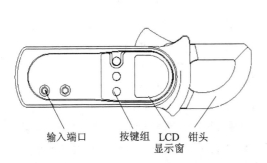

图 3.3.4　UT212 外形结构图

输入端口　按键组　LCD 显示窗　钳头

图 3.3.5　UT212 LCD 显示器

82

2. 交直流电压测量

交直流电压测量见图 3.3.6。

(1) 全自动测量模式

将红表笔插入"V"插孔,黑表笔插入"COM"插孔。

① 表笔并联到待测负载上。当交流电压高于 AC 1.5 V,直流电压高于 ±1 V 时,仪表自动进入电压测试状态。

② 从显示器上直接读取被测电压值。

③ 输入电压低于 5 V 时,输入阻抗约为 10 MΩ;电压高于 5 V 时,输入阻抗瞬间会从 1 kΩ 过渡到 10 MΩ。

(2) 半自动高输入阻抗测量模式

按住 SAVE 键开机,仪表自动进入到电压测量状态,这时的输入阻抗为 10 MΩ,仪表默认状态为直流电压状态。仪表自动识别电压种类并自动切换到相应的测量模式。

3. 交流电流测量

交流电流测量见图 3.3.7。

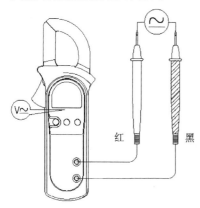

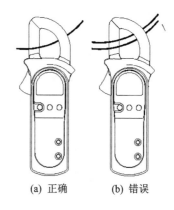

(a) 正确　　(b) 错误

图 3.3.6　交直流电压测量示意图　　　**图 3.3.7　交流电流测量示意图**

① 将被测电流导线置于钳头中间,如图 3.3.7(a)所示,穿过钳头的导线应为单线。

② 当被测电流大于交流 0.4 A 时,仪表自动进入电流测量状态。

③ 从显示器上直接读取被测电流值,交流测量显示值为正弦波有效值(平均值响应)。

4. 电阻测量

电阻测量见图 3.3.8。

① 将红表笔插入"Ω"插孔,黑表笔插入

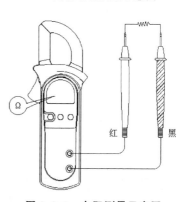

图 3.3.8　电阻测量示意图

"COM"插孔。

　　② 将表笔并联到被测电阻两端上。

　　③ 从显示器上直接读取被测电阻值。

5．数据存储、回读和清除

　　① 在任何测量情况下,当按下 SAVE 键时,LCD 显示"SAVE NO"提示符和仪表存储数据的条数。

　　② 在测量和等待测量模式下按一次 READ 键,仪表退出测量或等待模式,随机显示上一次的存储数据,每按一次 READ 键,LCD 显示的存储数据由存储顺序倒退显示,当显示第一次存储数据后,再按一次 READ 键,仪表回到测量或等待模式。

　　③ 在测量和等待测量模式下,长时间按下 READ 键,LCD 显示"CLR","SAVE NO xx"提示符消失,这时即清楚内存数据(最大数据存储量为 10 条)。

6．自动关机功能

　　① 仪表在等待测量模式下,当约 10 min 没有按键动作和进行测量时,显示器除 符号外,将消隐显示,随即仪表进入微功耗休眠状态。如果要唤醒仪表重新工作,只要按一次任何键即可(除 POWER 按键开关外)。仪表唤醒后,LCD 显示等待测量模式下的符号。

　　② 仪表在测量模式下,无自动关机功能。

7．进行测量时应注意的事项

　　① 当测量在线电阻时,在测量前必须先将被测电路内所有电源关断,并将所有电器放尽残余电荷。才能保证测量正确。

　　② 在低阻测量时,表笔会带来约 $0.1\sim0.2\ \Omega$ 电阻的测量误差。正确的数据应为测量值减去表笔短路显示值。

　　③ 当表笔短路时的电阻值不小于 $0.5\ \Omega$ 时,应检查表笔是否有松脱现象或其他原因。

　　④ 测量 $1\ \mathrm{M}\Omega$ 以上的电阻时,可能需要几秒钟后读数才会稳定,这对于高阻的测量属于正常。为了获得稳定读数,尽量选用短的测试线。

　　⑤ 不要输入高于直流 60 V 或交流 30 V 以上的电压,避免伤害人身安全。

　　⑥ 在完成所有的测量操作后,要断开表笔及被测电路的连接。

3.4　直流稳压电源

　　在各种电子设备中,都必须有直流电源才能正常工作。它们对直流电源的要求是多种多样的,不同设备对电源的电压、电流、稳定度及纹波等的要求各不相同,而提供直流能源的方式及电路也是多种多样的。

3.4.1　直流稳压电源的组成

直流稳压电源有线性稳压电源和开关稳压电源。

线性稳压电源大多采用电源变压器,将交流 220 V 市电变为交流低压,然后经整流、滤波得到直流低压后,提供给稳压电路作稳压处理。

开关稳压电源大多是直接将交流 220 V 市电经整流滤波后,提供给稳压电路做稳压处理。

1. 线性稳压电源

线性直流稳压电源电路的结构方框图如图 3.4.1 所示,由电源变压器、整流电路、滤波电路、稳压电路四部分组成。图中给出了各关键点上的波形,描述由交流变成直流的过程。

① 变压部分。电网提供的交流电一般为 220 V(或 380 V),经电源变压器降压,达到所需的低交流电压值。

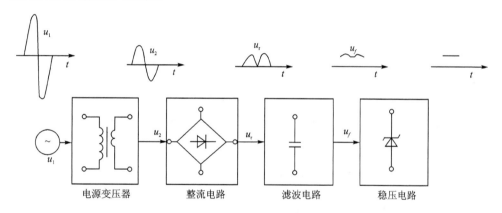

图 3.4.1　线性直流稳压电源电路的结构方框图

② 整流部分。整流部分的作用是利用具有单向导电性能的整流元件(一般为半导体二极管),将正负交替的正弦交流电压变成单方向的脉动电压。但是,这种单向脉冲电压包含着很大的脉动成分,距理想的直流电压相差很远。

③ 滤波部分。滤波部分一般是由电容器、电感器等储能元件组成,其作用是尽可能地将单向脉动电压的脉动成分滤掉,使输出电压成为比较平滑的直流电压。但是,当电网电压或负载电流发生变化时,滤波器输出的直流电压的幅值也将随之发生变化,在要求比较高的电子设备中,这种电源是不符合要求的。

④ 稳压部分。稳压部分一般是由稳压器件(例如稳压二极管、晶体三极管、稳压集成块等电子元件构成的电路)组成,其作用是采取某些措施使脉冲系数减小,使输出的直流电压在电网电压或负载电流发生变化时保持稳定,以进一步提高输出电压的稳定性。

2. 开关稳压电源

开关稳压电源结构方框图及波形图如图 3.4.2 所示,它由理想开关、LC 滤波器和反馈控制电路组成。

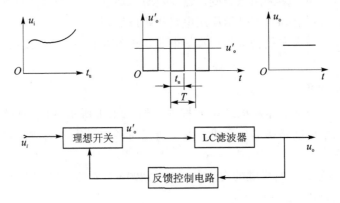

图 3.4.2　开关稳压电源结构方框图及波形图

假设理想开关的开关周期为 T,接通时间为 t_u,如果开关频率远大于交流电频率,则在开关的一个周期内可以不考虑输入电压 u_i 中的纹波,把 u_i 视为常量。因此,开关输出电压就是幅度为 u_i,周期为 T,宽度为 t_o 的周期性矩形脉冲 u'_o。

用 LC 滤波器滤去交流成分后,在输出端便得直流电压 u_o。当 u_o 增加或减小时由反馈电路产生控制信号去控制脉冲的占空系数 d,使之减小或增加,则输出电压 u_o 随之减小或增加,从而实现了稳定输出电压的目的。

3.4.2　直流稳压电源的使用方法

EM1700 系列稳压电源是实验室通用电源,有三路输出电压。

Ⅰ、Ⅱ 二路每一路均可输出 0~32 V、0~2 A 直流电源。它们具有恒压、恒流功能,且这两种模式可随负载变化而进行自动转换。它们还具有串联主从工作功能,Ⅰ路为主路,Ⅱ路为从路,在跟踪状态下,从路的输出电压随主路的变化而变化,这特别适用需要对称且可调双极性电源的场合。串联工作或串联跟踪工作时,可输出 0~64 V、0~2 A 或 ±(0~32) V、0~2 A 的单极性或双极性电源。每一路输出均有电表指示输出值,能有效防止误操作造成仪器损坏。

Ⅲ 路为固定 5 V、0~2 A 直流电源,供 TTL 电路单片机实验使用。

下面以 EM1700 系列稳压电源为例介绍稳压电源的使用方法。

1. EM1700 系列稳压电源面板说明

➢ 电压表:指示输出电压;

➢ 电流表:指示输出电流;

➢ 电压调节:调整恒压输出值;

> 电流调节：调整恒流输出值；
> 跟踪工作：串连跟踪工作按钮；
> 独立：非跟踪工作；
> 接地端：机壳接地接线柱；
> Ⅲ路输出：固定 5 V 输出。

2. 使用方法

① 面板上根据功能色块分布，Ⅰ区内的按键为Ⅰ路仪表指示功能选择，按入时，指示该路输出电流；按出时，指示该路输出电压。Ⅱ路和Ⅰ路相同。

② 中间按键是跟踪/独立选择开关按入时，在Ⅰ路输出负端至Ⅱ路输出正端加一短接线，开启电源后，整机即工作在主—从跟踪状态。

③ 恒定电压的调节在输出端开路时调节，恒定电流的调节在输出端短路时调节设定。

④ 本仪器电源输入为三线，机壳接地，以保证安全及减小输出纹波，以及接地电位差造成的杂波干扰，即 50 Hz 干扰。

⑤ Ⅲ路输出为固定＋5 V，Ⅰ端接机壳。

⑥ Ⅰ、Ⅱ两路输出为悬浮式，用户可根据自己的使用情况将输出接入自己系统的地电位。串联工作或串联主从跟踪工作时，两路的四个输出端子原则上只允许有一个端子与机壳地直连。

第4章 电子产品装配工艺

4.1 常用焊接工具与焊接材料

在电子产品整机组装过程中,焊接是连接各电子元器件及导线的主要手段。焊接分为熔焊、钎焊及接触焊接三大类,在电子装配中主要使用的是钎焊。采用锡铅焊料进行焊接称为锡铅焊,简称锡焊。

焊接之前,必须根据工件金属材料、焊点表面状况、焊接的温度及时间、焊点的机械强度、焊接方式等综合考虑,正确选用电烙铁的功率大小和烙铁头的形状以及助焊剂和焊料。

4.1.1 电烙铁

电烙铁是手工焊接的主要工具,根据不同的加热方式,可以分为直热式、恒温式、吸焊式、感应式及气体燃烧式等。

直热式电烙铁又分为外热式电烙铁和内热式电烙铁。内热式电烙铁的结构如图4.1.1所示,由手柄、连接杆、弹簧夹、烙铁芯、烙铁头组成。由于烙铁芯安装在烙铁头里面,因而发热快,热利用率高。烙铁芯由镍铬电阻丝缠绕在瓷管上制成,一般20 W

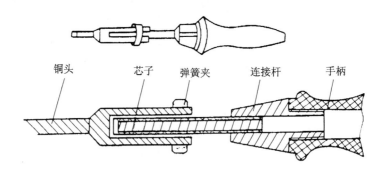

铜头　　芯子　　弹簧夹　　连接杆　　手柄

图4.1.1　内热式电烙铁的外形与结构

电烙铁的电阻为2.5 kΩ左右,35 W电烙铁的电阻为1.6 kΩ左右。其特点是体积小,质量轻,耗电低,发热快,热效率高达85%～90%以上,热传导效率比外热式电烙铁高。规格有20 W、30 W、50 W等多种,主要用来焊接印制电路板,是手工焊接最常用焊接工具。

恒温式电烙铁的烙铁头温度可以控制,烙铁头可以始终保持在某一设定的温度,其工作原理是在恒温电烙铁头内装有带磁铁式的温度控制器,通过控制通电时间而实现温度控制,即接通电源后,烙铁头的温度上升,当达到设定的温度时,传感器里的磁铁达到居里点而磁性消失,从而使磁心触点断开,这时停止向烙铁芯供电;当温度低于居里点时,磁铁恢复磁性,与永久磁铁吸合,触点接通,继续向电烙铁供电。如此反复,自动控温。外形和内部结构如图 4.1.2 所示。恒温电烙

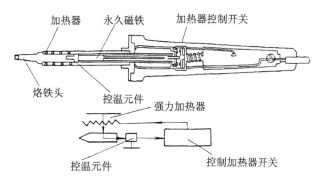

图 4.1.2　恒温电烙铁的结构

铁采用断续加热,耗电省,温升速度快,在焊接过程中焊锡不易氧化,可减少虚焊,提高焊接质量,烙铁头也不会产生过热现象,使用寿命较长。根据控制方式不同,可分为电控恒温电烙铁和磁控恒温电烙铁。

吸锡电烙铁是将电烙铁与活塞式吸锡器融为一体的拆焊工具。吸锡式电烙铁主要用于拆焊,与普通电烙铁相比,其烙铁头是空心的,而且多了一个吸锡装置,内部结构如图 4.1.3 所示,在操作时,先加热焊点,待焊锡熔化后,按动吸锡装置,焊锡被吸走,使元器件与印制板脱焊。使用方法是在电源接通 3～5 min 后,把活塞按下并卡住,将吸锡头对准欲拆元器件,待锡熔化后按下按钮,活塞上升,焊锡被吸入吸管。用

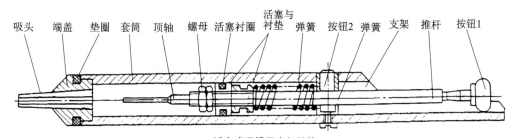

(a) 活塞式吸锡器内部结构

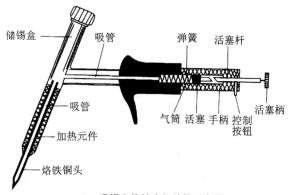

(b) 吸锡电烙铁内部结构示意图

图 4.1.3　吸锡装置内部结构示意图

力推动活塞三四次,清除吸管内残留的焊锡,以便下次使用。吸锡器配有两个以上直径不同的吸头,可根据元器件引线的粗细选用。

为适应不同焊接物面的需要,烙铁头有凿形、锥形、圆面形、圆尖锥形和半圆沟形等不同的形状,如图4.1.4所示。

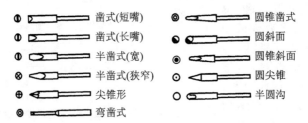

图4.1.4　烙铁头的形状

电烙铁使用时要注意合理选用它的功率,可参考表4.1.1。

表4.1.1　电烙铁功率选用

焊接对象及工作性质	烙铁头温度/℃（室温、220 V）	选用烙铁
一般印制电路板、安装导线	300~400	20 W 内热式、30 W 外热式、恒温式
集成电路	300~400	20 W 内热式、恒温式
焊片、电位器、2~8 W 电阻、大电解电容器、大功率管	350~450	35~50 W 内热式、恒温式,50~75 W 外热式
8 W 以上大电阻,直径 2 mm 以上导线	400~550	100 W 内热式、150~200 W 外热式
汇流排、金属板等	500~630	300 W 外热式
维修、调试一般电子产品		20 W 内热式、恒温式、感应式、储能式、两用式

4.1.2　焊料和焊剂

焊料是易熔金属,它的熔点低于被焊金属,其作用是在熔化时能在被焊金属表面形成合金,而将被焊金属连接到一起。按焊料成分区分,有锡铅焊料、银焊料、铜焊料等,在一般电子产品装配中主要使用锡铅焊料,俗称焊锡。手工电烙铁焊接常用管状焊锡丝。

焊剂根据作用不同分为助焊剂和阻焊剂两大类。

助焊剂的作用就是去除引线和焊盘焊接面的氧化膜,在焊接加热时包围金属的表面,使之和空气隔绝,防止金属在加热时氧化,同时可降低焊锡的表面张力,有助于焊锡润湿焊件。焊点焊接完毕后,助焊剂会浮在焊料表面,形成隔离层,防止焊接面的氧化。

不同的焊接要求需要采用不同的助焊剂,具体的分类如图4.1.5所示。手工焊接时常采用将松香熔入酒精制成的松香水。

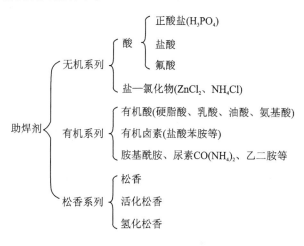

图 4.1.5   助焊剂分类及主要成分

阻焊剂的作用是限制焊料只在需要的焊点上流动,把不需要焊接的印制电路板的板面部分覆盖保护起来,使其受到的热冲击小,防止起泡、桥接、拉尖、短路、虚焊等。

4.1.3   其他辅助工具

1. 钳   子

钳子根据功能及钳口形状又可分为尖嘴钳、斜口钳、剥线钳、平头钳等。

不同的钳子有不同的用途,尖嘴钳头部较细长,如图 4.1.6(a)所示,常用来弯曲元器件引线、在焊接点上绕接导线和元器件引线等;斜口钳外形如图 4.1.6(b)所示,常用来剪切导线;平嘴钳外形如图 4.1.6(c)所示,钳口平直无纹路,可用来校直或夹弯元器件的引脚和导线;平头钳(克丝钳)外形如图 4.1.6(d)所示,头部较宽,适用于螺母紧固的装配操作;剥线钳外形如图 4.1.6(e)所示,专用于剥有包皮的导线,使用时注意将导线放入合适的槽口,剥皮时不能剪断导线。

在电子产品组装过程中,正确地使用不同的钳子是重要的。尖嘴钳不允许使用在装卸螺母等大力钳紧情况,不允许在锡锅或其他高温环境中使用。斜口钳不允许用来剪切螺钉和较粗的钢丝,以免损坏钳口。平嘴钳不允许用来夹持螺母或需施力较大的部位。不允许将平头钳当作敲击工具使用。

2. 镊   子

镊子的主要用途是夹紧导线和元器件,在焊接时防止其移动,用镊子夹持元器件引脚,在焊接时还可起到散热作用。

镊子还可用来摄取微小器件,或在装配件上绕接较细的导线等。

镊子有尖嘴和圆嘴两种形式。尖嘴镊子如图 4.1.7 所示,用于夹持较细的导线;

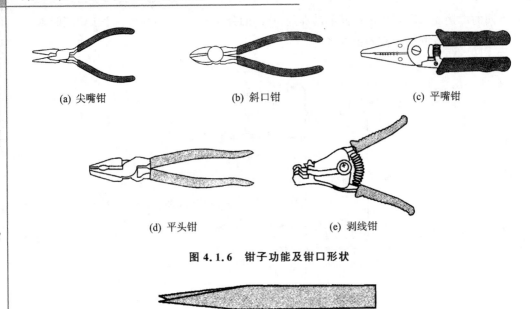

(a) 尖嘴钳　　　　　　　　　(b) 斜口钳　　　　　　　　　(c) 平嘴钳

(d) 平头钳　　　　　　　　　(e) 剥线钳

图 4.1.6　钳子功能及钳口形状

图 4.1.7　镊　子

圆嘴镊子用于弯曲元器件引线和夹持元器件焊接等。对镊子的要求是弹性强,合拢时尖端要对正吻合。

3. 起　子

起子又称改锥、螺丝刀,如图 4.1.8 所示,主要用来拧紧螺钉。螺钉有不同的尺寸,螺钉槽常见的有"十"字形和"一"字形。安装不同尺寸和不同形式螺钉槽的螺钉,需要采用相对应尺寸大小和相同字形的起子。

在调节中频变压器和振荡线圈的磁芯时,为避免金属起子对电路调试的影响,需要使用无感起子。无感起子一般是采用塑料、有机玻璃或竹片等非铁磁性物质为材质制作,如图 4.1.9 所示。

图 4.1.8　起　子　　　　　　　　　　　　图 4.1.9　无感起子

4.2　手工锡焊的基本方法

4.2.1　电烙铁和焊锡丝的握拿方式

电烙铁和焊锡丝的握拿方式如图 4.2.1 和图 4.2.2 所示,最常用的姿势是握笔式;反握法适合操作大功率的电烙铁;正握法适合操作中等功率烙铁或带弯头的焊烙铁。

大量和长期的吸入焊剂加热挥发出的化学物质对人体是有害的,焊接时操作者头部(鼻子、眼睛)和电烙铁的距离应保持在 30 cm 以上。

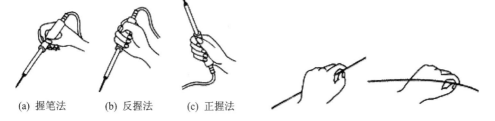

(a) 握笔法　　(b) 反握法　　(c) 正握法

图 4.2.1　焊烙铁的握拿　　　　　　图 4.2.2　焊锡丝的握拿

4.2.2　插装式元器件焊接操作的基本步骤

插装式元器件焊接操作的基本步骤如图 4.2.3 所示。

(1) 准备焊接

准备好被焊件、焊锡丝和电烙铁,如图 4.2.3(a)所示,左手拿焊锡丝,右手握经过预上锡的电烙铁。

注意:

① 采用图 4.2.3 所示的平面焊接形式,不能够使焊接面处于竖直状态,否则焊点来不及固化,液态焊料会出现一定程度的下垂。

② 焊接时,烙铁头长时间处于高温状态,又接触焊剂等受热分解的物质,其表面很容易氧化而形成一层黑色杂质,形成隔热效应,使烙铁头失去加热作用。因此需要用一块湿布或湿木棉清洁烙铁头,以保证烙铁头的焊接能力。

(2) 加热焊件

如图 4.2.3(b)所示,将烙铁头接触到焊接部位,使元器件的引线和印制板上的焊盘均匀受热。

注意:烙铁头对焊接部位不要施加力量,加热时间不能过长。否则,烙铁头产生的高温会损伤元器件,使焊点表面的焊剂挥发,使塑料、电路板等材质受热变形。

(3) 熔化焊料

在焊接部位的温度达到要求后,将焊丝置于焊点部位,即被焊接部位上烙铁头对称的一侧,使焊料开始熔化并润湿焊点,如图 4.2.3(c)所示。

注意:烙铁头温度比焊料熔化温度高 50℃ 较为适宜。加热温度过高,会引起焊剂没有足够的时间在被焊面上漫流,而过早挥发失效;焊料熔化速度过快影响焊剂作用的发挥等。

(4) 移开焊锡丝

在熔化一定量的焊锡后将焊丝移开,如图 4.2.3(d)所示,融化的焊锡不能过多也不能过少,否则都会降低焊点的性能。过量的焊锡会增加焊接时间,降低焊接速度,还可能造成短路,也会造成成本浪费。焊锡过少不能形成牢固的焊接点,会降低焊点的强度。

(5) 移开烙铁头

当焊锡完全润湿焊点,扩散范围达到要求后,需要立即移开烙铁头。烙铁头的移开方向应该与电路板焊接面大致成 45°,移开速度不能太慢,如图 4.2.3(e)所示。

烙铁头移开的时间、移开时的角度和方向会对焊点形成有直接关系。如果烙铁头移开方向与焊接面成 90°时,焊点容易出现拉尖现象。烙铁头移开方向与焊接面平行时,烙铁头会带走大量焊料,降低焊点的质量。

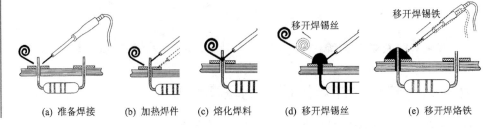

(a) 准备焊接　　(b) 加热焊件　　(c) 熔化焊料　　(d) 移开焊锡丝　　(e) 移开焊烙铁

图 4.2.3　插装式元器件焊接操作的基本步骤

注意: 对于一般的焊点,整个焊接时间应控制在 2～3 s 内;掌握好各步骤之间的停留时间;在焊料尚未完全凝固之前,不能移动被焊接的元器件。焊接操作需要通过不断的练习才能够掌握。

4.2.3　插装式元器件焊点质量要求

1. 标准焊点形状

手工电烙铁锡焊的标准焊点形状如图 4.2.4 所示。一个高质量的焊点要求如下:焊料与印制板焊盘和元器件引脚的金属界面形成牢固的合金层,具有良好的导电性能。

焊点连接印制板焊盘和元器件引脚,必须具有一定的机械强度。焊点上的焊料要

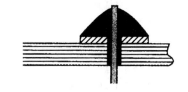

适量,在印制电路板焊接时,焊料布满焊盘, **图 4.2.4　手工焊烙铁锡焊的标准焊点形状**
外形以焊接的元器件导线为中心,匀称、成裙形拉开,焊料的连接面呈半弓形凹面,焊料与焊件交界平滑,接触角尽可能小。焊点表面应清洁、光亮且色泽均匀、无裂纹、无针孔、无夹渣、无毛刺。

2. 典型的不良焊点形状

典型的不良焊点外观形状如图 4.2.5 所示。

(a) 焊盘剥离,如图 4.2.5(a)所示。产生的原因是焊盘加热时间过长,高温使焊盘与电路板剥离。该类焊点极易引发印制板导线断裂、造成元器件断路、脱落等故障。

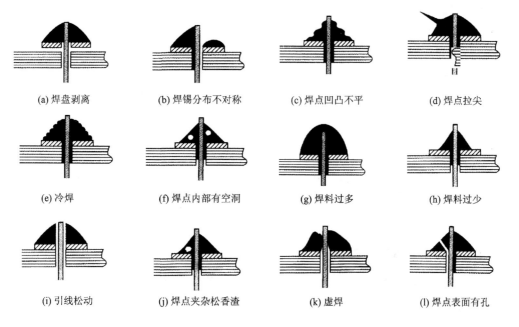

(a) 焊盘剥离　　　(b) 焊锡分布不对称　　　(c) 焊点凹凸不平　　　(d) 焊点拉尖

(e) 冷焊　　　(f) 焊点内部有空洞　　　(g) 焊料过多　　　(h) 焊料过少

(i) 引线松动　　　(j) 焊点夹杂松香渣　　　(k) 虚焊　　　(l) 焊点表面有孔

图 4.2.5　典型的不良焊点外观

（b）焊锡分布不对称，如图 4.2.5(b)所示。产生的原因是焊剂、焊锡质量不好，或是加热不足。该类焊点的强度不够，在外力作用下极易造成元器件断路、脱落等故障。

（c）焊点发白，凹凸不平，无光泽，如图 4.2.5(c)所示。产生的原因是烙铁头温度过高，或者是加热时间过长。该类焊点的强度不够，在外力作用下极易造成元器件断路、脱落等故障。

（d）焊点拉尖，如图 4.2.5(d)所示。产生的原因是烙铁头移开的方向不对，或者是温度过高使焊剂大量升华。该类焊点会引发元器件与导线之间的"桥接"，形成短路故障。在高压电路部分，将会产生尖端放电而损坏电子元器件。

（e）冷焊，焊点表面呈豆腐渣状，如图 4.2.5(e)所示。产生的原因是烙铁头温度不够，或者是焊料在凝固前，元器件被移动。该类焊点强度不高，导电性较弱在受到外力作用时极易产生元器件断路的故障。

（f）焊点内部有空洞，如图 4.2.5(f)所示。产生的原因是引线浸润不良，或者是引线与插孔间隙过大。该类焊点可以暂时导通，但是时间一长，元器件容易出现断路故障。

（g）焊料过多，如图 4.2.5(g)所示。产生的原因是焊锡丝未及时移开。

（h）焊料过少，如图 4.2.5(h)所示。产生的原因是焊锡丝移开过早。该类焊点强度不高，导电性较弱，在受到外力作用时极易产生元器件断路的故障。

（i）引线松动，元器件引线可移动，如图 4.2.5(i)所示。产生的原因是焊料凝固前,引线有移动,或者是引线焊剂浸润不良。该类焊点极易引发元器件接触不良、电路不能导通。

(j)焊点夹杂松香渣,如图 4.2.5(j)所示。产生的原因是焊剂过多或者加热不足。该类焊点强度不高,导电性不稳定。

(k)虚焊是由于焊料与引线接触角度过大,如图 4.2.5(k)所示。产生的原因是焊件表面不清洁,焊剂不良,或者是加热不足。该类焊点的强度不高,会使元器件的导通性不稳定。

(l)焊点表面有孔,如图 4.2.5(l)所示。产生的原因是引线与插孔间隙过大。该类焊点的强度不高,焊点容易被腐蚀。

另外,焊点表面的污垢,尤其是焊剂的有害残留物质。产生的原因是未及时清除。酸性物质会腐蚀元器件引线、接点及印制电路,吸潮会造成漏电甚至短路燃烧等故障。

4.2.4　表面安装元器件的焊接

表面安装元器件的焊接方法与插装式元器件的焊接方法差别较大。

1. 焊接特点

插装式元器件通过引线插孔进行焊接,焊接时不会移位,由于元器件与焊盘分别设置在印制电路板的两面,故元器件的焊接较为容易和方便。

由于表面安装元器件的焊盘与元器件在印制电路板的同一面,无固定孔,在焊接过程中很容易移位。焊接的端子形状也不一样,焊盘细小,焊接要求高。故在焊接时应仔细小心,以防出现焊接不良现象或损坏被焊件。

2. 焊接工具要求

表面安装元器件时,对所使用的工具有以下要求:

➢ 电烙铁,在对一般表面安装元器件进行焊接时,电烙铁的功率不要超过 40 W,采用25 W较为合适,最好是功率与温度为可调控制的电烙铁。

➢ 选用的烙铁头部要尖,最好是采用带有抗氧化层的烙铁头。

➢ 也可以自制一固定夹具。

3. 手工贴装 SMT 元器件的方法

手工贴片之前,需要先在电路板的焊接部位涂抹助焊剂和焊膏。可以用刷子把助焊剂直接刷涂到焊盘上,也可以采用简易印刷工装手工印刷焊锡膏或采用手动点胶机滴涂焊膏。

采用手工贴片工具贴放 SMT 元器件。手工贴片的工具有:不锈钢镊子、吸笔、3～5 倍台式放大镜或 5～20 倍立体显微镜、防静电工作台、防静电腕带。

手工贴片的操作方法有:

① 贴装 SMC 片状件:用镊子夹持元件,把元件焊端对齐两端焊盘,居中贴放

在焊膏上,用镊子轻轻按压,使焊端浸入焊膏。

② 贴装 SOT:用镊子夹持 SOT 元器件本体,对准方向,对齐焊盘,居中贴放在焊膏上,确认后用镊子轻轻按压元器件本体,使引脚不小于 1/2 厚度浸入焊膏中。

③ 贴装 SOP、QFP:器件第 1 脚或前端标志对准印制板上的定位标志,用镊子夹持或吸笔吸取器件,对齐两端或四边焊盘,居中贴放在焊膏上,用镊子轻轻按压器件封装的顶面,使器件引脚不小于 1/2 厚度浸入焊膏中。贴装引脚间距在 0.65 mm 以下的窄间距器件时,应该在 3～20 倍的显微镜下操作。

④ 贴装 SOJ、PLCC:与贴装 SOP、QFP 的方法相同,只是由于 SOJ、PLCC 的引脚在器件四周的底部,需要把印制板倾斜 45°来检查芯片是否对中,引脚是否与焊盘对齐。

⑤ 在手工贴片前必须保证焊盘清洁。新电路板上的焊盘都比较干净,但返修的电路板在拆掉旧元件以后,焊盘上就会有残留的焊料。贴换元器件到返修位置上之前,必须先用手工或半自动的方法清除残留在焊盘上的焊料。

4. 手工焊一般片状元器件的方法

最好使用恒温电烙铁焊接 SMT 元器件,若使用普通电烙铁,其金属外壳应该接地,防止感应电压损坏元器件。由于片状元器件的体积小,烙铁头的尖端要细,截面积应该比焊接面小一些。焊接时要注意随时擦拭烙铁尖,保持烙铁头洁净;焊接时间要短,一般不超过 4 s,看到焊锡开始熔化就立即抬起烙铁头;焊接过程中,烙铁头不要碰到其他元器件;焊接完成后,要用带照明灯的 2～5 倍放大镜,仔细检查焊点是否牢固、有无虚焊现象;假如焊件需要镀锡,先将烙铁尖接触待镀锡处约 1 s,然后再放焊料,焊锡熔化后立即撤回烙铁。

焊接电阻、电容、二极管这类两端元器件时,先在一个焊盘上镀锡;然后右手持电烙铁压在镀锡的焊盘上,保持焊锡处于熔融状态,左手用镊子夹着元器件推到焊盘上,先焊好一个焊端;最后再焊接另一个焊端,如图 4.2.6 所示。

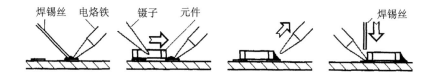

图 4.2.6　手工焊接 SMT 元件

另一种焊接方法是,先在焊盘上涂敷助焊剂,并在基板上点一滴不干胶,再用镊子将元器件放在预定的位置上,先焊好一脚,后焊接其他引脚。安装钽电解电容器时,要先焊接正极,后焊接负极,以免电容器损坏。

手工焊一般片状元器件时,也可以先用镊子将元器件放置至印制电路板对应的位置上,再将印制电路板放在固定夹具的铁皮底座上,调整好钢丝的位置和高度。先用手指轻轻抬起钢丝,再将要焊接的元器件和印制电路板置于钢丝头部下端,放下钢丝以后就将元器件夹住了。如果夹力不够,可再适当调整两只螺母的位置,以使元器件不会出现移位,确保焊接准确为原则。

压紧后的片状元器件,就可用电烙铁对其进行焊接了,焊接时间控制在 3 s 以内,用直径为 0.6~0.8 mm 的焊锡丝配合电烙铁进行焊接。这种方法特别适用于对矩形片状元器件和小型三极管的焊接。

5. 手工焊接片状集成电路的方法

手工焊接片状集成电路的方法较多,这里介绍金属编制带法和拉焊法两种方法。

(1) 金属编制带法

① 固定。在集成电路与印制电路板接触的面(塑封部分)上涂适量的普通胶水,然后把集成电路放在印制电路板上,并调整其左右位置使其各引脚与焊盘位置准确,并用手压住集成电路,使其被胶水黏住。等胶水干后才可进入下一步工序。

② 涂助焊剂。用螺丝刀蘸松香酒精助焊液涂在要焊的集成电路引脚及焊盘上(如没有这种液体助焊剂,也可撒上一些新的松香粉末,注意:一定要用新松香)。

③ 焊接。用电烙铁对需要焊接的集成电路引脚同时加热,用另一只手送上焊锡丝,以使焊锡丝熔化后通过助焊剂将集成电路引脚与焊盘焊在一起。顺次将一侧的引脚同时焊好后,再拿走焊锡丝和烙铁。用电烙铁焊集成电路全部引脚的示意图如图 4.2.7 所示。

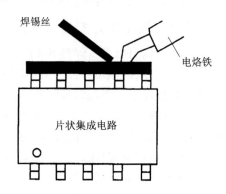

图 4.2.7　用电烙铁焊集成电路全部引脚示意图

注意:在上述焊接集成电路过程中,对集成电路加热的时间不要太长,一般应控制在 2~3 s 左右,加热时间过长会使集成电路过热而损坏。

(2) 拉焊法

① 工具和材料的选用。烙铁头可选用扁平式的,宽度在 1.8~2.6 mm 范围内,采用直径为 0.8~1.1 mm 范围内的焊锡丝作为焊料。

② 准备。焊接前,要先检查焊盘是否有污垢,如不干净可用无水酒精(纯度为 95% 以上)对其进行清洗。再对元器件进行检查,看其引脚有无变形,若不良,可用镊子对其进行整形。然后在引脚及其焊盘上涂上助焊剂。

③ 焊接。将片状元器件放在需要焊接的位置上,先将其对角线上的两个引脚焊牢固,使集成电路固定,固定集成电路的方法如图 4.2.8 所示。观察集成电路各引脚与其焊盘间的位置有无偏差,当有偏差时应将其调整准确。将烙铁头擦干净后蘸上焊锡,一只手握电烙铁从右向左对引脚加热,同时用另一只手持焊锡丝不断加锡,但

应注意控制加锡量。

④ 注意事项。在进行上述拉焊时,烙铁头不要对集成电路的根部加热,以免导致器件过热而损坏。烙铁头对集成电路引脚的压力不要过大,使其处于"飘浮"在引脚上的状态,进而利用焊锡的张力,引导熔融的焊锡珠从右到左慢慢移动。但只能向一个方向飘浮拉焊,不可往返加焊。在拉焊过程中,仔细观察集成块各个引脚上焊点的形成和加锡量是否均匀。若出现焊接短路现象,可用尖针针头将焊融的短路点中间划开,或采用前述的编制带将短路点分开的方法。

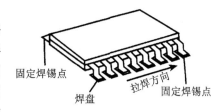

图 4.2.8 定集成电路的方法

4.3 电子元器件安装前的预处理

4.3.1 电子元器件的引线镀锡

电子元器件通过引线焊接到印制板和相互连接在一起,引线的可焊性直接影响作品的可靠性。元器件的引线在生产、运输、存储等各个环节中,接触空气,表面会产生氧化膜,使引线的可焊性下降。在焊接前,电子元器件的引线镀锡是必不可少的工序,操作步骤如下:

(1) 校直引线

在手工操作时,可以使用平嘴钳将元器件的引线夹直,不能够用力强行拉直,以免将元器件损坏。轴向元器件的引线应保持在轴心线上,或是与轴心线保持平行。

(2) 清洁引线表面

采用助焊剂可以清除金属表面的氧化层,但它对严重的腐蚀、锈迹、油迹、污垢等并不能起作用,而这些附着物会严重影响焊接质量。因此,元器件引线的表面清洁工作十分必要。

一般情况下,镀铅锡合金的引线可以在较长的时间内保持良好的可焊性,免除清洁步骤;较轻的污垢可以用酒精或丙酮擦洗;镀金引线可以使用绘图橡皮擦除引线表面的污物;严重的腐蚀性引线只有用刀刮或用砂纸打磨等方法除去,手工刮脚时采用小刀或断锯条等带刃的工具,沿着引线从中间向外刮,边刮边转动引线,直到把引线上的氧化物彻底刮净为止。

注意:不要划伤引线表面,不得将引线切伤或折断,也不要刮元件引线的根部,根部应留 1~3 mm 左右。

(3) 引线镀锡

镀锡是将液态焊锡对被焊金属表面进行浸润,在金属表面形成一个结合层,利用这个结合层将焊锡与待焊金属两种材料牢固连接起来。为了提高焊接的质量和速度，需要在电子元器件的引线或其他需要焊接的待焊面镀上焊锡。目前，很多元器件引线经过特殊处理，在一定的期限范围内可以保持良好的可焊性，完全可免去镀锡的工序。

对于镀铅锡合金的引线，可以先试一下是否需要镀锡。对于一些可焊性差的元器件，如用小刀刮去氧化膜的引线，镀锡是必需的。用蘸锡的焊烙铁沿着蘸了助焊剂的引线加热，从而达到镀锡的目的。

在批量处理元器件引线时中，也可以使用锡锅进行镀锡。锡锅保持焊锡在液态，注意，锡锅的温度不能过高，否则液态锡的表面将很快被氧化。将元器件适当长度的引线插入熔融的锡铅合金中，待润湿后取出即可。

电容器、电阻器的引线插入熔融锡铅中，元件外壳距离液面保持 3 mm 以上，浸入时间为 2~3 s。

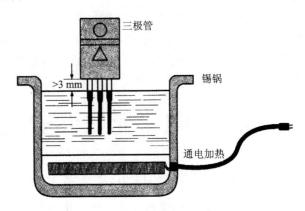

图 4.3.1　半导体器件的引线镀锡

半导体器件对温度比较敏感，引线插入熔融锡铅中，器件外壳距离液面保持 5 mm 以上，如图 4.3.1 所示，浸入时间 1~2 s，时间不能够过长，否则大量热量会传到器件内部，造成器件变质、损坏。通常可以通过浸蘸酒精、助焊剂将引线上的余热散去。

良好的镀锡层表面应该均匀光亮、无毛刺、无孔状、无锡瘤。

在中等规模的生产中，可以使用搪锡机镀锡，或是使用化学方法去除氧化膜。大规模生产中，从元器件清洗到镀锡，都由自动生产线完成。

(4) 引线浸蘸助焊剂

引线镀锡后，需要浸蘸助焊剂。

4.3.2　电子元器件的引线成型

不同类型的电子元器件的引线是多种多样的。在安插到印制电路板之前，对引线进行成型处理是必要的。元器件的引线要根据焊盘插孔的要求做成需要的形状，引线折弯成型要符合安装的要求。

轴向双向引出线的电子元器件通常可以采用卧式跨接和立式跨接两种形式，如图 4.3.2 所示。对于一些对焊接温度十分敏感的元器件，可以在引线上增加一个绕环，如图 4.3.3 所示。

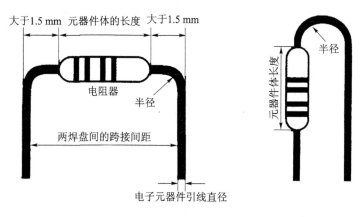

图 4.3.2　引线的卧式跨接和立式跨接形式

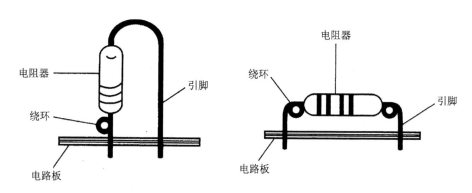

图 4.3.3　带有绕环的引线形式

　　为保证引线成型的质量和一致性,应使用专用工具和成型模具。在规模生产中,引线成型工序是采用成型机自动完成的。

　　在加工少量元器件时,可采用手工成型,如图 4.3.4 所示,使用尖

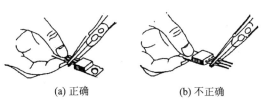

(a) 正确　　　(b) 不正确

图 4.3.4　元器件引线手工成型

嘴钳或镊子等工具实现元器件引线的弯曲成型。在引线成形时,应注意:

　　① 在引线弯曲时,应使用专门的夹具固定弯曲处和器件管座之间的引线,不要拿着管座弯曲,如图 4.3.4 所示,而且夹具与引线的接触面应平滑,以免损伤引线镀层。

　　② 引线弯曲点应与管座之间保持一定的距离 L。当引线被弯曲为直角时,$L \geqslant$ 3 mm;当引线弯曲角小于 90°时,$L \geqslant 1.5$ mm。对于小型玻璃封装二极管,引线弯曲处距离管身根部应在 5 mm 以上,否则易造成外引线根部断裂或玻壳裂纹。

　　③ 弯曲引线时,弯曲的角度不要超过最终成形的弯曲角度。不要反复弯曲引线。不要在引线较厚的方向弯曲引线,如对扁平形状的引线不能进行横向弯折。

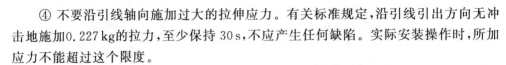

电
工
电
子
实
训
教
程

④ 不要沿引线轴向施加过大的拉伸应力。有关标准规定,沿引线引出方向无冲击地施加0.227kg的拉力,至少保持30s,不应产生任何缺陷。实际安装操作时,所加应力不能超过这个限度。

⑤ 弯曲夹具接触引线的部分应为半径≥0.5mm的圆角,以避免使用它弯曲引线时损坏引线的镀层。

在整机系统中安装电子元器件时,如果采用方法不当或者操作不慎,容易给器件带来机械损伤或热损伤,从而对器件的可靠性造成危害。因此,必须采用正确的安装方法。

4.4 电子元器件的安装

将电子元器件插装到印制板上,有手工插装和机械插装两种方法,手工插装简单易行,对设备要求低,将元器件的引脚插入对应的插孔即可,但生产效率低,误装率高。机械自动插装速度快,误装率低,一般都是自动配套流水线作业,设备成本较高,引线成型要求严格。

4.4.1 元器件的安装形式

对于不同类型的元器件,其外形和引线排列形式不同,安装形式也各有差异。下面介绍几种比较常见的安装形式。

1. 贴板式安装

贴板式安装形式如图4.4.1所示,将元器件紧贴印制板面安装,元器件离印制板的间隙在1mm左右。贴板安装引线短,稳定性好,插装简单,但不利于散热,不适合高发热元器件的安装。双面焊接的电路板因两

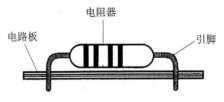

图 4.4.1 贴板式安装形式

面都有导线,如果元器件为金属外壳,元器件下面又有印制导线,则为了避免短路,元器件壳体应加垫绝缘衬垫或套绝缘套管,如图4.4.2所示。

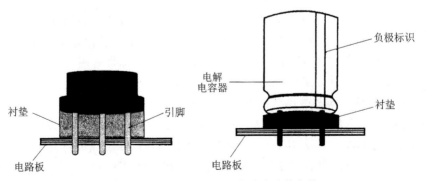

图 4.4.2 壳体加垫绝缘衬垫或套绝缘套管

2. 悬空式安装

发热元器件、怕热元器件一般都采用悬空式安装的方式。悬空式安装形式如图 4.4.3 所示,将元器件壳体距离印制板面间隔一定距离安装,安装间隙在 3~8 mm 左右。为保持元器件的高度一致,可以在引线上套上套管。

3. 垂直式安装

在印制板的部分高密度安装区域中可以采用垂直安装形式进行安装,垂直式安装形式如图 4.4.4 所示,将轴向双向引线的元器件壳体竖直安装,质量大且引线细的元器件不宜用此形式。

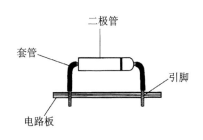

图 4.4.3　悬空式安装形式

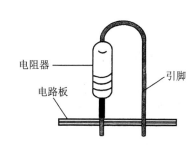

图 4.4.4 垂直安装形式

在垂直安装时,短引线的引脚焊接时,大量的热量被传递,为了避免高温损坏元器件,可以采用衬垫等阻隔热量的传导。

4. 嵌入式安装

嵌入式安装形式如图 4.4.5 所示,将元器件部分壳体埋入印制电路板的嵌入孔内,一些需要防震保护的元器件可以采用该方式,以增强元器件的抗震性,降低安装高度。

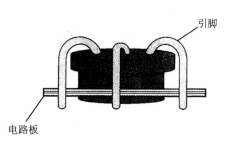

图 4.4.5　嵌入式安装形式

5. 安装固定支架形式

安装固定支架形式如图 4.4.6 所示,采用固定支架将元器件固定在印制电路板上,一些小型继电器、变压器、扼流圈等重量较大的元器件采用该方式安装,可以增强元器件在电路板上的牢固性。

6. 弯折安装形式

弯折安装形式如图 4.4.7 所示,在安装高度有限制时,可以将元器件引线垂直插入电路板插孔后,壳体再朝水平方向弯曲,可以适当降低安装高度。部分质量较大的元器件,为了防止元器件歪斜、引线受力过大而折断,弯折后应采用绑扎、胶粘固等措施,以增强元器件的稳固性。

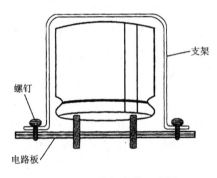

图 4.4.6　支架安装示意图

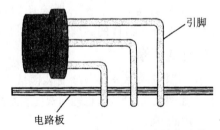

图 4.4.7　弯折安装形式(补一个粘固安装层)

4.4.2　集成电路的安装

　　集成电路的引线数目多,按照印制板焊盘尺寸成型后,直接对照电路板的插孔插入即可,如图 4.4.8 所示,在插装时,注意插入时集成电路的引脚端排列的方向与印制板电路一致,将各个引脚与印制电路板上的插孔一一对应,均匀用力将集成块安插到位,引脚逐个焊接,引脚不能出现歪斜、扭曲、漏插等现象。在学生实验中,应采用插座形式安装,一般不要直接将集成电路安装在印制板上。在安装集成电路时,一定要注意防止静电损伤,尽可能使用专用插拔器安插集成电路。

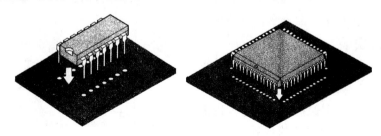

图 4.4.8　集成电路的安装形式

4.4.3　表面安装元器件的贴装方式

　　表面安装元器件的贴装方式常见有四种,如图 4.4.9 所示。图 4.4.9(a)为单面敷铜箔,表面安装元器件的贴装方式。图 4.49(b)为双面敷铜箔,表面安装元器件的贴装方式。图 4.49(c)为单面敷铜箔,表面安装元器件与插装元器件混装方式。图 4.49(d)为双面敷铜箔,表面安装元器件与插装元器件混装方式。

4.4.4　开关、电位器、插座等的安装

　　开关、电位器、插座等常被安装在设备的控制面板上,具体的安装方法如图 4.4.10 ～图 4.4.12 所示,自上而下,分别将螺母、齿形垫圈、底板、止转销、螺母等紧固件一一旋紧在开关、电位器、插座的螺纹上即可。

(a) 单面敷铜箔，表面安装元器件

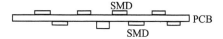

(b) 双面敷铜箔，表面安装元装元器件

(c) 单面敷铜箔，表面安装元器件与插装元器件混装

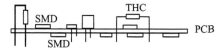

(d) 双面敷铜箔，表面安装元器件与插装远器件混装

图 4.4.9　表面安装元器件的贴装方式示意图

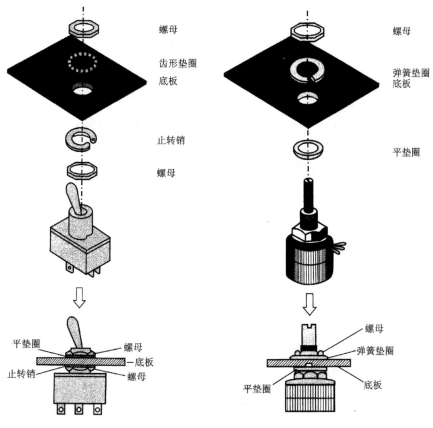

图 4.4.10　开关的组装　　　　**图 4.4.11　电位器的组装**

4.4.5　功率器件的安装

部分金属大功率三极管、稳压器等体积庞大,质量较大,需要固定在面板或者电路板上,增强其安装的稳固性。一些功率较大、发热量较高的功率器件需要配置散热片,散热片可以采用专门的散热器,也可以利用机箱、面板等。功率器件与散热片之间先用导热硅胶粘合,再使用螺钉螺母紧固安装。为了与面板或者电路板绝缘,需要采用绝缘安装形式,如图 4.4.13 所示,一般采用 3 mm 的螺钉螺母配合绝缘板、绝缘套管、平垫圈、弹簧垫圈、螺母等进行安装。

4.4.6　扁平电缆与接插件的连接

扁平电缆与接插件之间的连接通常采用穿刺连接形式。如图 4.4.14 所示,将需要连接的扁平电缆置入接插件的插座上槽和插座下槽之间,电缆的线芯对准插座簧片中心缺口,将插座上槽和插座下槽压紧,使插座簧片穿过电缆的绝缘层,利用插座上槽和插座下槽的凹凸将扁平电缆夹紧即可。

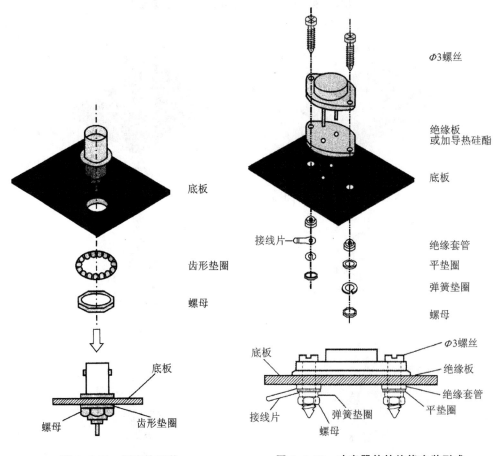

图 4.4.12　插座的组装　　　　图 4.4.13　功率器件的绝缘安装形式

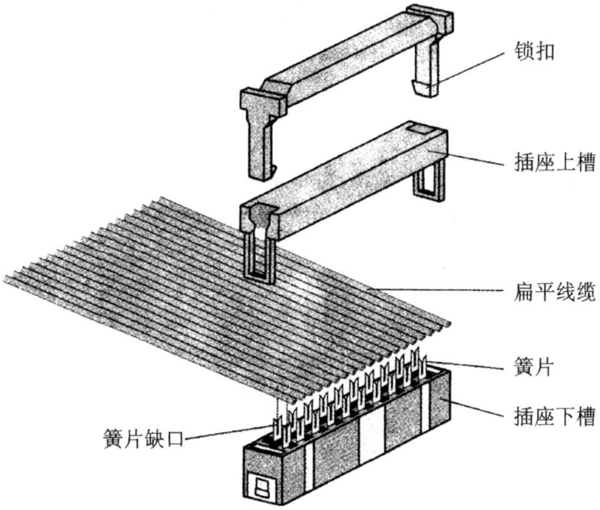
锁扣
插座上槽
扁平线缆
簧片
插座下槽
簧片缺口

图 4.4.14　扁平电缆与接插件的连接

4.4.7　空心铜铆钉的安装

在电子制作中，空心铜铆钉常作为一个焊点，用来完成电气连接。

通常，空心铆钉被铆接在印制板上。

铆接空心铆钉时应注意：

① 根据插入空心铆钉的连接线选择空心铆钉的直径，根据印制板等板材的厚度选择空心铆钉的长度，一般多为 1.5～4.4 mm。

② 将空心铆钉穿过需要铆接板材的通孔。

③ 将空心铆钉与铆接板材压紧，使空心铆钉帽紧贴铆接板材。可以使用专门的压紧冲。

④ 将胀孔冲放在空心铆钉的尾端，胀孔冲的光滑锥面部分伸入空心铆钉，使用榔头捶打胀孔冲，如图 4.4.15 所示。注意保持空心铆钉和胀孔冲的中心轴线重合，与铆接板材垂直。

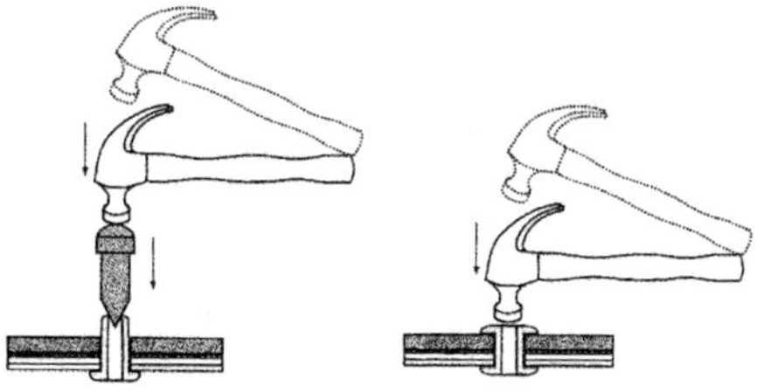

图 4.4.15　空心铜铆钉的安装

⑤ 空心铆钉的尾管受胀变形，变成圆环状铆钉头，紧紧扣住被铆板材，如图 4.4.15所示。若击打力度、角度不正确，铆钉头呈梅花状或是歪斜、凹陷、缺口和明显的开裂，都会影响铆接的质量。

4.5 电子产品整机装配程序

整机总装就是根据设计要求,将组成整机的各个基本部件按一定工艺流程进行装配、连接,最终组合成完整的电子设备。

虽然电子产品的总装工艺过程会因产品的复杂程度、产量大小以及生产设备和工艺的不同而有所区别,但总地来说,都可以简化为装配准备、连接线的加工与制作、印制电路板装配、单元组件装配、箱体装联、整机调试和最终验收等几个重要阶段。

1. 装配准备

装配准备主要是根据设计产品要求,从数量和质量两方面对所有装配过程中要使用的元器件、装配件、紧固件以及线缆等基础零部件进行准备。

"数量上"的准备就是要保证装配过程中零部件的配套,既不能过多,也不能过少。"过多"就是指某些零部件超出了额定装配数量,这样就会在装配过程中造成不必要的浪费和误装。"过少"则是某些零部件的数量达不到额定装配数量,或者有些零部件的数量没有考虑到装配过程中的损耗,这样就会在整机装配过程中因缺少某些零部件而造成整机无法成形。

"质量上"的准备就是要对所有参与装配的零部件进行质量检验。总装前,对所使用的各种零部件进行质量检测,检测合格的产品才能作为原材料送到下一个工序。对已检验合格的装配零部件,要做好整形、清洁工作。

2. 印制电路板装配

印制电路板装配的过程主要是将电容器、电阻器、晶体管、集成电路以及其他各类插装或贴片元器件等电子器件,按照设计文件的要求安装在印制电路板上。这一过程是作品组装中最基础的一级组装过程。

在印制电路板装配阶段,需要对所安装电子元器件的安装工艺和焊接工艺等进行检测,如漏焊、虚焊,由于焊接不当或元器件安装不当而造成的元器件损坏等。

3. 连接线的加工与制作

连接线的加工与制作主要就是按照设计文件,对整个装配过程中所用到的各类数据线、导线、连接线等进行加工处理,使其符合设计的工艺要求。除了要严格确保连接线的质量外,连接线的规格、尺寸、数量等都应满足设计要求。导线数量较多时,每一组连接线的导线数、长度及规格都有所不同,需要分别加工、编号。

在连接线的加工与制作环节中,需要对加工制作好的连接线缆及接头进行检测,检测所制作的连接线是否畅通及是否符合工艺要求。

4. 单元组件装配

单元组件装配就是在"印制电路板装配"的基础上,将组装好的印制电路板通过接插件或连线等方法组合成具有综合功能特性的单元组件。例如,电源电路单元组件、带显示的单片机最小系统等。

在单元组件装配阶段，需要对单元组件的装配工艺和功能进行检测。技术指标与其他单元组件有关的单元组件，测试的标准往往以功能实现作为衡量尺度。部分独立的单元组件，需要测试功能和技术两方面指标。

5. 箱体装联

箱体装联就是在"单元组件装配"的基础上，将组成电子产品的各种单元组件组装在统一的箱体、柜体或其他承载体中，最终完成一件完整的作品。

在这一过程中，除了要完成单元组件间的装配，还需要对整个箱体进行布线、连线，以方便各组件之间的线路连接。箱体的布线要严格按照设计要求，否则会给安装以及以后的检测和维护工作带来不便。

在箱体装联阶段，主要是对装联的工艺和所实现的功能要求进行检测。在这一过程中，常出现的问题就是连接线的布设不合理，连接接口故障或因装联操作不当而造成单元电路板上的元件损坏等。

6. 整机调试

整台电子产品组装完成后，就需要对整机进行调试。整机调试主要包括调整和测试两部分工作。

调整工作包括功能调整和电气性能调整两部分。功能调整就是对电子产品中的可调整部分（如可调元器件、机械传动器件等）进行调整，使作品能够完成正常的工作过程，具有基本的功能。电气性能调整是指对整机的电性能进行调整，使整机能够达到预定的技术指标。

测试则是对组装好的整机进行功能和性能的综合检测，整体测试作品是否能够达到预定技术指标及能否完成预定工作。

通常，对整机的调整和测试是结合进行的，即在调整的过程中不断测试，看能否达到预期指标，如果不能，则继续调整，直到最终符合设计之初的要求。

7. 验　收

在整机总装过程中，最终验收是收尾环节，它主要是对调整好的整机进行各方面的综合检测，以确定该产品是否达到设计要求。

在整机总装的过程中，每一个环节都需要严格的检测，以确保最终所装配的整机性能可靠。在整个总装流程中，遵循着从个体到整体，从简单到复杂，从内部到外部的装配顺序。每个环节之间都紧密连接，环环相扣，每道工序之间都存在着继承性，所有的工作都必须严格按照设计要求操作。只有这样，才能保证总装的整机质量可靠。

第5章　电工技术基本知识

电工技术是以电工基础和电子技术的理论为基础研究和应用的课程。本课程的任务是使电学类专业和部分非电专业的学生获得电工技术必要的基本理论和基本知识,掌握基本技能,了解电工技术的应用和发展概况,为继续学习以及从事与本专业有关的工程技术等工作打下一定的基础。

5.1　常用的低压电器分类

常用的低压电器按照其在电气线路中的功能与作用一般可分为四类:

第一类:主令电器。主令电器是在自动控制系统中用来发送控制指令或信号的操纵电器。常用主令电器有按钮(启动和停止)、行程开关、转换开关等。

第二类:保护电器。主要用于电路中的短路保护和过载保护电器,如熔断器、热继电器等。

第三类:隔离电器。隔离电器主要用于主电路和控制电路切断电源,把电器、负载与电源隔开。常用的有刀开关、铁壳开关、断路器等。

第四类:控制电器。控制电器是一种能按外来信号远距离地自动接通或断开正常工作的主电路及控制电路的一种自动装置。控制电器是利用电磁吸力及弹簧反力的配合作用,使触头闭合与断开的一种电磁式自动切换电器。常用的控制电器有交流接触器及各种继电器等。

5.1.1　主令电器

1. 按　钮

按钮通常用于发出操作信号,接通或断开电流较小的控制电路,以控制电流较大的电动机或其他电气设备的运行。

按钮的结构如图 5.1.1 所示,是由按钮帽、动触点、静触点和复位弹簧等构成。在按钮未按下时,动触点是与上面的静触点接通的,这对触点称为常闭触点,这时动触点与下面的静触点则是断开的,这对触点称为常开触点。当按下按钮帽时,上面的动断触点断开,而下面的动合触点接通;当松开按钮帽时,动触点在复位弹簧的作用下复位,使常开触点和常闭触点都恢复原来的状态。

常见的一种双联（复合）按钮由两个按钮组成，一个用于电动机启动，一个用于电动机停止。按钮触点的接触面积都很小，额定电流一般不超过 25 A。如按钮 LA25 的额定电流有5 A、10 A 两个等级。

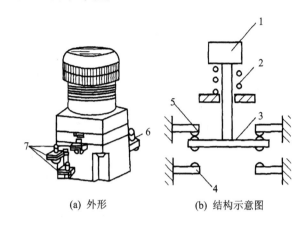

(a) 外形　　　　　　　(b) 结构示意图

1——按钮帽；2——复位弹簧；3——动触点；4——常开触点的静触点；

5——常闭触点的静触点；6、7——触点接线柱

图 5.1.1　按钮开关外形结构图

有的按钮装有信号灯，以显示电路的工作状态。按钮帽用透明塑料制成，兼作指示灯罩。为了标明各个按钮的作用，避免误操作，通常将按钮帽制作成不同的颜色，以示区别，其颜色有红、绿、黑、黄、白等。一般以绿色按钮表示启动，红色按钮表示停止。

按钮的图形符号及型号含义如图 5.1.2 所示。

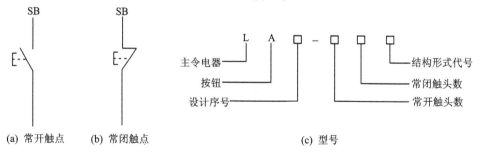

(a) 常开触点　　　(b) 常闭触点　　　　　　　　(c) 型号

图 5.1.2　按钮的图形及型号含义

2. 行程开关

行程开关是用来反映工作机械的行程，发布命令以控制其运动方向或行程长短的主令电器，当被安装在工作机械行程终点以限制其行程时，就称为限位开关或终点开关。其结构及动作原理如图 5.1.3 所示。

当运动机械的挡铁撞到行程开关的滚轮上时，传动杠杆连同转轴一起转动，使凸轮推动撞块，当撞块被压到一定位置时，推动微动开关快速动作，使其常闭触头分断，

常开触头闭合;当滚轮上的挡铁移开后,复位弹簧就使行程开关各部分恢复原始位置,这种自动恢复的行程开关是依靠本身的恢复弹簧来复原的,在生产机械中应用较为广泛。行程开关的图形符号及型号含义如图5.1.4所示。

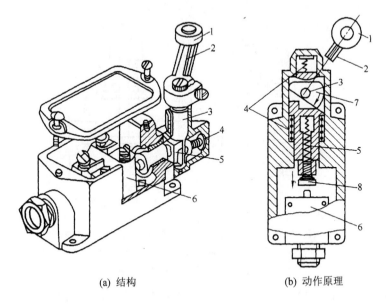

(a) 结构　　　　　　　　　(b) 动作原理

1——滚轮;2——杠杆;3——转轴;4——复位弹簧;5——撞块;6——微动开关;7——凸轮;8——调节螺钉

图 5.1.3　行程开关结构示意图及动作原理

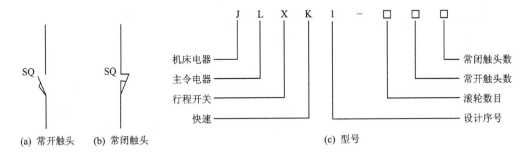

(a) 常开触头　　(b) 常闭触头　　　　　　　　(c) 型号

图 5.1.4　行程开关的图形符号及型号含义

3. 转换开关

转换开关是一种多档式、控制多回路的主令电器,一般可作为各种配电装置的远距离控制,也可作为电压表、电流表的换向开关,还可以作为小容量电动机(2.2kW以下)的启动、调速、换向之用。常用的有LW5、LW6等系列。LW6系列开关由操作机构、面板、手柄及数个触头座等主要部件组成,用螺栓组装成一个整体。其操作位置有2~12个,触头底座1~10层,其中每层底座均可装3对触头,并由底座中间的凸轮进行控制。由于每套凸轮可制作成不同的形状,因此,当手柄转到不同位置时,通过凸轮的作用,可使各对触头按所需要的规律接通和分断。图 5.1.5 是 LW6 系列万能转换开关中某一层的结构示意图。

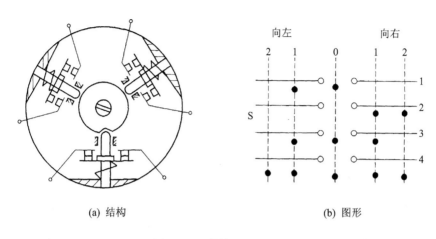

(a) 结构　　　　　　　　　　　　　　　(b) 图形

图 5.1.5　转换开关示意图

5.1.2　保护电器

1. 熔断器

熔断器是一种简便而有效的短路保护电器。

熔断器的结构主要由熔体和支持熔体的绝缘底座(又称支持件)组成。熔体为丝状或片状,通常由铅、锡、铜、银、锌及其合金制成。图 5.1.6 列出几种常见熔断器。

熔断器串联在被保护的电路中,线路在正常工作时,相当于一根短接导线,当线路发生短路故障时,熔体中流过很大的短路电流,电流产生的热量达到熔体的熔点,熔体立即熔断,切断电路电源,保护用电设备不受短路电流损坏和消除对电网电压的影响。RC1A 系列瓷插式熔断器,一般适用于交流频率为 50 Hz,额定电压为 380 V,额定电流为 200 A 以下的低压线路末端或分支电路中,作为电气设备的短路保护及一定程度上的过载保护。但其分断能力低,熔化特性不稳定,不能使用在比较重要的工作场合,且禁止在易燃易爆的工作场合使用。RL1 系列螺旋式熔断器可应用于有振动的场所,一般可作为机床电气线路的短路保护。RM10 系列管式熔断器一般适用于低压电网和成套配电装置中,作为导线、电缆及较大容量电气设备的短路或连续过载时的保护。

熔断器主要技术参数有额定电压、额定电流、熔体额定电流。

➤ 熔断器额定电压是指保证熔断器能长期工作的电压,一般有 220 V 和 380 V 两种。

> 熔体额定电流是指长时间通过熔体而不熔断的电流。当通过熔体电流为额定
电流的 1.3 倍时，熔体熔断时间约 1 h 以上。通过 1.6 倍额定电流时，熔体在
1 h 内熔断;通过 2 倍额定电流时，熔体在很短时间内熔断。

> 熔断器的额定电流即支持件的额定电流,应大于或等于熔体的额定电流。

熔断器的熔体一旦熔断，需要更换熔体后才能使电路重新接通工作，从某种意义
上说，既不方便，又不能迅速恢复供电。有一种新型限流元件叫做自复式熔断器,可
以很好地解决这一矛盾，它是利用非线性电阻元件——金属钠在高温下电阻特性突
变的原理制成的。自复式熔断器，能多次使用，但只能限流，不能分断电路，通常与断
路器串联使用。

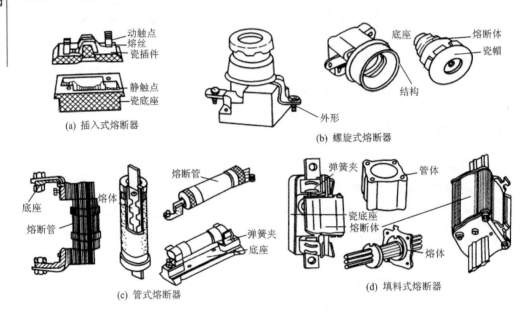

图 5.1.6　熔断器结构图

2. 热继电器

热继电器主要适用于电动机的过载保护、断相保护、电流不平衡保护及其他电气
设备发热状态的保护。

热继电器是利用电流热效应原理工作。JR16 系列热继电器的外形、结构如图
5.1.7(a)、(b)所示。主要由发热元件、双金属片、导板和触点组成。热继电器的发热
元件绕制在双金属片(由两层热膨胀系数不同的金属辗压而成)上，导板等传动机构
设置在双金属片和触点之间，触点有动合、动断触点各一对。热继电器的符号如图
5.1.7(c)所示。

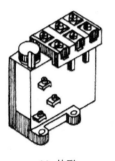

(a) 外形

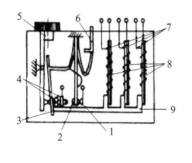

(b) 结构

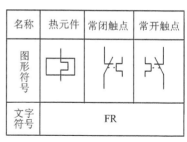

名称	热元件	常闭触点	常开触点
图形符号			
文字符号	FR		

(c) 符号

1——静触头；2——动触头；3——杠杆；4——静触头；5——调节凸轮；
6——恢复按钮；7——热元件；8——双金属片；9——导板

图 5.1.7　热继电器结构、原理、符号图

　　热继电器的发热元件串联在被保护的负载电路(主回路)中,当负载正常工作时,负载电流流过发热元件产生的热量不足以使双金属片产生明显弯曲变形。当负载过载后,电流增大,与它串联的发热元件产生的热量使双金属片产生弯曲,经过一段时间,弯曲程度增大推动导板和杠杆,使热继电器常闭触点断开,常开触点闭合。常闭触点一般串联在接触器线圈回路中(控制回路),使接触器释放切断电源,保护用电设备。

　　热继电器触点动作后有自动和手动两种复位方式。热继电器的整定电流(发热元件长期允许通过而不致引起触点动作的最大电流)通过调节偏心轮的位置决定。由于热惯性,虽然通过热元件的电流比额定电流大几倍,但从发热、变形到推动触点动作需要一定时间,不会瞬时动作,所以热继电器只能用作过载保护,而不能对电气设备(如电动机)短路保护。

　　选用热继电器时,应使其整定电流与电动机的额定电流基本一致。热继电器的型号含义如图 5.1.8 所示。

　　由于热继电器的双金属片接入主电路,功耗很大,不符环保与节能要求。我国于 1997 年 12 月开始淘汰 JR0、JR9、JR14、JR15 和 JR16‐A/B/C/D 等系列热继电器,逐步采用以电子技术为基础的

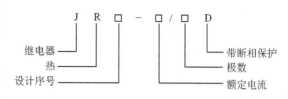

图 5.1.8　热继电器的型号含义

综合保护器。这类综合保护器,具有对电气设备(如电动机)的过载保护、过电流保护、缺相与断相保护、负载超温保护、三相电流不平衡保护等多种功能;保护特性有反时限、定时限;动作后自保持、手动复位。常用的电动机综合保护器如 JRD22 型,用于额定绝缘电压为 660 V,额定工作电压为 660 V,交流频率为 50 Hz,额定工作电流为 0.1～630 A 的三相异步电动机芯的电路中。

5.1.3　隔离电器

隔离电器主要用于主电路和控制电路切断电源,把电器、负载与电源隔开。常用的有刀开关、铁壳开关、断路器等。

1. 刀开关

刀开关由静插座、手柄、触刀、铰链支座和绝缘底板等组成,如图 5.1.9(a)所示。刀开关在低压电路中用于不频繁接通和分断电路,或用来将电路与电源隔离,此时又称为隔离开关。

按极数不同,刀开关分单极(单刀)、双极(双刀)和三极(三刀)3 种,在电路图中的符号如图 5.1.9(b)所示。

常用的刀开关(例如 HD12)的额定电流有 100 A、200 A、400 A、600 A、1 000 A、1 500 A几个等级。

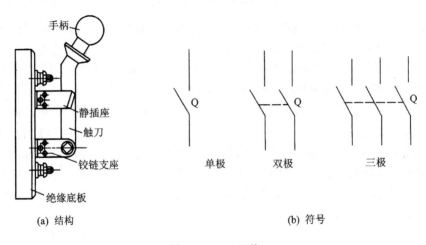

(a) 结构　　　　　　　　　　　　(b) 符号

单极　　双极　　三极

图 5.1.9　刀开关

2. 组合开关

组合开关又称转换开关,也是刀开关的一种,不过其刀片是转动式的。组合开关由装在同一根轴上的单个或多个单极旋转开关叠装在一起组成,有单极、双极、三极和多极结构,根据动触片和静触片的不同组合,有许多种接线方式。图 5.1.10 为常用的 HZ15 系列组合开关,有 3 对静触片,每个触片的一端固定在绝缘垫板上,另一端伸出盒外,连在接线柱上,3 个动触片套在装有手柄的绝缘轴上。转动手柄就可同时接通或断开 3 个触点。

组合开关常用作引入电源的开关,也可以用来控制不频繁启动和停止小容量鼠笼式三相异步电动机或局部照明电路。常用的组合开关如 HZ15,通断能力为 30～190 A;额定电流有 10 A、25 A、63 A 几个等级;额定电压为直流 220 V,交流 380 V。

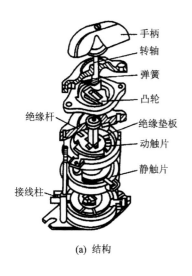
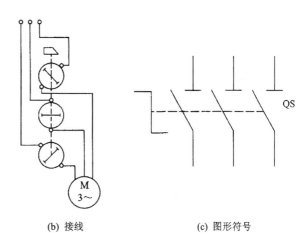

(a) 结构	(b) 接线

(c) 图形符号

图 5.1.10 组合开关

3. 闸刀开关和铁壳开关

闸刀开关和铁壳开关是把熔断器和刀开关组合在一起,既可用来接通或切断电路,又可起短路保护作用。

闸刀开关的结构如图 5.1.11(a)所示,是用瓷料作底,刀片与刀座用胶木罩住,以保证用电安全。刀片下面装有熔丝,安装闸刀开关时,电源进线应接在刀座上方,用电设备应接在刀片下面熔丝的另一端。这样,当闸刀开关断开时,刀片和熔丝不带电,以保证装接熔丝时的安全。

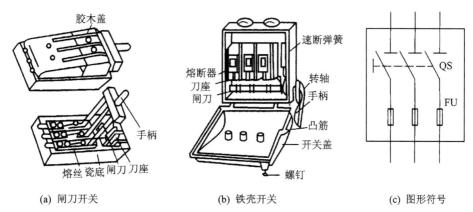

(a) 闸刀开关　　　(b) 铁壳开关　　　(c) 图形符号

图 5.1.11 闸刀开关与铁壳开关

铁壳开关由刀片、刀座、速断弹簧、操作手柄、熔断器等组成,安装在铁盒内,如图 5.1.11(b)所示。当通过手柄拉开刀片时,由于速断弹簧的作用,使刀片能迅速脱离刀座,避免电弧烧伤。在操作手柄一侧的铁壳盖上有一个凸筋,与操作手柄的位置有机械联锁的作用,当开关合上时,使铁壳盖不能打开;而当铁壳盖打开时,又使开关无法合上,以保证使用安全。

常用的 HD17、HS17 等系列刀形隔离器型号含义如图 5.1.12 所示。

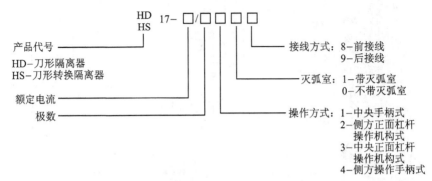

图 5.1.12　HD17、HS17 等系列刀形隔离器型号含义

4. 断路器

断路器能在正常电路条件下接通、承载、分断电流,也能在规定的非正常电路条件(例如短路)下接通、承载一定时间和分断电流的一种机械开关电器。

典型的低压断路器结构如图 5.1.13 所示,主要由触头系统、灭弧装置、保护系统和操作机构组成。

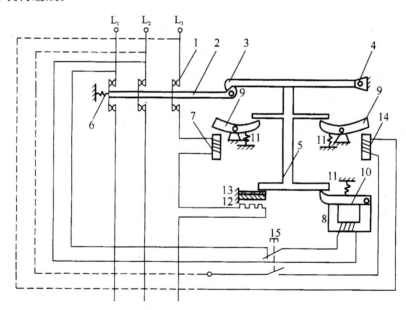

1——主触头;2——锁键;3——锁钩;4——转轴;5——连杆;6——弹簧;7——过流脱扣器;8——欠压脱扣器;9——衔铁;10——衔铁;11——弹簧;12——热元件;13——双金属片;14——分励脱扣器;15——按钮

图 5.1.13　断路器的结构图

低压断路器的主触头一般由耐弧合金(如银钨合金)制成,采用灭弧栅片灭弧,能快速及时地切断高达数十倍额定电流的短路电流。主触头的通断是受自由脱扣器控

制的,而自由脱扣器又受操作手柄或其他脱扣器的控制。

　　自由脱扣机构(由图 5.1.13 中件 2、3、4、5 构成)是一套连杆机构。当操作手柄手动合闸(有些断路器可以电动合闸),即主触头 1 被合闸操作机构闭合后,锁键 2 被锁钩 3 挂住,即自由脱扣机构将主触头锁在合闸位置上。当操作手柄手动跳闸或其他脱扣器动作时,使锁钩脱开(脱扣),弹簧 6 迫使主触头 1 快速断开,称为断路器跳闸。

　　为扩展功能,除手动跳闸和合闸操作机构外,低压断路器可配置电磁脱扣器(即过电流脱扣器、欠电压脱扣器、分励脱扣器)、热脱扣器、辅助触点、电动合闸操作机构等附件。

　　过电流脱扣器(由图 5.1.13 中件 7、9、11 构成,三相都有配置,图中只画了一相)的线圈 7 与主电路串联。当电路发生短路时,短路电流流过线圈 7 产生的电磁力迅速吸合衔铁 9 左端,衔铁 9 右端上翘,经杠杆作用,顶开锁钩 3,从而带动主触头断开主电路(断路器自动跳闸)。因此,在断路器中配置过电流脱扣器,短路时可实现过电流保护功能。

　　欠电压脱扣器(由图 5.1.13 中件 8、10、11 构成)的线圈与电源电路并联。当电源电压正常时,衔铁 8 被吸合;当电路欠电压(包括其所接电源缺相、电压偏低和停电)时,弹簧力矩大于电磁力矩,衔铁释放,使自由脱扣机构迅速动作,断路器自动跳闸。在断路器中配置欠电压脱扣器,实现欠电压保护功能,主要用于电动机的控制。

　　分励脱扣器(由图 5.1.13 中件 9、14、11 构成)的线圈 14 一般与电源电路并联,也可另接控制电源。断路器在正常工作时,其线圈 14 无电压。若按下按钮 15,使线圈 14 通电,衔铁 9 带动自由脱扣机构动作,使主触头断开,称为断路器电动跳闸。按钮与断路器安装在同一块低压屏(台)上,可实现断路器的现场电动操作。按钮远离断路器,安装在控制室的控制屏上,可实现断路器的远方电动操作。因此,在断路器中配置分励脱扣器的主要目的是为了实现断路器的远距离控制。

　　热脱扣器(由图 5.1.13 中件 12、13 构成)的热元件(加热电阻丝)12 与主电路串联。对三相四线制电路,三相都有配置,对三相三线制电路,可配置两相。当电路过负荷时,热脱扣器的热元件发热使双金属片 13 向上弯曲,经延时推动自由脱扣机构动作,断路器自动跳闸。因此,在断路器中配置热脱扣器实现过负荷保护功能。辅助触点(图 5.1.13 中未画出)是断路器的辅助件,用于断路器主触头通断状态的监视、联动其他自动控制设备等。

　　操作手柄主要用于手动跳闸和手动合闸操作,还要以备检修之用。电动合闸操作机构可实现远距离电动合闸,一般容量较大的低压断路器才配置。

　　断路器在通断电路时,动、静触头之间会出现电弧。电弧不但会损坏触点,而且延长电路的切断时间。为了能够迅速熄灭触点间出现的电弧,断路器通常采用灭弧栅灭弧。灭弧栅由镀铜或镀锌的薄铁片组成,装在由陶瓷和耐弧塑料(三聚氰胺)制作的灭弧罩上,如图 5.1.14 所示。

　　断路器分断时,在动、静触头之间形成的电弧被拉入灭弧栅片之中,长电弧即被分割成一连串短电弧。而维持若干个短电弧比维持一个长电弧需要更高的电压,因此在交流电流过零时,电弧不能维持而熄灭。同时,在电弧进入灭弧栅后,电弧的热量被迅速散去,也使电弧易于灭弧。

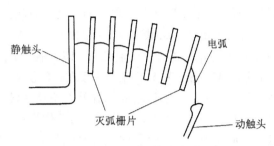

图 5.1.14 灭弧栅片的熄弧示意

对于含有电感的直流电路,应使用直流断路器。直流断路器的灭弧装置结构比较复杂,但灭弧能力强。

由上面的分析可知,断路器是利用热磁效应原理,通过机械系统来实现其功能的。断路器采用微处理器来检测线圈的电流或电压,不仅具备普通断路器的各种保护功能,还可把断路器编号、分合状态、脱扣器多种设定值、运行电流、电压、故障电流、动作时间及故障状态等多种参数,通过现场总线传给上位机,进行实时监控,实现"四遥"操作。

低压断路器按保护特性分为 A 类和 B 类,A 类是非选择型,B 类是选择型。所谓选择型是指断路器具有由过载长延时、短路短延时、短路瞬时保护构成的两段式或三段式保护。非选择型断路器一般只有短路瞬时保护,也有用过载长延时保护的。图 5.1.15 为断路器的保护特性曲线。

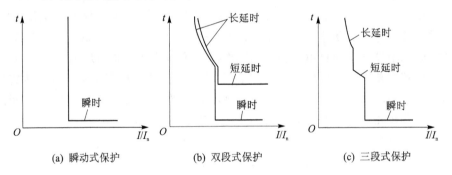

(a) 瞬动式保护   (b) 双段式保护   (c) 三段式保护

图 5.1.15 空气断路器的保护特性曲线

低压断路器设计符号如图 5.1.16 所示,型号含义如图 5.1.17 所示。

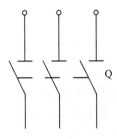

图 5.1.16 低压断路器设计符号图

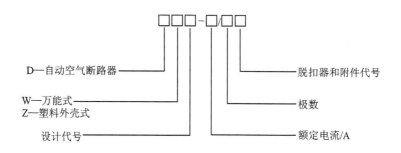

图 5.1.17　低压断路器型号含义

低压断路器按结构主要分为万能式和塑料外壳式两种形式。

万能式断路器由绝缘衬垫的框架结构底座和构件组成一个整体,并具有多种结构形式和各种用途的断路器。常用的万能式断路器(如 DW45 系列断路器)额定电流有 630 A(600 A)、1 600 A(1 500 A)、2 000 A、2 500 A、4 000 A 几个等级。万能式断路器具有过载长延时、短路短延时、短路瞬时保护以及接地故障和整定、显示、过载报警、自诊断、热记忆、负载监控、故障记忆等功能;通过 RS485 接口可以与上位机进行双向数据传输,实现运行状态检测和综合判断执行等。

塑料外壳式断路器(模压外壳式断路器)具有一个用模压绝缘材料制成的外壳,将所有构件组装成一个整体的断路器。常用的塑料外壳式断路器有 DZ20 和 DZ40。DZ20 额定电流有 100 A、250 A、400 A、630 A、800 A、1 250 A 几个等级;其极限分断故障电流能力分为一般型(Y 型)、较高型(J 型)、最高型(C 型)。J 型是利用短路电流的巨大电动斥力使触头斥开,紧接着脱扣器动作,故分断时间在 14 ms 以内,C 型可在 8～10 ms 以内分断短路电流。DZ40 以单片机为核心的控制板装在壳体内的下部,通过互感器采集到的信息进行数据分析和处理,从而控制断路器的运行状态,调整各种参数。还具有自诊断、热模拟、故障记忆及三相不平衡保护功能;通过现场总线与上位机联网,查询断路器的运行状况,实现"四遥"操作。

在电气控制系统中,断路器主触头的额定电流应大于或等于电气设备的最大工作电流,过流脱扣器的整定电流应小于或等于电气设备的额定电流。

5.1.4　控制电器

控制电器是利用电磁吸力及弹簧反力的配合作用,使触头闭合与断开的一种电磁式自动切换电器。常用的控制电器有交流接触器和各种继电器等。

1. 交流接触器

接触器是一种能按外来信号远距离地自动接通或开断正常工作的主电路或大容量的控制电路的一种自动控制电器。

常用接触器有交流接触器(CJ 系列)和直流接触器(CZ 系列)两种。直流接触器主要由电磁系统、触头系统及灭弧装置组成,其工作原理与交流接触器基本相同。交流接触器

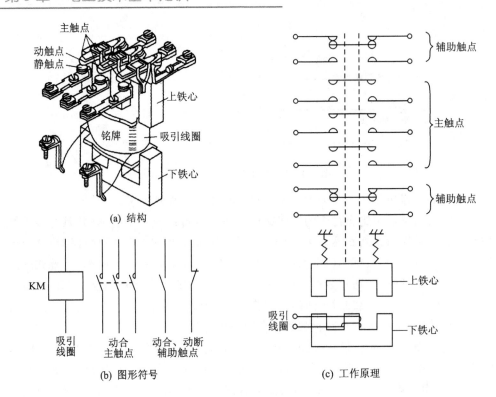

图 5.1.18　交流接触器结构、符号、原理

的结构如图5.1.18所示,电磁铁的铁心分上、下两部分,下铁心是固定不动的静铁心,上铁心是可以上下移动的动铁心。电磁铁的线圈(吸引线圈)装在静铁心上。每个触点组包括静触点和动触点两部分,动触点与动铁心直接连在一起。线圈通电时,在电磁吸力的作用下,动铁心带动动触点一起下移,使同一触点组中的动触点和静触点有的闭合,有的断开。当线圈断电后,电磁吸力消失,动铁心在弹簧的作用下复位,触点组也恢复到原先的状态。

按状态的不同,接触器的触点分为常开触点和常闭触点两种。接触器在线圈未通电时的状态称为释放状态;线圈通电、铁心吸合时的状态称为吸合状态。接触器处于释放状态时断开,而处于吸合状态时闭合的触点称为常开触点;反之称为常闭触点。

按用途的不同,接触器的触点又分为主触点和辅助触点两种。主触点接触面积大,能通过较大的电流;辅助触点接触面积小,只能通过较小的电流。

主触点一般为三副常开触点,串接在电源和电动机之间,用来切换供电给电动机的电路,以起到直接控制电动机启停的作用,这部分电路称为主电路。

辅助触点既有常开触点,也有常闭触点,通常接在由按钮和接触器线圈组成的控制电路中,以实现某些功能,这部分电路称为辅助电路。

一般交流接触器的辅助触点的数量为常闭触点和常开触点各两副。若辅助触点不够用,可以把一组或几组触点组件插入接触器上的固定槽内,组件的触点受交流接触器电磁机构的驱动,使辅助触点数量增加。也可采用中间继电器。

由接触器的工作过程可知,其电磁系统动作质量依赖于控制电源电压、阻尼机构和反力弹簧等,并不可避免地存在不同程度的动、静铁心的"撞击"和"弹跳"等现象,甚至造成"触头熔焊"和"线圈烧损"等。接触器采用微处理器控制操作电磁铁的线圈,通过线圈电流信号对闭合过程的动态进行调节,达到能量平衡,实现动铁心的软着陆,减弱动静铁心的冲击,减小触头的弹跳。把传感器和微处理器相结合,能实现多种电动机保护功能,如过载保护、断相保护、三相不平衡和接地保护。当操作线圈回路条件变化时,能保持线圈功率不变,消除了由于低电压引起的线圈烧毁、触头弹跳和焊接现象。这种接触器还提供通信功能,能将电动机运动状态和数据与自动控制系统联系。在接触器内嵌入 Web 技术,管理人员可远距离通过 Internet 监控接触器的工作状态,实现"四遥"操作。

常用的交流接触器 CJ40 系列以塑料栅片式灭弧罩,使燃弧时间大大缩短,分断能力显著提高。CJ40 系列从 63~1000 A 共分 4 个基本框架,13 个电流规格,即 125 框架(63 A、50 A、100 A、125 A)、250 框架(160 A、200 A、250 A)、500 框架(315 A、400 A、500 A)、1000 框架(630 A、800 A、1000 A),其中,1000 框架 3 个规格产品做到了零飞弧的要求,额定工作电压为 380 V、660 V、1140 V,为直动式双断点结构。

2. 继电器

接触器能直接控制负载电路,但其感应机能是有限的,远不能满足自动化系统对控制与保护电路的要求。继电器是一种根据输入的电信号或非电信号的变化达到一定程度时,使输出量发生阶跃性的变化,实现接通或断开小电流电路的自动控制电器,其执行机构则是触头的动作或电参数的变化。

继电器按其功能主要分为热继电器、时间继电器和中间继电器等。

(1) 时间继电器

时间继电器的种类很多,结构原理也不一样,常用的交流时间继电器有空气式、电动式和电子式等几种。这里只介绍电气控制电路中应用较多的空气式时间继电器。

通电延时的空气式时间继电器是利用空气阻尼的原理来实现延时的,主要由电磁铁、触点、气室和传动机构等组成,结构如图 5.1.19(a)所示。当线圈通电后,将动铁心和固定在动铁心上的托板吸下,使微动开关 1 中的各触点瞬时动作。与此同时,活塞杆及固定在活塞杆上的撞块失去托板的支持,在释放弹簧的作用下,也要向下移动,但由于与活塞杆相连的橡皮膜跟着向下移动时,受到空气的阻尼作用,所以活塞杆和撞块只能缓慢地下移。经过一定时间后,撞块才触及杠杆,使微动开关 2 中的常开触点闭合,常闭触点断开。从线圈通电开始,到微动开关 2 中触点完成动作为止的这段时间就是继电器的延时时间。延时时间的长短可通过延时调节螺钉调节气室进气孔的大小来改变。线圈断电后,依靠恢复弹簧的作用复原,气室中的空气经排气孔(单向阀门)迅速排出,微动开关 2 和 1 中的各对触点都瞬时复位。

图 5.1.19(a)所示的时间继电器有两副延时触点:一副是延时断开的动断触点,

一副是延时闭合的常开触点。此外,还有两副瞬时动作的触点:一副常开触点和一副常闭触点。

时间继电器也可以做成断电延时的,如图 5.1.19(b)所示,只要把铁心倒装即可。此类断电器也有两副延时触点:一副是延时闭合的常闭触点,一副是延时断开的常开触点。此外还有两副瞬时动作的触点:一副常开触点和一副常闭触点。

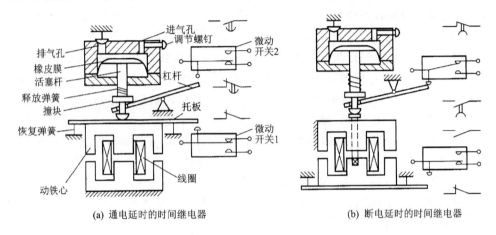

(a) 通电延时的时间继电器　　　　　　　　　　(b) 断电延时的时间继电器

图 5.1.19　时间继电器原理图

空气式时间继电器延时范围有 0.4～60 s 和 0.4～180 s 两种,如 JS23 延时范围为 0.2～180 s,结构简单,但准确度较低。除空气式时间继电器外,在电气控制线路中也常用电动式或电子式时间继电器。

电子式时间继电器是利用半导体器件来控制电容的充放电时间以实现延时功能。电子式时间继电器分晶体管式和数字式两种。常用的晶体管式时间继电器有 JS20 等系列,延时范围有 0.1～180 s、0.1～300 s、0.1～3 600 s 三种,适用于交流 50 Hz、380 V 及以下或直流 110 V 及以下的控制电路中。数字式时间继电器分为电源分频式、RC 振荡式和石英分频式 3 种,例如 JSS14A(DH11S)、JSS26A(DH14S)、JSS48A(DH48S)系列时间继电器,采用大规模集成电路、LED 数字显示、数字拨码开关预置,设定方便,工作稳定可靠,设有不同的时间段供选择,可按所预置的时间(0.01～99 min)接通或断开电路。时间继电器设计符号如图 5.1.20 所示。

名称	线圈	延时闭合的常开触点	延时闭合的常闭触点	延时断开的常开触点	延时断开的常闭触点
图形符号	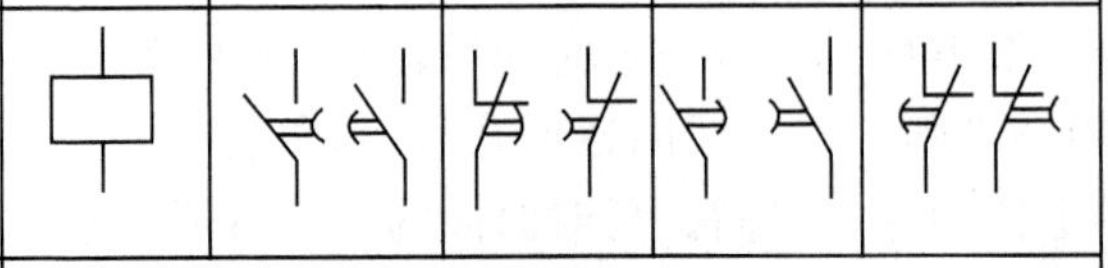				
文字符号	KT				

图 5.1.20　时间继电器设计符号图

时间继电器的型号含义如图 5.1.21 所示。

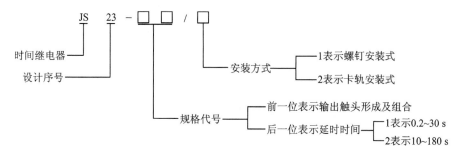

图 5.1.21　时间继电器的型号含义

(2) 中间继电器

中间继电器与交流接触器的工作原理相同,也是利用线圈通电,吸合动铁心,而使触点动作。只是二者的用途有所不同,接触器主要用来接通和断开主电路,中间继电器则主要用在辅助电路中,用以弥补辅助触点的不足。因此,中间继电器触点的额定电流都比较小,一般不超过 5 A,而触点(包括常开触点和常闭触点)的数量比较多,结构、符号如图 5.1.22 所示。常用的中间继电器有 JZ7(5 A,触头并联 10 A),还有 JTX 系列小型通用继电器。

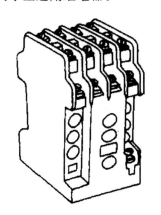

名称	线圈	动合触点	动断触点
图形符号			
文字符号	KA		

图 5.1.22　JZ7 系列中间继电器外形与设计符号图

(3) 其他继电器

为了满足工艺过程和生产机械的不同控制要求,控制电器要能适应不同对象工作状态的参数检测的需要,如速度、温度、压力、转速等,这里介绍几种常用的继电器。

① 速度继电器。是按照预定速度快慢而动作的继电器,根据电磁原理制成。它套有永久磁铁的轴与电动机的轴相联,随电动机一起转动,接收转速信号。

② 温度继电器。是利用温度敏感元件,如热敏电阻阻值随温度而改变的原理,经电子线路比较放大,驱动小型继电器动作,从而迅速准确地直接反映某点温度,实现对加热设备的控制或对电动机的过热保护。

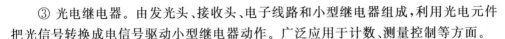

③ 光电继电器。由发光头、接收头、电子线路和小型继电器组成,利用光电元件把光信号转换成电信号驱动小型继电器动作。广泛应用于计数、测量控制等方面。

④ 压力继电器。是利用被控介质(如压力油)在波纹管或橡皮膜上产生的压力与弹簧的反力相平衡的原理而工作的一类继电器。广泛应用在各种电气液压控制系统中。

5.2 导线的连接、焊接和绝缘

在电气安装与线路维护工作中,因导线长度不够或线路有分支,通常需要把一根导线与另一根导线做成一根连接导线,在电线终端要与配电箱或用电设备连接在一起,这些固定连接处称为接头。做导线连接是电工工作的一道重要工序,每个电工都必须熟练掌握这一操作工艺。

导线的连接方法很多,有绞接、焊接、压接、紧固螺钉连接等。不同的连接方法适于不同的导线种类和使用环境。

5.2.1 线头的剖削

做导线电气连接之前,必须将导线端部或导线中间清理干净,要求削切绝缘层方法正确。对橡胶绝缘线要分段削剥,如图 5.2.1 所示。

对无保护套的塑料绝缘线,适于采用单层削剥,剖切绝缘时,不能损伤线芯,裸露线长度一般为 50～100 mm,截面积小的导线要短一些,截面积大的导线要长一些。

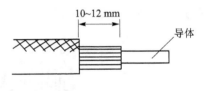

图 5.2.1 橡胶线的剖削

5.2.2 铝心导线的连接

由于铝线在空气中极易氧化,且铝氧化膜的电阻率很高,连接时容易出现质量缺陷,所以铝心导线不宜采用铜心导线的连接方法,铝心导线主要采用螺钉压接、压接管压接和电阻焊焊接等连接方法。

(1) 螺钉压接

螺钉压接适用于负荷较小的单股铝心导线的连接,其操作步骤如下:

① 把削去绝缘层的铝导线线头用钢丝刷刷去表面的铝氧化膜,并涂上中性凡士林,如图 5.2.2(a)所示。

② 做直线连接时,先把每根铝心导线在接近线头处卷上 2～3 圈,以备线头断裂后再次连接用,然后把四个线头两两相对地插入两只瓷接头(又称接线桥)的四个接线端子上,然后旋紧接线端子上的螺钉,如图 5.2.2(b)所示。

③ 要做分路连接时,要把支路导线的两个芯线头也分别插入两个瓷接头的两个接线端子上,然后旋紧螺钉,如图 5.2.2(c)所示。如果分路连接处在插座或熔断器

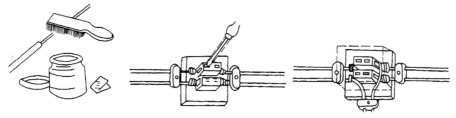

(a) 刷去氧化膜，涂上凡士林　　(b) 在瓷接头上做直线连接　　(c) 在瓷接头上做分路连接

图 5.2.2　单股铝导线的螺钉压接法

附近，则不必用磁接头，可用插座或熔断器上的接线端子进行过渡连接。

④ 最后在瓷接头上加罩塑料盒盖或木盒盖。

(2) 压接管压接

一般内线工程用单股铝导线为 10mm² 以下，多用铝压接管进行局部压接，根据导线规格选择压接管并使线头穿出 25～30mm，先将两线端绝缘层剥去 50～55mm，清理表面后涂上凡士林膏，将两头放入选好的铝套管内，铝压接管有圆形和椭圆形两种，然后用压接钳压接。压接后形状如图 5.2.3 所示。

注意：压接时，必须是压接钳压到必要的极限位置，并且所有的压接中心处于同一条直线上。第一道压坑应压在线头的一侧，不可压反，压坑的距离和数量应符合技术要求。对 16～240mm² 的多股铝线，必须使用手动油压钳，压接工艺与 10mm² 以下的单股铝线基本一致。

(3) 电阻焊焊接

对单股铝线的连接可采用电阻焊，即低电压(6～12V)炭极电阻焊，先将两导线剖切30～50mm，再将两裸线并绞齐，剩 20～30mm，将焊接电源与被焊接头接通。操纵焊把电极使焊接电源接通，随着接触点温度升高，适量加入焊药(助焊剂)，使接头熔化为球状，如图 5.2.4 所示。焊把(炭极)移走，经冷却形成为牢固的电连接。

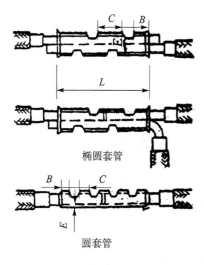

椭圆套管

圆套管

图 5.2.3　单芯铝线的管压接

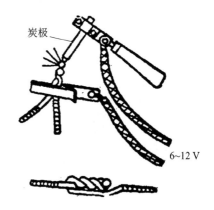

炭极

6～12 V

图 5.2.4　单芯铝线的电阻焊焊接

5.2.3　铜心导线的连接

铜导线的连接比铝导线要简单些,一般采用绞接、缠绕绑接、压接、焊接等方法。铜导线焊接采用锡焊或电阻焊。

(1) 单股铜线绞接法

绞接法适用于截面积小于 $6\,\mathrm{mm^2}$ 的单股铜线的连接,绞接连接有直连接、T 形连接、十字形连接等多种形式,如图 5.2.5 所示。

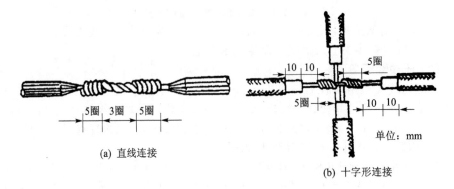

(a) 直线连接

(b) 十字形连接

图 5.2.5　单股导线的绞接

(2) 多股铜线的单卷或复卷连接法

首先,把多股线拧开,将中芯线切断,把两头线芯混接成一体,利用导线本身单卷连接,如图 5.2.6 所示。

具体做法是:先沿一个方向任取两股同时缠绕 5 圈,另换两股缠绕,其余的线压在里头,在绕至 5 圈后,另换两股缠绕,依次类推,用偏口钳修齐即可。另一端做法同上。多股铜线的 T 形接头又有单卷和复卷之分,如图 5.2.7 所示。

图 5.2.6　多股铜线的单卷连接

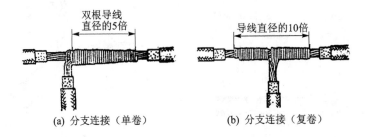

(a) 分支连接（单卷）

(b) 分支连接（复卷）

图 5.2.7　多股铜线的 T 形接头

(3) 铜心导线的锡焊

铜导线绞接后还应进行焊接处理,70 mm² 截面以下的接头一般采用锡焊,接头的锡焊通常有三种方法:浇锡焊、蘸锡焊和电烙铁锡焊。

① 浇锡焊接。浇锡焊接用于 16～70 mm² 的铜导线接头的焊接。浇锡焊法如下:把锡放入锡锅内加热熔化,将导线接头处打磨干净,涂上助焊剂,放在锡锅上面,用勺盛上熔化的锡,从接头上面浇下,如图 5.2.8 所示。刚开始时,由于接头温度较低,焊锡浸润不好,应继续浇下去,使接头温度升高,直到全部浸润焊牢为止,最后除去污物。

② 蘸锡焊接。蘸锡焊接用于 2.5～16 mm² 的铜导线接头的焊接。蘸锡焊法如下:把锡放入锡锅内加热熔化,将接头处打磨干净,涂上助焊剂后,放入锡锅中蘸锡,待全部浸润后取出,并除去污物。

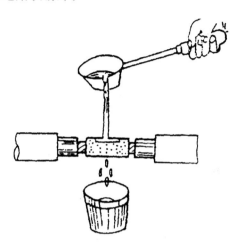

图 5.2.8　铜导线接头的浇锡焊接法

③ 电烙铁锡焊。电烙铁锡焊用于 2.5 mm² 以下的铜导线接头的焊接。

5.2.4　导线绝缘层的恢复

导线连接后,必须恢复绝缘;导线的绝缘层破损后,也必须恢复绝缘。恢复后的绝缘强度应不低于原来的绝缘层。通常用黄蜡带、涤纶薄膜带和黑胶带作为恢复绝缘层的材料,黄蜡带和黑胶带一般选用 20 mm 宽较适中,包缠也方便。绝缘带的包缠方法如下:

将黄蜡带从导线左边完整的绝缘层上开始包缠,包缠两根带宽后方可进入无绝缘层的芯线部分,如图 5.2.9(a)所示。包缠时黄蜡带与导线保持约 55° 的倾斜角,每圈压叠带宽的 1/2,如图 5.2.9(b)所示。

包缠一层黄蜡带后,将黑胶布接在黄蜡带的尾端,按另一斜叠方向包缠一层黑胶带,也要每圈压叠带宽的 1/2,如图 5.2.9(c)和 5.2.9(d)所示。

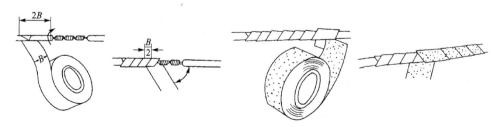

图 5.2.9　绝缘带的包缠

用在 380 V 线路上的导线恢复绝缘时，必须先包缠 1～2 层黄蜡带，然后再包缠一层黑胶带。用在 220 V 线路上的导线恢复绝缘时，先包缠一层黄蜡带，然后再包缠一层黑胶带，也可只包缠两层黑胶带。绝缘带包缠时，不能过疏，更不允许露出芯线，以免造成触电或短路事故。绝缘胶带平时不可放在温度高的地方，也不可浸染油类。

5.2.5　导线与电器元件的连接

在各种电器元件或电气装置上，均有接线端子供连接导线用。常用的接线端子有针孔式和螺钉平压式两种。

① 导线头与针孔式接线端子的连接。在针孔式接线端子上接线时，如果单股芯线直径与接线端子插孔大小适宜，则只要把线头插入孔中，旋紧螺钉即可。如果单股芯线较细，则要把芯线折成双根，再插入孔中，如图 5.2.10(a)所示。如果是多股细丝铜软线，必须先把线头绞紧，并搪锡或装接针式导线端头，然后与接线端子连接。

注意：切不可有细丝漏在外面，以免发生短路事故。

② 线头与螺钉平压式接线端子的连接。在螺钉平压式接线端子上接线时，对 10 mm² 以下截面的单股导线，应把线头弯成圆环，弯曲的方向应与螺钉拧紧的方向一致，如图 5.2.10(b)所示。多股软线或较大截面的单股导线，线头上须装接叉式或垫圈式导线端头，然后与接线端子连接。

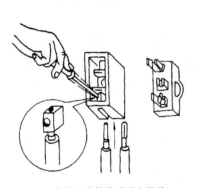
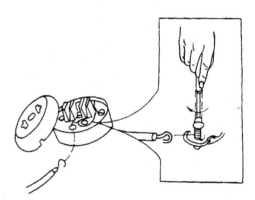

(a) 在针孔式接线端子上接线　　　　　　　(b) 在螺钉平压式接线端子上接线

图 5.2.10　线头与接线端子的连接

5.3　继电器控制电路原理

5.3.1　点动控制电路

生产设备在正常生产时，需要连续运行，叫做长动控制（即连续控制）。所谓点动，就是按下按钮电动机就转动，释放按钮电动机就停止的一种控制方法。

生产机械不仅需要长动控制,同时还需要点动控制。图 5.3.1 为电动机点动控制电路。其中图 5.3.1(a)为点动控制电路的基本型,按下 SB 按钮,KM 线圈通电吸合,主触点闭合,电动机启动旋转。松开 SB 时,KM 线圈断电释放,主触点断开,电动机停止旋转。图 5.3.1(b)为既可实现电动机连续旋转,又可实现点动控制的电路,并由手动开关 SA 选择。当 SA 闭合时,为连续控制;当 SA 断开时则为点动控制。图 5.3.1(c)为采用两个按钮,分别实现连续与点动的控制电路,其中 SB$_2$ 为连续运转启动按钮,SB$_3$ 为点动启动按钮,利用 SB$_3$ 的常闭触点来断开自保电路,实现点动控制。SB$_1$ 为连续运转的停止按钮。

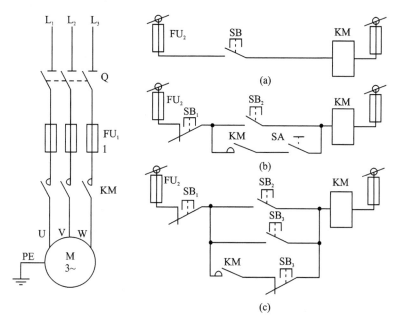

图 5.3.1　三相异步电动机点动控制电路图

5.3.2　正反转控制电路

在生产设备中,往往需要工作设备能够实现可逆运行。例如,机床工作台的前进和后退,主轴的正转和反转,起重机的提升与下降等。这就要求拖动电动机可以正转和反转。由异步电动机的工作原理可知,改变电动机的转向只需要改变接到异步电动机定子绕组上的电源相序,即三相电源的中任意两相对调一下,就可以实现电动机正转或反转。

图 5.3.2 是三相异步电动机正反转电路。左边为电动机正反转电路主回路,右边为控制回路。工作过程如下:首先合上 Q$_1$,KM$_1$、KM$_2$ 上方带电,然后合上 Q$_2$,控制电路带电。当按下启动按钮 SB$_2$ 后,KM$_1$ 线圈回路通电,KM$_1$ 带电吸合,主回路主触点接通,同时,KM$_1$ 的两个辅助触点(常开)闭合。第一个辅助触点为自锁触点(此时按下 SB$_2$ 没有作用),第二个辅助触点接通 HL$_1$ 回路,正转指示灯亮,电机 M 正转运行。

如果需要反转,则先按下停止按钮 SB₁,KM₁ 断电,电动机停止运行;然后按下 SB₃,KM₂ 通电并自锁,HL₂ 回路接通,反转指示灯亮,主回路已经换相,电动机 M 反转。

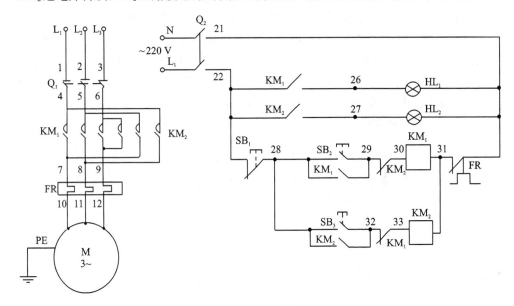

图 5.3.2　三相异步电动机正反转电路原理图

若发生已按下正向启动按钮 SB₂ 后,又按下反向启动按钮 SB₃ 的误操作时,将发生电源两相短路的故障,电动机无法正常工作。因此,将 KM₁、KM₂ 正反转接触器的常闭触点串接在对方线圈电路中,形成相互制约的控制,这种相互制约关系称为互锁控制。这种由接触器(或继电器)常闭触点构成的互锁称为电气互锁。互锁过程如下:正转时,按下 SB₂,KM₁ 通电并自锁,电机 M 正转运行,串联在 KM₂ 线圈回路的 KM₁ 辅助(常闭)触点断开,保证 KM₂ 线圈不能同时带电。反转时,按下停止按钮 SB₁,KM₁ 断电,电动机停止运行;再按 SB₂,KM₂ 通电并自锁,电机 M 反转,串联在 KM₁ 线圈回路的 KM₂ 常闭触点断开,保证了 KM₁ 线圈回路也不能同时带电。

但是电路在进行电动机由正转变反转或由反转变正转的操作控制中必须先按下停止按钮 SB₁,然后再进行反向或正向启动的控制。这就构成正—停—反的操作顺序。

5.3.3　三相异步电动机降压启动控制电路

三相鼠笼型异步电动机。功率在 10 kW 以上的电动机不能进行直接启动,应采用降压启动方法进行启动。三相鼠笼型降压启动的方法有:定子绕组电路串接电阻或电抗器;星形—三角形连接;自耦变压器及延时三角形启动等。这些启动方法的实质,都是在电源电压不变的情况下,启动时降低加在电动机定子绕组上的电压,以限制启动电流,而在启动以后再将电压恢复至额定值,电动机进入正常运行。

1. 串接电阻降压启动控制电路

图 5.3.3 中,KM₁ 为电源接触器,KM₂ 为短接电阻接触器,KT 为启动时间继电

器,R 为降压启动电阻。控制线路的工作原理:合上电源开关 Q,按下启动按钮 SB₂,KM₁ 通电并自锁,同时 KT 通电,电动机定子绕组电路串接电阻 R 进行降压起动,经时间继电器 KT 延时,其常开触点延时闭合,KM₂ 通电,将串接电阻 R 短接,电动机进入全电压正常运行。KT 的延时长短根据电动机启动时间长短确定。

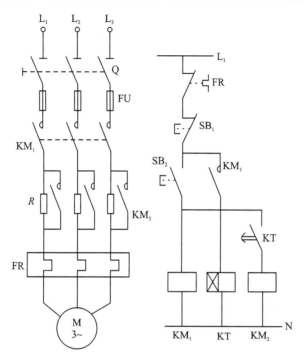

图 5.3.3　串接电阻降压启动控制电路

串接电阻一般采用由电阻丝绕制的板式电阻或铸铁电阻,电阻功率大,能够通过较大电流,但能量损耗较大。为了节省能源,可采用电抗器代替电阻,但其价格较贵,成本较高。

2. 星形—三角形降压启动控制电路

正常运行时电动机定子绕组接成三角形的鼠笼型异步电动机,可采用星形—三角形降压启动方法来达到限制启动电流的目的。

启动时,定子绕组先接成星形,待转速上升到接近额定转速时,将定子绕组的接线由星形换接成三角形,电动机便进入全电压正常运行状态。因功率在 4 kW 以上的三相鼠笼型异步电动机均为三角形接法,故都可以采用星形—三角形降压启动方法,如图 5.3.4 所示。

工作原理:合上电源开关 Q,按下启动按钮 SB₂,KM₁ 通电并自锁,随即 KM₃、KT 通电,电动机连接成星形接入三相电源进行降压启动。KT 时间继电器经过一段时间延时后,KT 的延时常闭触点断开,KM₃ 断电释放,而另一对 KT 的延时常开触

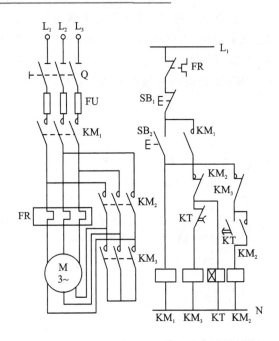

图 5.3.4　星形—三角形降压启动的控制电路

点闭合,KM$_2$ 通电并自锁,电动机接成三角形正常运转。同时 KM$_2$ 常闭触点断开,使 KM$_3$、KT 在电动机三角形连接运转时处于断开状态,使线路工作更为可靠。至此,电动机星形—三角形降压启动结束,电动机投入正常运转。停止时,按下停止按钮 SB$_1$ 即可。

5.4　单相变压器的设计与制作

5.4.1　变压器的分类

变压器的类型很多,根据用途可分为:电力变压器、控制变压器、电源变压器、自耦变压器、调压变压器、耦合变压器等;根据结构可分为:芯式变压器和壳式变压器;根据电源相数可分为:单相变压器和三相变压器;根据电压升降可分为:升压变压器和降压变压器;根据电压频率可分为:工频变压器、音频变压器、中频变压器和高频变压器等。

变压器不但可以变换电压,还可以变换电流、变换阻抗和传递信号。由于变压器具有多种功能,因此在电力工程和电子工程中都得到广泛应用。

在电力供电系统以外所使用的变压器,大多是单相小容量变压器,但变压器无论大小,无论何种类型,其工作原理都是一样的。

5.4.2　变压器的基本结构

变压器主要由铁磁材料构成的铁心和绕在铁心上的两个或几个线圈组成。与输入交流电源相接的线圈叫做原边线圈或称为一次绕组。与负载相接的线圈叫做副边线圈或称为二次绕组。变压器在电路中的符号如图 5.4.1 所示。

变压器是以电磁感应定律为基础工作的,其工作原理可用图 5.4.2 来说明。当原边线圈加上交流电压 U_1 后,在铁心中产生交变磁场,由于铁心的磁耦合作用,副边线圈中会产生感应电压 U_2,在负载中就有电流 I_2 通过。

变压器的铁心通常用硅钢片叠成,硅钢片的表面涂有绝缘漆,以避免在铁心中产生较大的涡流损耗。小型变压器常用铁心主要有两种：E 形和 C 形,如图 5.4.3 所示。E 形铁心是将硅钢片冲压成 E 形片叠加而成,C 型铁心是将硅钢片剪裁成带状,然后绕制成环形,再从中间切断而成。

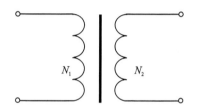

图 5.4.1　变压器的设计符号

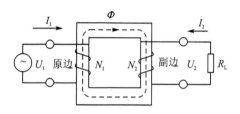

图 5.4.2　变压器工作原理

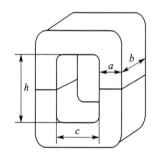

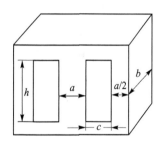

图 5.4.3　变压器铁心外型图

在小型变压器制作过程中,需要按使用要求选取变压器的结构参数。构成变压器的主要材料是铁心和绕组线圈,制作变压器时,应按使用要求来选取变压器的铁心规格、绕组匝数和导线直径。

5.4.3　变压器的参数计算

1. 计算额定功率

选取铁心规格时,要先计算变压器的输出功率 P_2、输入功率 P_1 和额定功率 P_N。

变压器的输出功率为副边各绕组输出功率之和,即 $P_2 = U_{21}I_{21} + U_{22}I_{22} + U_{23}I_{23} + \cdots$,

输入功率 $P_1 = P_2/\eta$。式中 η 为变压器的效率,对于小型变压器,一般可按表 5.4.1 选取。则变压器的额定功率 $P_N = (P_1 + P_2)/2$。

表 5.4.1　小型变压器的效率与输出功率的关系

功率/W	<10	10~30	30~80	80~200	200~400	>400
效率/%	60~70	70~80	80~85	85~90	90~95	95

变压器的铁心规格按额定功率 P_N 选取,对于 50 Hz 的电源变压器,使用 E 形铁心时,可按电工手册选择各种硅钢片规格和叠片厚度以及相应的每伏匝数;同样地,使用 C 形铁心时,可按电工手册选择各种铁心规格和窗口高度以及相应的每伏匝数。

2. 计算绕组匝数

变压器的绕组匝数=绕组额定电压×每伏匝数。对于单相变压器,原边电压为 220 V 时,原边绕组匝数=220×每伏匝数。考虑副边绕组的导线电阻压降,副边绕组匝数应再乘以1.05~1.10,即

副边绕组匝数 $= U_{2N} \times$ 每伏匝数 $\times (1.05 \sim 1.10)$

变压器绕组线圈的漆包铜线直径是按额定电流来选取的,原边额定电流 $I_{1N} = P_1/U_{1N}$。对于连续工作的变压器,导线电流密度可取 2.5 A/mm²;对于间断工作的变压器,导线电流密度可取3 A/mm²。线圈的漆包线直径可根据电工手册给出的漆包线规格和安全载流量来选取。

5.4.4　小型变压器制作

1. 变压器线圈的绕制

变压器的线圈是绕制在绝缘骨架上的,在绕制前应先在绝缘骨架中嵌入比铁心稍大一些的木心,木心正中心钻一个孔,以供绕线机轴从中穿过。钻孔时不能偏斜,否则绕线时会不平稳,影响绕线质量。

① 绕制线圈。变压器通常是把原边线圈绕在最里层,把副边线圈绕在外层。有一些小型 E 形铁心变压器也常把原边和副边线圈分成上下两段绕制,C 形铁心变压器原边绕组要分为两个线圈绕制。绕制中要使漆包线排列整齐、紧密。注意:不可使导线打结或损伤漆皮。

线圈一般分层绕制,每绕完一层应加一层绝缘材料,普通低压绕组一般可用电容纸、黄蜡绸等绝缘材料,高压绕组应采用聚酯薄膜等耐高压的绝缘材料。线圈全部绕完后,最外边也要包缠 2~3 层黄蜡绸。

② 装接引出线。一般直径超过 1 mm 的漆包线可以直接引出,小于 1 mm 的可通过其他硬线、软线或焊片等引出,以防止变压器使用中将引线折断。装接引出线时,先把引出线用绝缘材料包扎好,将其一部分压在线圈下边,进行固定,然后将线圈的端头焊在引出线上,并用绝缘材料覆盖,如图 5.4.4 所示。引出线的位置应根据绕组情况按一定规律排列,最后还要标明引出端标号以便于使用。

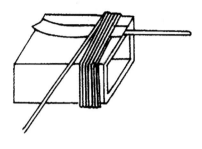
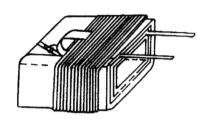

(a) 绕线前引出线示意图　　　　　　　　(b) 绕线后引出线示意图

图 5.4.4　引出线的连接和固定引出线示意图

2. 变压器铁心的装配

① 装配前的检查。装配铁心前,应先进行以下检查:检查硅钢片是否平整,表面是否锈蚀,绝缘漆是否良好,硅钢片含硅量是否符合要求。

② E 形铁心的装配。装配 E 形铁心时,应采用交叉插片,不能有错位现象,硅钢片必须插紧,并尽量减小磁路气隙,铁心片插好后,用螺钉固定或装上固定架,如图 5.4.5 所示。

③ C 形铁心的装配。装配 C 形铁心时,应注意铁心是否配对,方向是否一致,铁心截面上是否有杂物,装配好后用钢带将铁心固定,并加装底座,如图 5.4.6 所示。

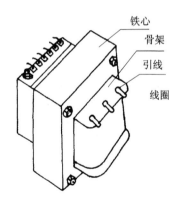
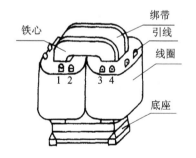

图 5.4.5　变压器 E 形铁心的装配图　　　　**图 5.4.6　变压器 C 形铁心的装配图**

5.4.5　变压器检测和浸漆处理

1. 变压器性能测试

为保证其特性基本符合使用条件,应进行以下几方面的检查和测试。

① 检查外观:检查绕组线圈有无断线、脱焊和机械损伤;铁心是否装好。

②检测绕组线圈：用万用表检测线圈的通断，用直流电桥测量线圈的直流电阻。

③检测绝缘电阻：用兆欧表测量绕组间及绕组对铁心的绝缘电阻应大于 50 MΩ。

④空载特性测试：在原边绕组上加额定电压，测试原边空载电流和副边空载电压。

⑤负载特性测试：副边绕组接上额定负载，测试额定输出电压并计算电压调整率。

⑥检测温升：加额定负载运行 4 小时，用测电阻法计算温升，应不超过 40～50 ℃。

2. 变压器的浸漆处理

为了提高变压器的防潮性能，防止电压击穿，变压器应进行浸漆处理。在浸漆前应进行预烘干，以驱除内部潮气。烘烤时可将变压器置于大功率的灯泡下或电烘箱中，温度控制在115～125℃，预烘 4～6 h，取出冷却到 60～80 ℃后，放入绝缘清漆中浸漆 1 h，最好采用真空浸漆，以提高变压器的绝缘电阻。变压器浸漆，可在装配铁心后整体浸漆，也可先将绕组单独浸漆一次，然后装配铁心，再进行整体浸漆。

5.5 三相异步电动机的结构和工作原理

5.5.1 三相异步电动机的结构

异步电动机由定子(固定部分)和转子(旋转部分)两个基本部分组成。异步电动机的定子主要由机座、定子铁心和定子绕组构成。机座用铸钢或铸铁制成，定子铁心用涂有绝缘漆的硅钢片叠成，并固定在机座中。在定子铁心的内圆周上有均匀分布的槽，用来放置定子绕组，如图 5.5.1 所示。定子绕组由绝缘导线绕制而成，三相异步电动机具有三相对称的定子绕组，称为三相绕组。

三相定子绕组引出 U_1、U_2、V_1、V_2、W_1、W_2 这 6 个出线端，其中，U_1、V_1、W_1 为首端，U_2、V_2、

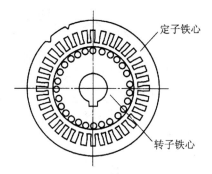

定子铁心

转子铁心

图 5.5.1　异步电动机铁心

W_2 为末端，如图 5.5.2(a)所示。使用时可以连接成星形或三角形两种方式。如果电源的线电压等于电动机每相绕组的额定电压，那么三相定子线组应采用三角形连接方式，如图 5.5.2(b)所示。如果电源线电压等于电动机每相绕组额定电压的√3倍，那么三相定子绕组应采用星形连接，如图 5.5.2(c)所示。

异步电动机的转子主要由转轴、转子铁心和转子绕组构成。转子铁心用涂有绝缘漆的硅钢片叠成圆柱形，并固定在转轴上。铁心外圆周上有均匀分布的槽，这些槽

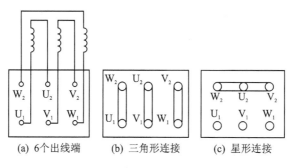

(a) 6个出线端　　(b) 三角形连接　　(c) 星形连接

图 5.5.2　三相异步电动机定子绕组及连接法

放置转子绕组。

异步电动机转子绕组按结构不同,可分为鼠笼转子和绕线转子两种。前者称为鼠笼型三相异步电动机,后者称为绕线型三相异步电动机。

鼠笼型电动机的转子绕组是由嵌放在转子铁心槽内的导电条组成的。在转子铁心的两端各有一个导电端环,并把所有的导电条连接起来。因此,如果去掉转子铁心,剩下的转子绕组很像一个鼠笼子,如图 5.5.3(a)所示,所以称为鼠笼型转子。中小型(100 kW 以下)鼠笼型电动机的鼠笼型转子绕组普遍采用铸铝制成,并在端环上铸出多片风叶作为冷却用的风扇,如图 5.5.3(b)所示。图5.5.4是一台鼠笼型电动机拆散后的形状。

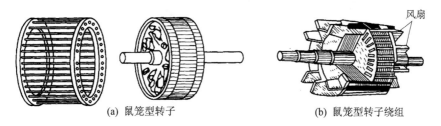

(a) 鼠笼型转子　　　　　　　　　(b) 鼠笼型转子绕组

图 5.5.3　鼠笼型转子

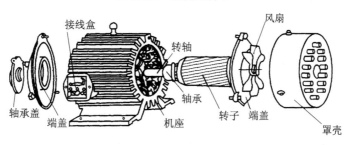

图 5.5.4　鼠笼型电动机的拆散形状

绕线型电动机的转子绕组为三相绕组,各相绕组的一端连在一起(星形连接),另一端接到 3 个彼此绝缘的滑环上。滑环固定在电动机转轴上和转子一起旋转,并与

139

安装在端盖上的电刷滑动接触,和外部的可变电阻相连,如图5.5.5所示。这种电动机在使用时可通过调节外接的可调电阻改变转子电路的电阻,从而改善电动机的某些性能。绕线转子异步电动机的结构比鼠笼型异步电动机复杂,价格也较高,常用于要求具有较大启动转矩以及有一定调速范围的场合,如大型立式车床和起重设备等。

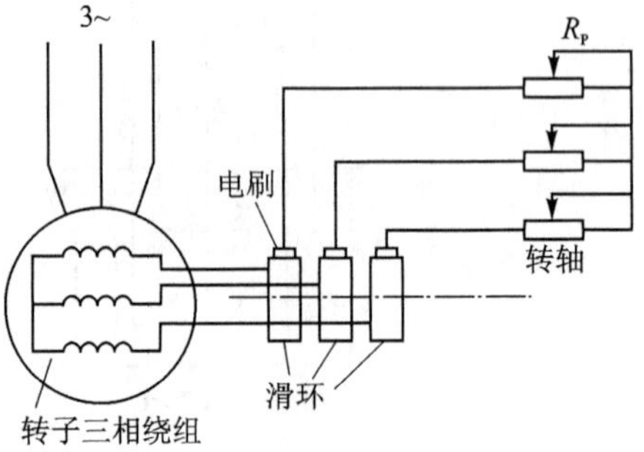

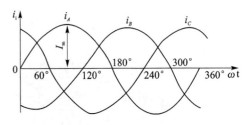

5.5.2 旋转磁场的产生

图 5.5.5 绕线型电动机示意图

为了理解三相异步电动机的工作原理,先讨论三相异步电动机的定子绕组接至三相电源后,在电动机中产生磁场的情况。

图5.5.6为三相异步电动机定子绕组的简单模型。三相绕组 U_1、U_2,V_1、V_2,W_1、W_2在空间互成120°,每相绕组一匝,连接成星形。电流参考方向如图5.5.6所示,图中⊙表示导线中电流从里面流出来,⊗表示电流向里流进去。

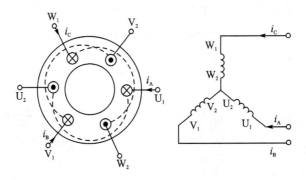

图 5.5.6 两极电动机三相定子绕组的简单模型和接线图

当三相定子绕组接至三相对称电源时,绕组中就有三相对称电流 i_A、i_B、i_C通过。图5.5.7为三相对称电流的波形图。下面分析三相交流电流在定子内共同产生的磁场在一个周期内的变化情况。

当 $\omega t=0$ 时,$i_A=0$,$i_B=-\frac{\sqrt{3}}{2}I_m<0$,

图 5.5.7 三相对称电流波形图

$i_C=\frac{\sqrt{3}}{2}I_m>0$。此时,U 相绕组电流为 0;V 相绕组电流为负值,i_B的实际方向与参考方向相反;W 相绕组电流为正值,i_C的实际方向与参考方向相同。按右手螺旋定则可得到各个导体中电流所产生的合成磁场如图5.5.8(a)所示,是一个具有两个磁极的磁场。电动机磁场的磁极数常用磁极对数 P 来表示,例如,上述两个磁极称为一对磁极,用 $P=1$ 表示。

当 $\omega t=60°$ 时, $i_A=\frac{\sqrt{3}}{2}I_m>0$, $i_B=-\frac{\sqrt{3}}{2}I_m<0$, $i_C=0$, 此时的合成磁场如图 5.5.8 (b)所示,也是一个两极磁场。但这个两极磁场的空间位置和 $\omega t=0$ 时相比,已按顺时针方向转了 60°。图 5.5.8(c)和图 5.5.8(d)中,还画出了当 $\omega t=120°$ 和 $\omega t=180°$ 时合成磁场的空间位置。可以看出,其位置已分别按顺时针方向转了 120°和 180°。

按上面的分析,可以证明:当三相电流不断地随时间变化时,所建立的合成磁场也不断地在空间旋转。

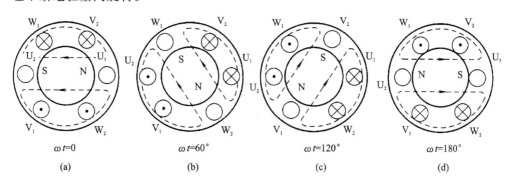

$\omega t=0$ $\omega t=60°$ $\omega t=120°$ $\omega t=180°$

(a)   (b)   (c)   (d)

图 5.5.8 两极旋转磁场

由此可以得出结论:三相正弦交流电流通过电机的三相对称绕组,在电动机中所建立的合成磁场是一个旋转磁场。

从图 5.5.8 的分析中可以看出,旋转磁场的旋转方向是 $U_1 \rightarrow V_1 \rightarrow W_1$(顺时针方向),即与接入三相绕组的三相电流相序 $i_A \rightarrow i_B \rightarrow i_C$ 是一致的。

如果把三相绕组接至电源的 3 根引线中的任意两根对调,例如把 i_A 接入 V 相绕组, i_B 接入 U 相绕组, i_C 仍然接入 W 相绕组。利用与图 5.5.8 同样的分析方法,可以得到此时旋转磁场的旋转方向将会是 $U_1 \rightarrow W_1 \rightarrow V_1$,旋转磁场按逆时针方向旋转。

由此可以得出结论:旋转磁场的旋转方向与三相电流的相序一致。要改变电动机的旋转方向只需改变三相电流的相序。实际上只要把电动机与电源的 3 根连接线中的任意两根对调,电动机的转向便与原来相反了。

对图 5.5.8 作进一步的分析,还可以证明在磁极对数 $P=1$ 的情况下,三相定子电流变化一个周期,所产生的合成磁场在空间也旋转一周。而当电源频率为 f 时,对应的磁场每分钟旋转 $60f$ 转,即转速 $n_1=60f$。当电动机的合成磁场具有 P 对磁极时,三相定子绕组电流变化一个周期所产生的合成磁场在空间转过一对磁极的角度,即 $1/p$ 周,因此合成磁场的转速为

$$n_1 = 60f/p \qquad (5.5.1)$$

式中, n_1 称为同步转速,其单位为 r/min(转/分)。

我国交流电源频率为 $f=50\,Hz$,故当电动机磁极对数 P 分别为 1、2、3、4 时,相

应的同步转速 n_1 分别为 $3\,000\,\text{r/min}$、$1\,500\,\text{r/min}$、$1\,000\,\text{r/min}$ 和 $750\,\text{r/min}$。

5.5.3　电动机的工作原理

图 5.5.9 为三相异步电动机工作原理示意图。当三相定子绕组接至三相电源后,三相绕组内将流过三相电流并在电动机内建立旋转磁场。当 $P=1$ 时,图 5.5.9 中用一对旋转的磁铁来模拟该旋转磁场,并以恒定转速 n_1 顺时针方向旋转。

在该旋转磁场的作用下,转子导体逆时针方向切割磁通而产生感应电动势。根据右手定则可知,在 N 极下的转子导体的感应电动势的方向是向外的,而在 S 极下的转子导体的感应电动势方向是向内的。因为转子绕组是短接的,所以在感应电动势的作用下,产生感应电流,即转子电流。也就是说,异步电动机的转子电流是由电磁感应产生的,因此,这种电动机又称为感应电动机。

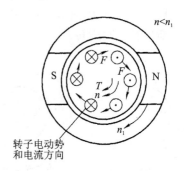

转子电动势和电流方向

图 5.5.9　异步电动机工作原理示意图

根据安培定律,载流导体与磁场会相互作用而产生电磁力 F,其方向按左手定则决定。各个载流导体在旋转磁场作用下受到的电磁力对于转子转轴所形成的转矩称为电磁转矩 T,在其作用下,电动机转子转动起来。从图 5.5.9 可见,转子导体所受电磁力形成的电磁转矩与旋转磁场的转向一致,故转子旋转的方向与旋转磁场的方向相同。

但是,电动机转子的转速 n 必定低于旋转磁场转速 n_1。如果转子转速达到 n_1,那么转子与旋转磁场之间就没有相对运动,转子导体将不切割磁通,转子导体中不会产生感应电动势和转子电流,也不可能产生电磁转矩,因此电动机转子不可能维持在转速 n_1 状态下运行。可见,异步电动机只有在转子转速 n 低于同步转速 n_1 的情况下,才能产生电磁转矩来驱动负载,维持稳定运行。因此,这种电动机称为异步电动机。

异步电动机的转子转速 n 与旋转磁场的同步转速 n_1 之差是保证异步电动机工作的必要因素。这两个转速之差称为转差,用 Δn 表示,即

$$\Delta n = n_1 - n \tag{5.5.2}$$

转差与同步转速之比称为转差率,用 s 表示,即

$$s = \frac{\Delta n}{n_1} = \frac{n_1 - n}{n_1} \tag{5.5.3}$$

由于异步电动机的转速 $n < n_1$,且 $n > 0$,故转差率在 $0 \sim 1$ 的范围内,即 $0 < s < 1$。对于常用的异步电动机,在额定负载时的额定转速 n_N 很接近同步转速,因此其额定转差率 s_N 很小,约 $0.01 \sim 0.07$,有时也用百分数表示。

5.5.4　电动机铭牌

在生产过程中要使用好三相异步电动机,首先必须了解它的铭牌。每台电动机

的外壳上都有一块铭牌,上面注明这一台电动机的基本性能数据,以便按照这些额定数据正确使用,如图 5.5.10 所示。

图 5.5.10　三相异步电动机铭牌示意图

铭牌上的各项内容含义如下。

① 型号:是电机类型、规格的代号。国产异步电动机的型号由汉语拼音字母以及国际通用符号和阿拉伯数字组成。如

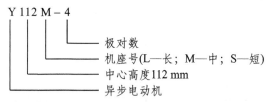

② 电压:电动机定子绕组按其连接方式而应加的额定线电压。

③ 电流:电动机在额定电压下满载运行时定子绕组中的线电流。

④ 功率:在额定运行情况下,电动机轴上输出的机械功率。

⑤ 转速:在额定频率、额定电压和额定输出功率时,电动机每分钟的转数。

⑥ 接法:三相异步电动机定子绕组的连接方式,电源电压为 380 V,电动机应接成三角形。

⑦ 温升和绝缘等级:运行时,电动机温度高出环境温度的容许值叫做允许温升。环境温度规定为 40℃,因此温升为 65℃的电动机最高允许温度为 105℃。允许温升的高低,与电动机所采用的绝缘材料的耐热性能有关。如

绝缘级别	A	E	B	F	H
最高允许温度/℃	105	120	130	155	180

⑧ 工作方式:异步电动机的工作方式可分为三种:连续工作方式用 S1 表示;短时工作方式用 S2 表示;断续工作方式用 S3 表示。

⑨ 防护等级:是指外壳防护型式的分级。如:IP44,IP 表示外壳防护符合,第三位 4 表示防护大于 1 mm 的固体,第四位 4 表示防溅型。

143

5.6　可编程控制器及其应用

可编程控制器(简称PLC)是20世纪70年代发展起来的新一代工业自动化控制装置。它克服了传统的继电—接触器控制系统故障率高、接线复杂、通用性低、灵活性差等缺点,把自动化技术、计算机技术、通信技术融为一体,不仅能实现各种自动控制,而且具有算术逻辑运算、数据处理、联网通信等功能,在现代工业中的应用越来越广泛。

5.6.1　PLC 的结构及工作原理

可编程控制器实际上就是一种工业控制专用计算机,是由硬件和软件两大部分组成的。

1. PLC 的硬件

PLC的硬件包括主机、I/O扩展机和外围设备三大部分,如图5.6.1所示。主机由中央处理器CPU、存储器、输入/输出接口、电源等组成。

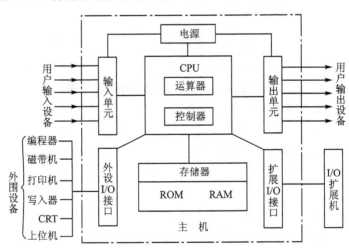

图 5.6.1　PLC 硬件结构框图

① CPU是PLC的运算、控制中心,类似于人体的中枢神经。用来实现逻辑运算、算术运算,并对整机进行协调、管理控制,依据系统程序赋予的功能完成各项任务。

② 存储器是存储程序和数据的物理实体,有两种形式,一种是可进行读/写操作的随机存储器RAM;另一种是只读存储器ROM、PROM、EPROM、EEPROM等。存储器用作存放PLC的系统程序、用户程序、逻辑变量、输入/输出状态映像以及各种数据信息。

③ 输入/输出(I/O)接口包括输入/输出单元、外设 I/O 接口和扩展 I/O 接口,其中输入/输出单元是 PLC 的重要特征,是 PLC 与工业现场被控对象(机械设备、生产过程)联系的桥梁。I/O 单元有数字量和模拟量两种形式。外设 I/O 接口和扩展 I/O 接口也称为通信接口,实现与编程器、打印机、计算机、PLC 扩展机的连接和通信要求。

④ 电源是整机工作的能源供给中心。有外部电源、内部电源和备用电池之分。

⑤ 编程器是 PLC 最主要的外围设备之一,用于输入、编辑、调试用户程序,也可以对 PLC 的运行状态、参数进行监视。有简易型和智能型两类。

2. PLC 的软件

PLC 的软件是指 PLC 工作所使用的各种程序的集合,它包括系统程序和用户程序两大部分。

系统程序是由 PLC 生产厂家编制,用来管理、协调 PLC 的各部分工作,充分发挥 PLC 硬件功能,方便用户使用的通用程序,一般包括管理程序(含自诊断程序)、用户指令解释程序和标准程序模块等。

用户程序是用户根据不同控制要求,利用 PLC 编程语言编制的控制程序。该程序通过编程器送入 PLC 内部存储器中。

3. PLC 的工作原理

PLC 工作方式是循环扫描、顺序执行。所谓扫描,就是依次对各种规定的操作项目全部进行访问和处理。在 PLC 运行时,有众多操作需要执行,但 PLC 每一时刻只能执行一个操作,而不能同时执行多个操作,因此,PLC 按程序规定的顺序依次执行各个操作,而且是周而复始无限循环地进行。PLC 整个扫描过程如图 5.6.2 所示。

内部处理是指 PLC 对 CPU、存储器、I/O 模块等硬件进行故障诊断并进行处理。

通信服务是 PLC 扫描其外设接口,实现与编程器、计算机等的通信。

图 5.6.2　扫描过程示意图

在 PLC 处于 STOP 状态时,扫描过程只包括内部处理和通信服务两个阶段。当 PLC 处于 RUN 状态时,扫描过程除内部处理、通信服务外,还要完成执行程序的三个阶段,即输入采样阶段、程序执行阶段和输出刷新阶段,其工作过程如图 5.6.3 所示。

① 输入采样阶段:PLC 扫描采集各输入端的状态,并存入输入映像寄存器,此时输入映像寄存器被刷新,接着转入程序执行阶段。在程序执行阶段和输出刷新阶段,即使输入状态发生变化,输入映像寄存器的状态也不会改变,而只有等到下一个扫描周期的输入采样阶段才被采集。

② 程序执行阶段:PLC 对用户程序按顺序逐个扫描、执行。若用户程序用梯形图来表示,则总是按先左后右、从上到下的顺序进行,或按程序要求跳转。当指令涉及到输入/输出状态时,PLC 从输入映像寄存器和元件映像寄存器中读取数据,根据用户程

电工电子实训教程

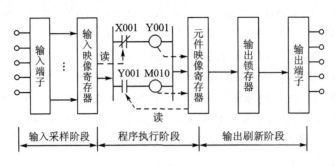

图 5.6.3　PLC 执行程序的过程

序进行运算,运算结果存入元件映像寄存器中。对于元件映像寄存器来说,其内容会随程序执行的过程而变化。

③ 输出刷新阶段:在所有指令执行完毕后,将元件映像寄存器所有输出继电器的状态转存到输出锁存器中,通过一定方式输出,驱动外部负载。

由上可知,PLC 的扫描工作方式,实现了集中采样与集中输出,从而保证程序执行时状态的相对稳定,提高系统的抗干扰能力,系统可靠性增强。但是,在一定程度上降低了系统的响应速度。

5.6.2　PLC 的主要技术性能指标、功能和特点

1. PLC 的主要技术性能指标

技术性能指标是选用 PLC 的依据,常用的有:

① I/O 规范。包括下列几方面。

(a) I/O 点数:如 20 点、40 点以至几百点、上千点等,这是选用 PLC 的重要指标之一。

(b) I/O 工作方式:分开关量、模拟量(带有模拟 I/O 模块)、特殊 I/O 方式(带有特殊模块,如高速计数模块、温度 PID 模块等)。

在开关量方式下,输入有 DC 24 V、AC 110 V 等,输出有继电器(AC 220 V/DC 24 V)、晶体管(5~24 V)和晶闸管(AC 85~250 V)等。I/O 规范还有负载电流大小、延迟时间等。

② 用户存储器容量:程序指令按步存储,每步占一个地址单元,一个地址单元占一个字(16 位二进制数等于 2 字节,即 1 字节=8 位),每条指令可分一步或几步。存储器容量也称编程容量。地址用 nK 表示,1K 地址表示 2048 字节。

③ 指令条数:分基本指令与高级指令,指令条数越多,功能越强。扩展模块越多,指令条数也越多。

④ 运行速度(或称扫描速度):通常给出基本指令平均运行速度(μs/步)。高级指令分若干步,运行时间也大大增加。

⑤ 编程元件的种类及数量:编程元件主要有输入继电器、输出继电器、辅助继

电器、保持继电器、暂存继电器、特殊继电器、定时器、计数器等，均为内部"软"继电器，具有继电器的功能(线圈有电时，常开触点闭合，常闭触点断开)，而没有继电器的实体，只是一些固定的存储单元而已，其触点数量不受限制。编程元件越多机器功能越强，指令条数也越多。各种不同机型的编程元件也不同，现将 FP1‑C24 型和 SYSMAC‑C20P 型 PLC 的编程元件列于表 5.6.1 和表 5.6.2 中，供读者参考。

表 5.6.1　FP1‑C24 型 PLC 编程元件

元件名称	符　号	编程范围	功能说明
输入继电器	X	X0～XF 共 16 点	接收外部输入信号
输出继电器	Y	Y0～Y7 共 8 点	向外部输出程序执行结果
辅助继电器	R	R0～R62F 共 1008 点*	在程序内部使用，不向外部输出
定时器	T	T0～T99 共 100 点	定时继电器，在程序内部使用
计数器	C	C100～C143 共 44 点	减法计数继电器，程序内部使用
通用字寄存器	WR	WR0～WR62 共 63 个	每个 WR 由 16 个辅助继电器 R 组成

注：* R0～R62F 中前两位是十进制通道号，"0～F"为每通道中有 16 位继电器。

表 5.6.2　SYSMAC‑C20 P 型 PLC 的编程元件

元件名称	符　号	编程范围	功能说明
输入继电器	I	0000～0011，共 12 点	接收外部输入信号(有外部接线端)
输出继电器	O	0500～0507，共 8 点	向外部输出程序执行结果
内部辅助继电器	R	1000～1807，共 136 个	程序内部使用，不向外部输出
保持继电器	HR	HR000～HR915，共 160 个	程序内使用，失电时内容可保持
暂存继电器	TR	TR0～TR7，共 8 个	程序中暂时存放中间结果
特殊继电器	R	1808～1907，共 16 个	内部专用辅助继电器
定时器/计数器	TIM/CNT	00～47，共 48 个通道 $K=0000～9999$	定时和记数共用 00～47，同一编号既可作 TIM，也可作 CNT，但不能同时用一个
数据存储器	DM	DM00～DM63，共 64 个	每个 DM 为 16 位，DM32～DM63 在高速计数时作为上、下限设定值

注：表中 4 位数字前两位是通道号，后两位是该通道内继电器位号。

　　⑥ 自诊断功能：检查机器中各种故障，如 CPU 故障、电池异常、存储器异常、I/O 总线故障及指令错误等。

　　⑦ 电池寿命及电源供应等。

2. PLC 的主要功能

　　随着技术发展 PLC 功能越来越多，每种特殊功能均做成模块，可方便地与 PLC 主机对接，组成功能强大的工业控制系统工作站。常用功能有：开关逻辑控制(这是最基本的)、定时/计数控制、步进控制、数据处理、过程控制、运动控制、通信联网以及人工智能等。

3. PLC 的特点

　　PLC 的主要特点有：

　　➢ 抗干扰能力强。输入、输出都带有隔离电路，使内部与外部不直接发生电路联系,因而工作可靠性高。

> 编程简单直观,使用方便。采用梯形图语言,类似于继电器控制电路,便于掌握。
> 功能齐全,扩展方便灵活,便于系统改装和更新。
> 体积小,质量轻,功耗低。大大减少设备占地和能源供应,提高经济效益。

5.6.3　PLC 的指令系统与程序编制

1. PLC 的编程语言与指令系统

　　PLC 是为了用电子器件代替复杂的继电器控制系统而产生的电子逻辑装置,因此,其编程方法也采用了继电器电路的梯形结构,这就是常用的梯形图语言。为了便于书写和记忆,又使用了布尔代数(即逻辑代数)的一些符号作为指令助记符,以文字形式来解释梯形图,便于计算机识别,称为指令语句表语言。近年来,由于将 PLC 与微型计算机连接,又发展了 BASIC 或 PASCAL 等高级语言与梯形图混合使用的编程语言。各厂家产品采用的语言和指令符号不尽相同,但梯形图语言所用指令不外乎基本梯指令和增强梯指令两大类,前者是各类机器必须具备的,后者则视外接模块多少及功能强弱而定。现将 PLC 指令集分类列于表 5.6.3。

表 5.6.3　PLC 指令集分类

基本梯指令(低级语言)	基本梯指令(高级语言)	基本梯指令(低级语言)	基本梯指令(高级语言)
基本继电器触点(常开和常闭)	双精度运算	程序结束[END,(MCR)]	循环移位寄存器
基本继电器输出(线圈)	平方根	加法(ADD)	诊断块
定时器	排序	减法(SUB)算术运算	块传送(IN/OUT)
计数器	移动寄存器(块移动)	乘法(MUL)	定序器
锁存	向表中移寄存器	除法(DIV)	PID
转移(GO TO)	堆栈传递(FIFO)	比较(CMP)	网络
主控制继电器(MCR)	移位寄存器	转子程序(GOSUB)	逻辑矩阵

　　指令语句表语言使用的是布尔助记符,典型的布尔助记符指令及其相应的梯形图指令列于表 5.6.4 中,注意表中所用符号对不同型号产品(不同厂家制造)有所不同,应根据具体产品技术说明书使用。

表 5.6.4　典型布尔助记符指令及其梯形图

指　令	功　能	梯形图	说　明
LD(STR)	装入(开始)	——┤├——	启动常开触点(NO)
LD(STR)NOT	装入非(不开始)	——┤/├——	启动常闭触点(NC)

指　令	功　能	梯形图	说　明
AND	与	┤├	串联常开触点(NO)
AND NOT	与非	┤╱├	串联常闭触点(NC)
OR	或	┤├	并联常开触点
OR NOT	或非	┤╱├	并联常闭触点
OUT	给线圈加电压	○	用输出线测结束指令
OUT NOT	去掉线圈电压	⊘	输出线圈结束指令
OUT CR	始内部线圈加电压	○	用内部输出结束指令
OUT L	占用输出线圈	(L)	用占据输出结束指令
OUT U	解除输出线圈	(U)	用解除输出结束指令
TIM	定时器	○TON	用定时器结束指令
CNT	计数器	○CTU/CTD	用计数器结束指令
ADD	加法	(+)	加法运算结束指令
SUB	减法	(−)	减法运算结束指令
MUL	乘法	(×)	乘法运算结束指令
DIV	除法	(÷)	除法运算结束指令
CMP	比较	○CMP	用比较功能结束指令
JMP	跳转	○JMP	用跳转功能结束指令
MCR	主控继电器	○MCR	用 MCR 输出结束指令
END	结束 MCR	○END	用控制中止功能结束指令
ENT	为寄存器输入值	无	用于给寄存器预置输入值

　　为读者使用方便,现将 FP1 - C24 型 PLC 及 OMRON 公司的 SYSMAC - C20P 型 PLC 的常用指令列于表 5.6.5 及表 5.6.6。

电工电子实训教程

150

表 5.6.5 FP1 - C24 型 PLC 常用指令

指　令	梯形图	编程元件	功能及说明
起始指令 ST	┤├ X0	X,Y,R,T,C	接收输入信号,使常开触点 X0 闭合
起始反指令 ST/	┤/├ X1	X,Y,R,T,C	接收输入信号,使常闭触点 X1 断开
输出指令 OT	─(Y0)	Y,R	将程序结果输出给 Y0 线圈
反指令　/	─/─(Y1)	Y,R	将程序结果取反输出给 Y1 线圈
串联(与)指令 AN	┤├ X0 ┤├ X1	X,Y,R,T,C	将常开触点 X1 与 X0 串联,可多个触点串联
串联反指令 AN/	┤├ X0 ┤/├ X1	X,Y,R,T,C	将常闭触点 X1 与 X0 串联,可串多个
并联(或)指令 OR	X0 / X1	X,Y,R,T,C	将常开触点 X1 与 X0 并联,可多次并联
并联反指令 OR/	X0 / X1	X,Y,R,T,C	将常闭触点 X1 与 X0 并联,可多次并联
块串联指令 ANS	X0 X2 / X1 X3 块1 块2	无	将 X0 与 X1 并联的指令块 1 与 X2 和 X3 并联的指令块 2 再串联起来
块并联指令 ORS	块1 X0 X1 / 块2 X2 X3	无	将 X0 与 X1 串联的指令块 1 和 X2 与 X3 串联的指令块 2 并联起来
定时器指令 TM	⌈ TMX K ⌉ 1	T0~T99 (每个元件只用 1 次)	有 3 种。TMR:单位为 0.01s,TMX:单位为 0.1s,TMY:单位为 1s,K 值范围:0~32767
计数器指令 CT	C ⌈ CT K ⌉ R 100	C100~C143 (每个元件只用 1 次)	递减计数,C 为计数脉冲端,R 为复位端,任意时被复位,K 值范围:0~32 767

续表 5.6.5

指　令	梯形图	编程元件	功能及说明
PSHS 堆栈指令 RDS POPS	X0　X1 PSHS X2 RDS X3 POPS	无	PSHS：压入堆栈 RDS：读出堆栈 POPS：弹出堆栈 从 PSHS 到 POPS 各出现一次为一组（不能单独使用，RDS 在二者之间可重复使用
微分指令 DP DF/	X0 (DF) Y0 X1 (DF/) Y1	无	DF：X0 上升沿接通 Y0 扫除一个周期 DF/：X1 下降沿接通 Y1 扫除一个周期
复位指令 SET 复位指令 RST	X0 Y0 S X1 Y0 R	Y,R	X0 闭合时，Y0 接通并保持 X1 闭合时，Y0 断开并保持
保持指令 KP	S KP Y0 R	Y,R	S 为置位端，R 为复位数 当 S 被触发时，Y0 接通一直保持到 R 被触发
空操作指令 NOP	R1 · NOP Y0	无	NOP 不作任何操作，R1 闭合 Y0 接通
移位指令 SR	IN C SR WR0 CLR	WR WR0～WR62	字寄存器 WR 内数据移位（左移） IN：数据输入端；C：移位脉冲输入端；CLR：复位端
跳转指令 JP LBL	X1 JP2 (LBL2)	无	X1 闭合时由 JP2 处跳到 LBL2 处运行， JP：跳转指令；LBL：跳转标号
主控继电器指令 MC MCE	X1 (MC0) (MCE0)	无	MC：主控继电器，MCE：主控继电器结束。 当 X0 闭合时，执行 MC0～MCE0 之间的程序段
程序结束指令 ED	(ED)	无	总程序结束

电工电子实训教程

152

表 5.6.6　SYSMAC-C20P 型 PLC 常用指令

指　令	梯形图	编程元件	功能及说明
起始(装入)指令 LD	⊢⊣⊢ 0000 …	I,O,R,HR,T/C	接收输入信号,使地址为 0000 的触点闭合
起始反指令 LD-NOT	⊢⊣/⊢ 0001 …	I,O,R,HR,T/C	接收输入信号使常闭触点 0001 断开
输出指令 OUT	… ─(0501)─┤	O,R,TR,HR	将程序结果输出到 0501 线圈,使之通电
串联(与)指令 AND	0000　0002 ⊢⊣⊢⊣⊢ …	I,O,R,HR,T/C	将两个常开触点串联,或多个串联
串联反指令 AND-NOT	0000　0003 ⊢⊣⊢⊣/⊢	I,O,R,HR,T/C	串联常闭触点
并联(或)指令 OR	0001 / 0002	I,O,R,H,T/C	将两个常开触点并联
并联反指令 OR-NOT	0001 / 0003	I,O,R,H,T/C	并联常闭触点
程序结束指令 END	无	无	每个程序结束必须有 END,否则将出错
块串指令 AND-LD	① 0000　② 0001 / 0002　0003	无	将①和②两个程序段(块)串联起来
块并指令 OR-LD	① 0000　0001 / ② 0002　0003	无	将①和②两个程序段(块)并联起来
互锁指令 IL(02) 和清除互锁指令 ILC(02)	IL(02)　0003 0002　0004 0005 ILC(02)	无	IL(02)和 ILC(02)配合使用,当不满足 IL(02)的条件(0002 闭合)时,在 IL(02)与 ILC(02)之间的所有输出线圈均无电(OFF)或复位,或状态不变

电工电子实训教程

指　令	梯形图	编程元件	功能及说明
暂存继电器指令 OUT TR0 - TR7	TR0　TR1 0002　0003　0001 0004 0005	TR0～TR7	将 0002 状态暂存于 TR0 中,将 0003 状态暂存于 TR1 中,在 0005 前用 LD TR0 取出 0002,在 0004 前用 LD TR1 取出 0003
跳转指令 JMP(04) 跳转结束指令 JME(05)	JMP(04) 0002 JME(05)	无	满足条件(0002 闭合),则 JMP 和 JME 不起作用;不满足条件,则跳过 JMP 与 JME 之间的程序
锁存指令 KEEP(11)	0001 S KEEP 0500 0003 R	O,R:0500～1807 HR:000～915	S 为置 1 端,R 为置 0 端,在 S 到 R 之间 0500 保持其状态
定时器指令 TIM 高速定时器指令 TIMH	0002 TIM 00 #0150 或 CH01	TIM00～47 设置值, 常数、R00～17 和 HR0～9	TIM 单位 1s,TIMH 单位 0.01s,范围:0～9999 或用 R,HR 通道作设置值,扫描周期大于 10 ms 时用 1902 与 CNT 组成定时器,单位为 1s
计数器指令 CNT	CP CNT 10 R #0110 或 CH02	CNT00～47 设置值:常数或 R,HR	作减 1 计数,CP 为计数脉冲,R 为清 0 及复位端,设置值:常数 0～9999
可逆计数器指令 CNTR 注:TIM,CNT, CNTR 三者不能用同一编程元件	U ACP CNTR D SCP 10 R R #0300 或 CH03	CNTR00～47 设置值:常数、R、HR	在 UP 信号(U)作用下作加 1 计数,在 DOWN 信号(D)作用下作减 1 计数,Reset 信号(R)为复位置 0 信号,计数器在设置值时线圈 ON,此时加 1,则变为 0000;再减 1,又回到设置值

153

指　令	梯形图	编程元件	功能及说明
微分指令 DIFU(13) DIFD(14)		0500～1807 000～915	前沿微分 DIFU（13），在 0002 前沿使 1000 输出 ON 一个扫描周期。 后沿数分 DIFD（14）：在 0002 后沿使 1001 输出 ON 一个扫描周期
比较指令 CMP(20)		常数,I/O：00～17 SAR：18～19 HR：0～9 TIM/CNT：00～47 DM：00～63	CMP(20)后应跟 K_1（比较器）和 K_2（被比较数），K_2 只能用通道，比较结果通过专用辅助继电器 1905～1907 指示大于（＞），等于（＝），小于（＜）
移位寄存器指令 SFT(10)		O,R：05～17 HR：0～9	Data IN：数据输入 Clock IN：时钟脉冲输入 Reset IN：复位输入 输出：0500～0515 可按位输出 多于 16 位的数可将几个通道串联起来
传送指令 MOV(21) MVN(22)		源通道：I/O 00～17 SAR：18～19 HR：0～9 TIM/CNT：00～47 DM：00～63 常数：0000～FFFF 目的通道 I/O：05～17 DH：00～31	MOV(21)：将源通道中的数或常数传送到目的通道中去 MVN(22)：将源通道值求反后传送到目的通道中去

还有一些指令,如 ADD、SUB、FUN98、WSFT、BIN、BCD、DMPX、MLPX、STC 和 CLC 等,不一一列出,读者可参阅有关资料。指令的具体用法将通过例题说明。

2. PLC 的编程原则与编程方法

(1) 编程原则

编制 PLC 程序应注意下列原则:

① PLC 的编程元件(继电器及定时器/计数器等)的触点可无限次使用(即一个继电器有无限多对常开或常闭触点)。

② 梯形图的每一梯级都起始于左母线,终止于右母线,但两母线并不接电源,也无实际(物理)电流,只有"概念电流"。右母线有时可省略不画。

③ 触点只能从左母线开始,接在线圈左边,不允许接在右母线上或线圈右边。线圈不允许接在左母线上,只能接在右母线上。

④ 程序应遵循"自上而下,自左至右"的工作顺序,这也是 CPU 扫描的顺序,否则可能丢失信号或引起操作混乱。同时应尽量做到"上重下轻,左重右轻",以便于编写指令语句表。

⑤ 梯形图中应避免将触点画在垂直线上形成桥式梯形图,否则将无法编写指令语句表。

⑥ 同一继电器线圈在程序中不能重复使用,否则将造成误操作。

⑦ PLC 的外部接线,以异步电动机直接起动控制电路为例,接线图如图 5.6.4 所示。

图 5.6.4 中,输入按钮使用 PLC 内部提供的直流 24 V 电源,输出端则经过外部交流电源向接触器线圈供电,热继电器是主电路中电器,其触点只能在外部与接触器线圈串联。X1 和 X2 为 PLC 外接信号输入端,Y1 为外接输出信号端,COM 为公共信号接地端。实际设备上还有专用接地端与"大地"相接,以防止干扰。图 5.6.4(a)和(b)所示电路均能实现启动与停车,但图 5.6.4(a)所示电路中,停止按钮 SB$_1$ 是常闭型,梯形图中 X1 则用常开触点,平时 SB$_1$ 闭合,则 X1 也闭合。若按下 SB$_1$,则 X1 断开,实现停车。图 5.6.4(b)中所示电路中 SB$_1$ 也用常开型,而梯形图中 X1 则用常闭触点。平时若 SB$_1$ 断开,则 X1 闭合,按下 SB$_1$,则 X1 断开,实现停车。为了节省电源消耗,且使梯形图更接近于实际继电接触器控制电路形式,一般尽可能采用图(b)所示形式,即常闭按钮用常开按钮代替。

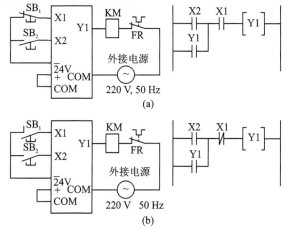

图 5.6.4 PLC 实际应用图

(2) 编程方法

① 根据实际控制要求选定 PLC 的 I/O 点数,并根据控制过程的顺序,将各 I/O 点分配给各输入和输出设备,列表以作备忘。

② 根据控制要求按"自左至右,自上而下"的原则画出梯形图,并反复检查核对是否满足控制要求。

③ 根据梯形图写出指令语句表。指令语句表的第一列为指令地址码,第二列为指令名,第三列为指令操作数据。必要时可加第四列注释,但不影响机器的操作和运算。

第6章 单片机技术与电路制作

6.1 AT89S51型单片机介绍

AT89S51是一款低功耗、高性能CMOS 8位单片机,片内含4 KB可反复擦写1 000次的Flash只读程序存储器,器件采用ATMEL公司的高密度、非易失性存储技术制造,兼容标准MCS‐51指令系统及80C51引脚结构,芯片内集成了通用8位中央处理器和ISP Flash存储单元。

AT89S51具有如下特点:40个引脚,4 KB Flash片内程序存储器,128 B的随机存取数据存储器(RAM),32个外部双向输入/输出(I/O)口,5个中断优先级2层中断嵌套中断,2个16位可编程定时计数器,2个全双工串行通信口,看门狗(WDT)电路,片内时钟振荡器。

图6.1.1为AT89S51单片机引脚图。

(1) V_{CC}:供电电压。

(2) GND:接地。

(3) P0口:P0口为一个8位漏级开路双向I/O口,每脚可吸收8TTL门电流。当P1口的引脚第一次写1时,被定义为高阻输入。P0能够用于外部程序数据存储器,它可以被定义为数据/地址的第8位。在Flash编程时,P0口作为原码输入口,当Flash进行校验时,P0输出原码,此时P0外部必须被拉高。

(4) P1口:P1口是一个内部提供上拉电阻的8位双向I/O口,P1口缓冲器能接收输出4TTL门电流。P1口引脚写入1后,被内部上拉为高,可用作输入,P1口被外部下拉为低电平时,将输出电流,这是由于内部上拉的缘故。在Flash编程和校验时,P1口作为第8位地址接收。

(5) P2口:P2口为一个内部上拉电阻的8位双向I/O口,P2口缓冲器可接收输出4个TTL门电流。当P2口被写1时,其引脚被内部上拉电阻拉高,且作为输入,

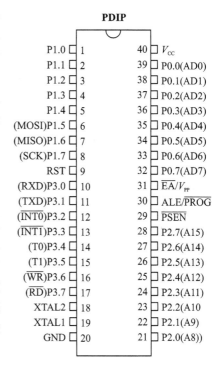

PDIP

P1.0	1	40	V_{CC}
P1.1	2	39	P0.0(AD0)
P1.2	3	38	P0.1(AD1)
P1.3	4	37	P0.2(AD2)
P1.4	5	36	P0.3(AD3)
(MOSI)P1.5	6	35	P0.4(AD4)
(MISO)P1.6	7	34	P0.5(AD5)
(SCK)P1.7	8	33	P0.6(AD6)
RST	9	32	P0.7(AD7)
(RXD)P3.0	10	31	$\overline{EA}/V_{PP}$
(TXD)P3.1	11	30	ALE/$\overline{PROG}$
($\overline{INT0}$)P3.2	12	29	$\overline{PSEN}$
($\overline{INT1}$)P3.3	13	28	P2.7(A15)
(T0)P3.4	14	27	P2.6(A14)
(T1)P3.5	15	26	P2.5(A13)
($\overline{WR}$)P3.6	16	25	P2.4(A12)
($\overline{RD}$)P3.7	17	24	P2.3(A11)
XTAL2	18	23	P2.2(A10)
XTAL1	19	22	P2.1(A9)
GND	20	21	P2.0(A8))

图6.1.1 AT89S51单片机引脚图

并因此作为输入时,P2 口的引脚被外部拉低,将输出电流。这是由于内部上拉的缘故。P2 口当用于外部程序存储器或 16 位地址外部数据存储器进行存取时,P2 口输出地址的高 8 位。在给出地址 1 时,它利用内部上拉优势,当对外部 8 位地址数据存储器进行读/写时,P2 口输出其特殊功能寄存器的内容。P2 口在 Flash 编程和校验时接收高 8 位地址信号和控制信号。

(6) P3 口:P3 口引脚是 8 个带内部上拉电阻的双向 I/O 口,可接收输出 4 个 TTL 门电流。当 P3 口写入 1 后,它们被内部上拉为高电平,并用作输入。作为输入,由于外部下拉为低电平,P3 口将输出电流(ILL)。这是由于上拉的缘故。

- P3.0:RXD(串行输入口)。
- P3.1:TXD(串行输出口)。
- P3.2:$\overline{INT0}$(外部中断 0)。
- P3.3:$\overline{INT1}$(外部中断 1)。
- P3.4:T0(记时器 0 外部输入)。
- P3.5:T1(记时器 1 外部输入)。
- P3.6:$\overline{WR}$(外部数据存储器写选通)。
- P3.7:$\overline{RD}$(外部数据存储器读选通)。
- P3 口同时为闪烁编程和编程校验接收一些控制信号。

(7) RST:复位输入。当振荡器复位器件时,要保持 RST 脚两个机器周期的高电平时间。

(8) ALE/PROG:当访问外部存储器时,地址锁存允许的输出电平用于锁存地址的地位字节。在 Flash 编程期间,此引脚用于输入编程脉冲。在平时,ALE 端以不变的频率周期输出正脉冲信号,此频率为振荡器频率的 1/6。因此它可用作对外部输出的脉冲或用于定时目的。然而要注意的是:每当用作外部数据存储器时,将跳过一个 ALE 脉冲。如想禁止 ALE 的输出可在 SFR8EH 地址上置 0。此时,ALE 只有在执行 MOVX,MOVC 指令时才起作用。另外,该引脚被略微拉高。如果微处理器在外部执行状态 ALE 禁止,置位无效。

(9) $\overline{PSEN}$:外部程序存储器的选通信号。

(10) $\overline{EA}$/VPP:当$\overline{EA}$保持低电平时,则在此期间为外部程序存储器(0000H～FFFFH),不管是否有内部程序存储器。当$\overline{EA}$端保持高电平时,此期间为内部程序存储器。在 Flash 编程期间,此引脚也用于施加 12V 编程电源(V_{PP})。

(11) XTAL1:反向振荡放大器的输入及内部时钟工作电路的输入。

(12) XTAL2:来自反向振荡器的输出。

6.2　AT89S51 单片机系统设计与相关软件的使用

6.2.1　AT89S51 单片机系统设计

单片机系统的设计包括硬件电路的设计和软件程序的编写。

硬件电路的设计首先要明确电路要求实现的功能,确定系统的总体设计方案和相应的功能模块,如单片机最小系统、数据采集、控制、人机交互接口、通信功能模块等,再根据电路功能选择合适的单片机类型,最后制作印制电路板。

软件程序的编写需根据硬件电路进行,先利用相关软件,如使用汇编语言或单片机 C 语言编写源程序,并通过调试、编译成 .HEX 文件,再把所生成的 .HEX 文件通过编程器烧写到单片机上,最后把单片机芯片装到电路板上运行。

6.2.2　Keil C 软件的使用

Keil C51 软件是众多单片机应用开发的优秀软件之一,它集编辑、编译、仿真于一体,支持汇编、PLM 语言和 C 语言的程序设计,界面友好,易学易用。下面介绍 Keil C51 软件的使用方法。

进入 Keil C51 后,界面如图 6.2.1 所示。

图 6.2.1　Keil C51 启动界面

几秒钟后出现如图 6.2.2 所示的编辑界面。

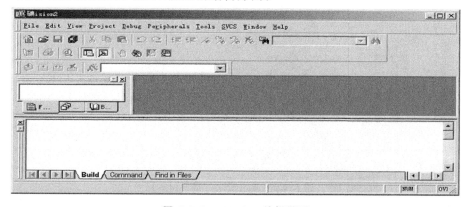

图 6.2.2　Keil C51 编辑界面

下面介绍 Keil C51 软件的基本使用和调试方法：

(1) 建立一个新工程。单击 Project 菜单，在弹出的下拉菜单中选中 New Project 选项，如图 6.2.3 所示。

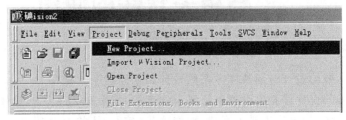

图 6.2.3　Keil C51 新建工程界面

(2) 然后选择用户要保存的路径，输入工程文件的名字，比如保存到名称为 C51 的文件夹里，工程文件的名字为 C51，如图 6.2.4 所示，然后单击"保存"按钮。

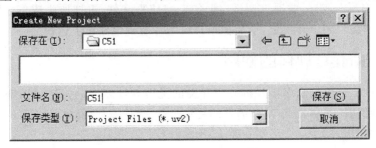

图 6.2.4　Keil C51 保存界面

(3) 这时弹出一个对话框，要求选择单片机的型号，可以根据所使用的单片机来选择。Keil C51 几乎支持所有 51 核的单片机，这里以用得比较多的 Atmel 89S51 来说明。如图 6.2.5所示，选择 AT89S51，右边栏是对该单片机的基本说明，然后单击"确定"按钮。

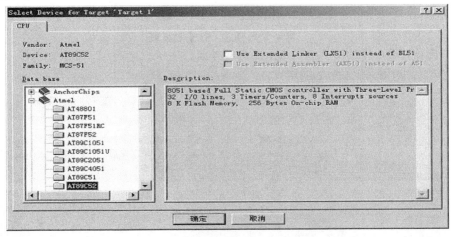

图 6.2.5　Keil C51 选择界面(a)

（4）完成上一步骤后，界面如图 6.2.6 所示。

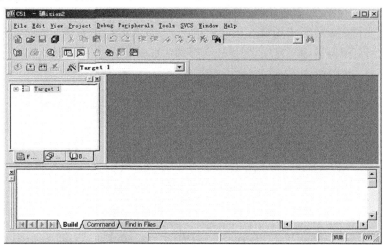

图 6.2.6　Keil C51 选择界面(b)

下面开始编写程序：

（5）在图 6.2.6 中，单击"File"菜单，再在下拉菜单中单击"New"选项，如图 6.2.7所示。

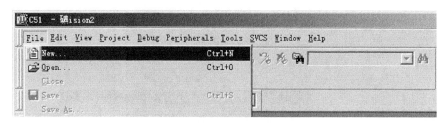

图 6.2.7　Keil C51 新建文本界面(a)

新建文件后界面如图 6.2.8 所示。

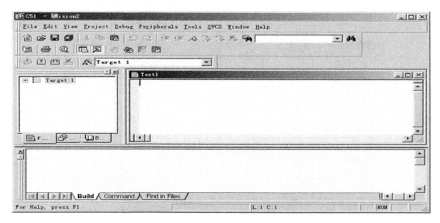

图 6.2.8　Keil C51 新建文本界面(b)

此时光标在编辑窗口里闪烁,可以输入程序了。建议首先保存该空白的文件,单击菜单上的"File",在下拉菜单中选中"Save As"选项,界面如图 6.2.9 所示。在"文件名"栏中,输入文件名,注意,必须输入正确的扩展名,如果用 C 语言编写程序,则扩展名为(.c);如果用汇编语言编写程序,则扩展名必须为(.asm)。然后,单击"保存"按钮。

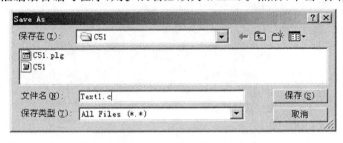

图 6.2.9　Keil C51 程序保存界面

(6) 回到编辑界面,单击"Target 1"前面的"+"号,然后右击"Source Group 1",弹出如图 6.2.10所示界面。

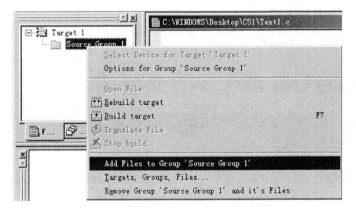

图 6.2.10　Keil C51 添加程序工作组界面(a)

选择"Add File to Group'Source Group 1'"后,界面如图 6.2.11 所示。

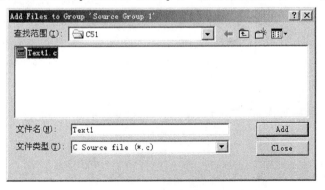

图 6.2.11　Keil C51 添加程序工作组界面(b)

选中 Test1.c,单击"Add"按钮后,界面如图 6.2.12 所示。

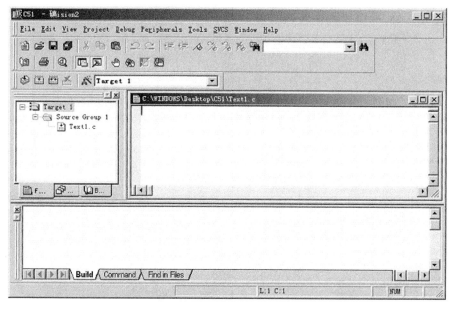

图 6.2.12　Keil C51 程序编辑界面

注意到"Source Group 1"文件夹中多了一个子项"Text1.c"。

(7) 输入程序。输入程序时,可以看到事先保存待编辑的文件的好处,即 Keil C51 会自动识别关键字,并以不同的颜色提示用户加以注意,这样会使用户少犯错误,有利于提高编程效率。程序输入完毕后,如图 6.2.13 所示。

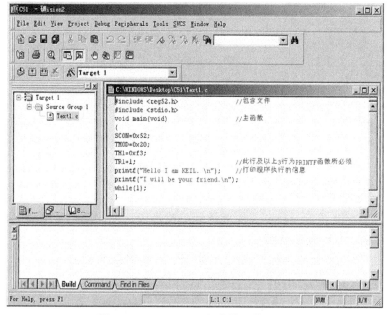

图 6.2.13　Keil C51 程序输入界面(a)

（8）程序输入后，单击"Project"菜单，在下拉菜单中选择"Built Target"选项进行程序的编译，界面如图 6.2.14 所示。

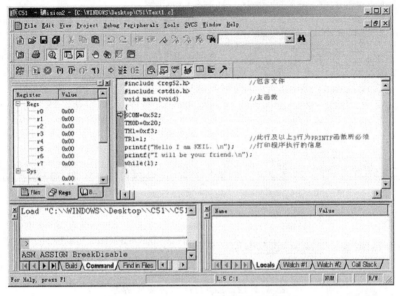

图 6.2.14　Keil C51 程序输入界面(b)

（9）单击"Project"菜单，在下拉菜单中单击"Options for Target 'Target 1'"，在出现的对话框中，单击"Output"，选择"Create HEX File"选项，使程序编译后产生 HEX 代码，供编程器使用，把.HEX 文件下载到 AT89S51 单片机中，如图 6.2.15 所示。

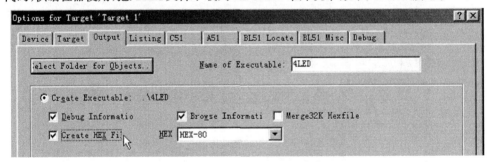

图 6.2.15　生成 HEX 文件界面

6.2.3　编程器的使用

编程器是将生成的.HEX 文件下载到单片机芯片上。编程器很多，这里选择伟纳电子的 SP200S 型编程器做介绍。

SP200S 型编程器外观如图 6.2.16 所示。其使用说明如下。

第一步：安装 USB 驱动以及 SP200S 的控制软件。

第二步：插上 USB 线，运行 SP200S 软件，软件自动搜索连接的编程器，如成功，软件正常打开主界面，如图 6.2.17 所示。

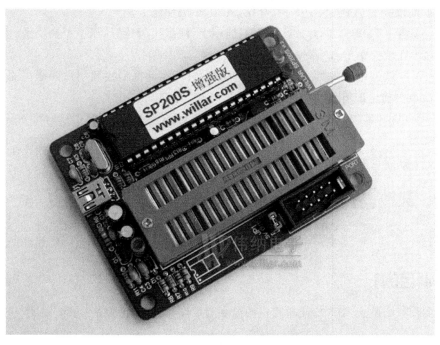

图 6.2.16　SP200S 型编程器外形图

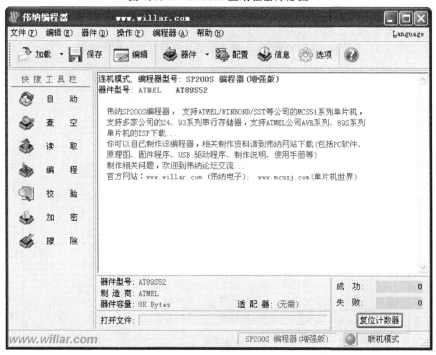

图 6.2.17　SP200S 型编程器软件操作界面

下面以烧写 AT89S51 为例,介绍 SP200S 的使用方法:

(1) 将 AT89S51 芯片放入编程器插座上,注意引脚位置,压下手柄锁紧。

(2) 在软件中单击"器件"按钮,选择型号 AT89S51。

(3) 在软件中单击"加载"按钮,在"加载文件"对话框中找到用户要烧写的文件,按默认单击确定即可。

(4) 单击"编程",弹出"编程"对话框,设置好编程选项后,单击运行即可完成芯片的烧写。

(5) 如需重新烧写程序,可以先单击"擦除",再单击"编程"。

6.3　基于 AT89S51 单片机的温度测量计和时钟的制作

【实训目的】

制作一个基于 AT89S51 单片机的温度测量计和时钟,轮流显示实时温度与时间。

【实训设备】

PC 机、编程器、常用电子装配工具、万用表、示波器及表 6.3.1 所列的电子元器件。

表 6.3.1　AT89S51 单片机的温度测量计和时钟元件表

符　号	名　称	型　号	数　量
U_1	单片机	AT89S51	1
Y	晶振	12 MHz	1
C_1	电容器	100 μF	1
C_2	电容器	10 μF	1
C_3、C_4	电容器	30 pF	2
S_1、S_2	按键开关		1
DS18B20	温度传感器		1
$D_1 \sim D_9$	发光二极管		9
$R_1 \sim R_{17}$	电阻器	100 Ω	17
R_{18}	电阻器	10 kΩ	1
R_{19}	电阻器	4.7 kΩ	1
DS_1、DS_2	4 位共阳数码管		2
J_1	插座		1
$Q_1 \sim Q_8$	三极管	9012	8

6.3.1　基于 AT89S51 温度测量计和时钟硬件电路制作

1. 系统电路原理

（1）图 6.3.1 为单片机最小系统电路原理图。单片机型号为 AT89C51。Y、C_3、C_4 构成振荡电路；C_2、R_{18} 构成复位电路；按键 S1、S2 用于调节时间的时与分；JP1 为温度传感器芯片。

（2）图 6.3.2 为单片机显示电路原理图。其中 DS2、DS3 为两个 4 位数码管（共 8 位），用于显示当前时间或温度值。Q1～Q8 为 8 位数码管的选位三极管，R_1～R_{16} 为限流电阻，J2 为电源选择开关，当 1－2 连通时，电源给发光二极管供电，做花样流水灯实训；当 2－3 连通时，电源给数码管供电，可做电子时钟或温度显示实训。

（3）上电后，单片机系统复位，单片机读取时间初始值 12－00－00，送到 8 位数码管显示，电子时钟开始工作，同时单片机一直扫描按键情况。当确认有按键按下时，单片机处理按键值，调节时间的显示。

2. 硬件电路的装配焊接

电路板的焊接，要求板面整洁、焊点光亮、均匀、牢固，不能有虚焊，参见图 6.3.3。

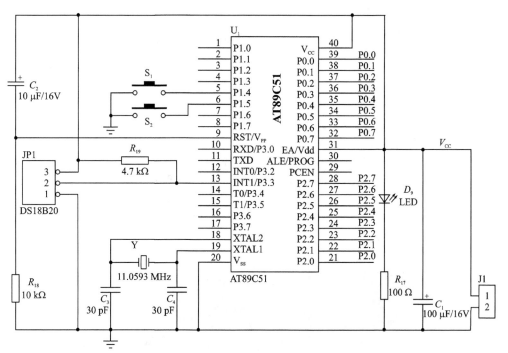

图 6.3.1　AT89C51 单片机与 DSB1820 传感器连接图

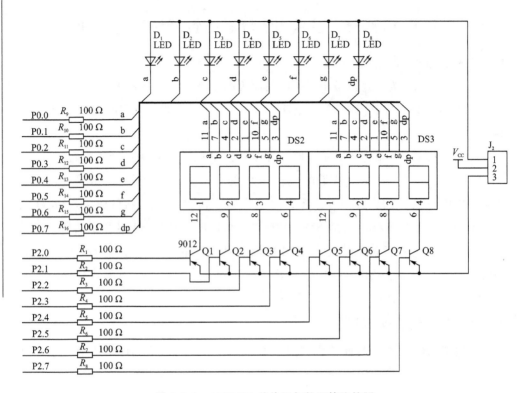

图 6.3.2　AT89C51 单片机与数码管连接图

图 6.3.3　AT89C51 单片机组装后元器件布置图

6.3.2　基于 AT89S51 温度测量计和时钟软件设计

1. 数字温度传感器 DS18B20 特点及使用方法介绍

（1）DS18B20 概述

DS18B20 数字温度计是 DALLAS 公司生产的 1－Wire，即单总线器件，具有线路简单，体积小的特点。因此，用它来组成一个测温系统，具有线路简单，在一根通信线上可以挂很多这样的数字温度计，十分方便。

（2）DS18B20 产品的特点

① 只要求一个端口即可实现通信。

② 在 DS18B20 中的每个器件上都有独一无二的序列号。

③ 实际应用中不需要外部任何元器件即可实现测温。

④ 测量温度范围在 $-55℃\sim+125℃$ 之间。

⑤ 数字温度计的分辨率用户可以从 9～12 位选择。

⑥ 内部有温度上、下限告警设置。

（3）DS18B20 引脚图（见图 6.3.4）及引脚功能介绍

1 为接地 。

2 为数字信号输入/输出，一线输出：源极开路。

3 为电源，可选电源引脚。

（4）DS18B20 的使用方法

由于 DS18B20 采用的是 1－Wire 总线协议方式，即在一根数据线实现数据的双向传输，而对 AT89S51 单片机来说，硬件上并不支持单总线协议，因此，我们必须采用软件的方法来模拟单总线的协议时序来完成对 DS18B20 芯片的访问。

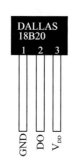

图 6.3.4　DS18B20 温度
传感器外形图

由于 DS18B20 是在一根 I/O 线上读/写数据，因此，对读/写的数据位有着严格的时序要求。DS18B20 有严格的通信协议来保证各位数据传输的正确性和完整性。该协议定义了几种信号的时序：初始化时序、读时序、写时序。所有时序都是将主机作为主设备，单总线器件作为从设备。而每一次命令和数据的传输都是从主机主动启动写时序开始，如果要求单总线器件回送数据，在进行写命令后，主机需启动读时序完成数据接收。数据和命令的传输都是低位在先。

① DS18B20 的复位时序（见图 6.3.5）

② DS18B20 的读时序（见图 6.3.6）

DS18B20 的读时序分为读 0 时序和读 1 时序两个过程，读时间隙是从主机把单总线拉低之后，在 15 s 之内就得释放单总线，以让 DS18B20 把数据传输到单总线上。DS18B20 在完成一个读时序过程，至少需要 $60\mu s$ 才能完成。

③ DS18B20 的写时序（见图 6.3.7）

初始化过程"复位和存在脉冲"(图11)

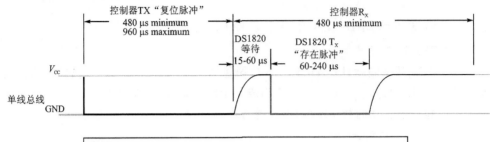

图 6.3.5　DS18B20 温度传感器复位时序

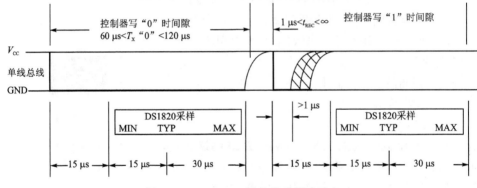

图 6.3.6　DS18B20 温度传感器读时序

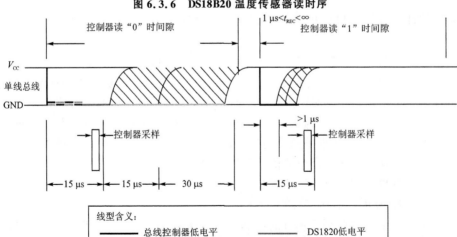

图 6.3.7　DS18B20 温度传感器写时序

DS18B20 的写时序分为写 0 时序和写 1 时序两个过程,写 0 时序和写 1 时序的要求不同,当要写 0 时序时,单总线要被拉低至少 60 μs,保证 DS18B20 能够在 15μs ~45μs 之间能够正确地采样 IO 总线上的"0"电平;当要写 1 时序时,单总线被拉低之后,在 15μs 之内就得释放单总线。

2. 程序流程图(见图 6.3.8)

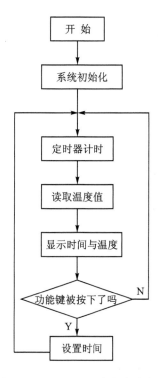

图 6.3.8　AT89C51 主程序流程图

3. 产品使用指南

(1) 数码管轮流显示时间与实时温度。

(2) 时间调整:上电后,起始时间为 12 - 00 - 00,按钮 S1 用作小时的调整,增加幅度为 1 h(小时),按钮 S2 用作分钟的调整,增加幅度为 1 min(分钟)。

6.4　AT89S52 型单片机介绍

1. 概　述

AT89S52 是一款低功耗、高性能 CMOS 的 8 位单片机,芯片采用 Atmel 公司的高密度、非易失性存储器技术制造,兼容标准的 MCS - 51 指令系统及 8051 引脚结构。AT89S52 具有:8 KB Flash,256 BRAM,32 位双向 I/O 口线,看门狗(WDT)定时器,2 个数据指针,2 个 16 位可编程定时器/计数器,1 个 6 向量 2 级中断结构,全双工串行口,片内时钟振荡器。另外,AT89S52 可降至 0 Hz 静态逻辑操作,支持 2 种软件可选择节电模式。空闲模式下,CPU 暂停工作,允许 RAM、定时器/计数器、串口、中断系统继续工作。掉电保护模式下冻结振荡器但保存 RAM 中的数据,单片机部分停止工作,直到下一个中断或硬件复位为止。

AT89S52 的工作电压是 4.5~5.5 V,时钟频率可以在 0~33 MHz 范围内选择,采用 PDIP、TQFP 和 PLCC 三种封装形式。实习采用较易焊接的 PDIP 封装形式,封装引脚分布和外形如图 6.4.1 所示。外形的封装尺寸物理参数如表 6.4.1 所列。

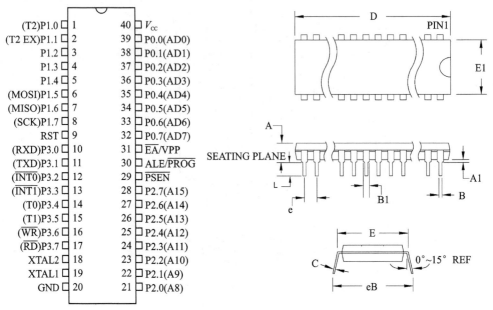

图 6.4.1　AT89S52 的 PDIP‐40 封装图

表 6.4.1　AT89S52 PDIP 封装尺寸　　　　单位:mm

符　号	最小值	最大值	符　号	最小值	最大值
A	—	4.826	B1	1.041	1.651
A1	0.381	—	L	3.048	3.556
D	52.070	52.578	C	0.203	0.381
E	15.240	15.875	eB	15.494	17.526
E1	13.462	13.970	e	2.540 典型值	
B	0.356	0.559			

2. 引脚介绍

采用 PDIP 封装的 AT89S52 有 40 个引脚,下面就对各个引脚的功能进行详细介绍。

电工电子实训教程

（1）V_{CC}：电源。

（2）GND：地。

（3）P0.0～P0.7：P0 口是一个 8 位漏极开路的双向 I/O 口。作为输出口，每位能驱动 8 个 TTL 逻辑电平。对 P0 端口写 1 时，引脚端用作高阻抗输入。当访问外部程序和数据存储器时，P0 口也被作为低 8 位地址/数据复用。在这种模式下，P0 具有内部上拉电阻。在 Flash 编程时，P0 口也用来接收指令字节；在程序校验时，输出指令字节。程序校验时，需要外部上拉电阻。

（4）P1.0～P1.7：P1 口是一个具有内部上拉电阻的 8 位双向 I/O 口。P1 输出缓冲器能驱动 4 个 TTL 逻辑电平。对 P1 端口写 1 时，内部上拉电阻把端口拉高，此时可以作为输入口使用。作为输入使用时，被外部拉低的引脚端由于内部电阻的原因，将输出电流（I_{IL}）。此外，P1.0 和 P1.2 分别作定时器/计数器 2 的外部计数输入（P1.0/T2）和时器/计数器 2 的触发输入（P1.1/T2EX），具体如表 6.4.2 所列。在 Flash 编程和校验时，P1 口接收低 8 位地址字节。

173

表 6.4.2　P1 口引脚端第二功能

引脚端	第二功能
P1.0	T2(定时器/计数器 T2 的外部计数输入)，时钟输出
P1.1	T2EX(定时器/计数器 T2 的捕捉/重载触发信号和方向控制)
P1.5	MOSI(在系统编程用)
P1.6	MISO(在系统编程用)
P1.7	SCK(在系统编程用)

（5）P2.0～P2.7：P2 口是一个具有内部上拉电阻的 8 位双向 I/O 口。P2 输出缓冲器能驱动 4 个 TTL 逻辑电平。对 P2 端口写 1 时，内部上拉电阻把端口拉高，此时可以作为输入口使用。作为输入使用时，被外部拉低的引脚由于内部电阻的原因，将输出电流（I_{IL}）。在访问外部程序存储器或用 16 位地址读取外部数据存储器（例如执行 MOVX @DPTR）时，P2 口送出高 8 位地址。在这种应用中，P2 口使用很强的内部上拉发送 1。在使用 8 位地址（如 MOVX @RI）访问外部数据存储器时，P2 口输出 P2 锁存器的内容。在 Flash 编程和校验时，P2 口也接收高 8 位地址字节和一些控制信号。

（6）P3.0～P3.7：P3 口是一个具有内部上拉电阻的 8 位双向 I/O 口。P3 输出缓冲器能驱动 4 个 TTL 逻辑电平。对 P3 端口写 1 时，内部上拉电阻把端口拉高，此时可以作为输入口使用。作为输入使用时，被外部拉低的引脚由于内部电阻的原因，将输出电流(I_{IL})。P3 口亦作为 AT89S52 特殊功能(第二功能)使用,如表 6.4.3 所列。在 Flash 编程和校验时,P3 口也接收一些控制信号。

表 6.4.3　P3 口的第二功能

引脚端	第二功能
P3.0	RXD(串行输入)
P3.1	TXD(串行输出)
P3.2	$\overline{INT0}$(外部中断 0)
P3.3	$\overline{INT1}$(外部中断 1)
P3.4	T0(定时器 0 外部输入)
P3.5	T1(定时器 1 外部输入)
P3.6	$\overline{WR}$(外部数据存储器写选通)
P3.7	$\overline{RD}$(外部数据存储器写选通)

(7) RST:复位输入。晶振工作时,RST 引脚持续 2 个机器周期高电平将使单片机复位。看门狗计时完成后,RST 引脚输出 96 个晶振周期的高电平。特殊寄存器 AUXR(地址 8EH)上的 DISRTO 位可以使此功能无效。DISRTO 默认状态下,复位高电平有效。

(8)ALE/$\overline{PROG}$:地址锁存控制信号(ALE)是访问外部程序存储器时,锁存低 8 位地址的输出脉冲。在 Flash 编程时,此引脚($\overline{PROG}$)也用作编程输入脉冲。

在一般情况下,ALE 以晶振 1/6 的固定频率输出脉冲,可用作外部定时器或时钟。然而,特别强调,在每次访问外部数据存储器时,ALE 脉冲将会跳过。

如果需要,通过将地址为 8EH 的 SFR 的第 0 位置 1,ALE 操作将无效。这一位置 1,ALE 仅在执行 MOVX 或 MOVC 指令时有效;否则,ALE 将被微弱拉高。这个 ALE 使能标志位(地址为 8EH 的 SFR 的第 0 位)的设置对微控制器处于外部执行模式下无效。

(9)$\overline{PSEN}$:外部程序存储器选通信号($\overline{PSEN}$)是外部程序存储器选通信号。当 AT89S52 从外部程序存储器执行外部代码时,$\overline{PSEN}$在每个机器周期被激活 2 次,而在访问外部数据存储器时,$\overline{PSEN}$将不被激活。

(10)$\overline{EA}$/VPP:访问外部程序存储器控制信号。为使能从 0000H~FFFFH 的外部程序存储器读取指令,$\overline{PSEN}$必须接 GND。为了执行内部程序指令,$\overline{EA}$应该接 V_{cc}。

在 Flash 编程期间,$\overline{EA}$也接收 12 VV_{PP}电压。

(11) XTAL1:振荡器反相放大器和内部时钟发生电路的输入端。

(12) XTAL2:振荡器反相放大器的输出端。

电工电子实训教程

6.5　AT 89S52 单片机最小系统的电路结构

实习所要完成的基于 AT89S52 单片机最小系统具有 5 V 供电电路、RS-232 通信接口电路、数码管显示电路和 4×4 矩阵键盘。其中数码管显示和矩阵键盘通过芯片 ZLG7290 完成,是需要重点掌握的部分。程序下载方便,通过 ISP 接口用户可以直接利用 PC 机将程序下载到单片机中。

1. AT89S52 单片机周边电路

AT89S52 单片机外围电路如图 6.5.1 所示。时钟电路采用频率是 12 MHz 的石英晶振。在复位电路中当 REST 为低电平时,系统处于工作状态;当 REST 为高

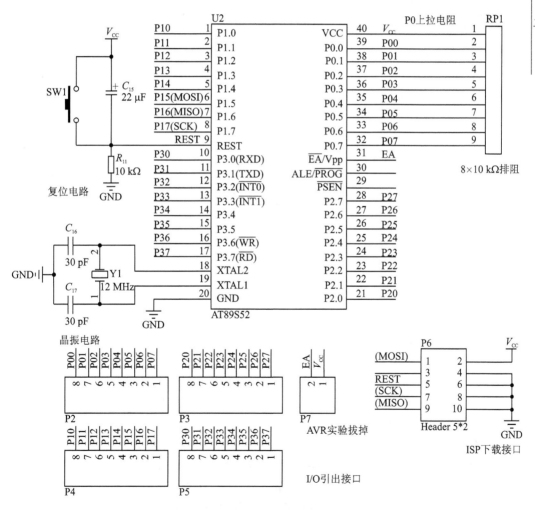

图 6.5.1　AT89S52 单片机周边电路

电平时,系统处于复位或下载程序状态。**AT**89S52 具有 ISP 在线编程功能,在程序下载过程中 REST 引脚被拉高,下载完毕后自动拉低进入运行状态,用户也可以通过按下 SW1 进行手动复位。为方便以后的学习,最小系统将 32 个 I/O 引脚全部引出。需要特别要注意的是,在使用 AVR 单片机时 P7 的跳帽必须拔掉。

2. 5 V 供电电路

供电部分的原理图如图 6.5.2 所示。系统供电采用标准的 3.5 mm DC 接口输入,通过线性稳压电源芯片 7805 进行稳压处理以后再供给电路的其他部分。为方便起见,系统还将输入电源用排针引出,方便使用杜邦线进行连接(上面为正极)。

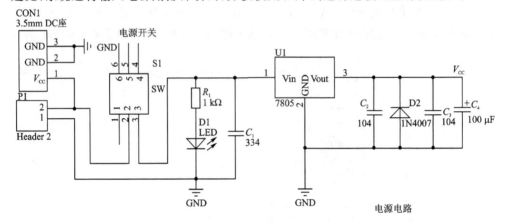

图 6.5.2 最小系统供电部分原理图

3. RS - 232 接口电路

RS - 232 是最常用的串行总线接口标准,在各领域得到广泛的应用。单片机串口与 PC 的串口进行通信必须进行进行电平转换。RS - 232 接口电路如图 6.5.3 所示,该电路采用 Max232 进行电平转换。

4. 数码管显示和矩阵键盘电路

系统采用 2 个 4 位 8 段共阴极数码管显示数字,数据可以通过 4×4 矩阵键盘输入。数码管显示驱动和键盘扫描读入都通过芯片 ZLG7290B 完成,芯片通过 I^2C 总线与 MCU 进行通信,器件数量和导线减到了最少。这个部分是实习需要掌握的重点部分。

(1) ZLG7290B 简介

ZLG7290B 是广州周立功单片机发展有限公司自行设计的数码管显示驱动及键盘扫描管理芯片,能够直接驱动 8 位共阴式数码管(1 英寸以下)或 64 只独立的 LED;能够管理多达 64 只按键,自动消除抖动,其中有 8 只可以作为功能键使用;段电流可达 20 mA,位电流可达 100 mA 以上;利用功率电路可以方便地驱动 1 英寸以上的大型数码管;具有闪烁、段点亮、段熄灭、功能键、连击键计数等强大功能;提供有

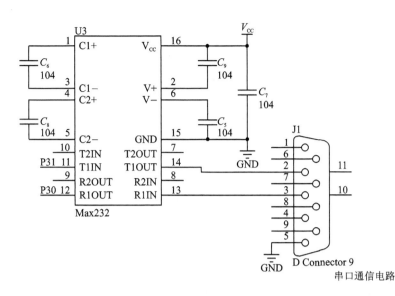

图 6.5.3　RS - 232 接口电路

10 种数字和 21 种字母的译码显示功能,或者直接向显示缓存写入显示数据;不接数码管而仅使用键盘管理功能时,工作电流可降至 1 mA;与微控制器之间采用 I²C 串行总线接口,只需两根信号线,节省 I/O 资源;工作电压范围:3.3～5.5 V;工作温度范围为 -40～+85℃;该芯片为工业级芯片,抗干扰能力强,在工业测控中已有大量应用。芯片封装有 DIP 和 SOP 两种,实习采用 DIP 封装的芯片。图(6.5.4)是 ZLG7290B 的封装引脚图,引脚功能介绍见表(6.5.1)。封装的尺寸是标准的 DIP - 24 窄体,周立功公司的数据手册上没有特别给出。

表 6.5.1　ZLG7290 引脚功能

引　脚	符　号	类　型	功　能
13,12,21,22,3～6	Dig7～Dig0	输入/输出	LED 显示位驱动及键盘扫描线
10～7,2,1,24,23	SegH～SegA	输入/输出	LED 显示段驱动及键盘扫描线
20	SDA	输入/输出	I²C 总线接口数据/地址线
19	SCL	输入/输出	I²C 总线接口时钟线
14	/INT	输出	中断输出端,低电平有效
15	/RES	输出	复位输入端,低电平有效
17	OSC1	输入	连接晶体以产生内部时钟
18	OSC2	输出	
16	VCC	电源	电源正(3.3～5.5V)
11	GND	电源	电源地

（2）ZLG7290B 工作原理

ZLG7290B 是一种采用 I²C 总线接口的键盘及 LED 驱动管理器件，需外接 6 MHz 的晶振。使用时 ZLG7290B 的从地址为 70H，器件内部通过 I²C 总线访问的寄存器地址范围为 00H～17H，任一个寄存器都可按字节直接读/写，并支持自动增址功能和地址翻转功能。

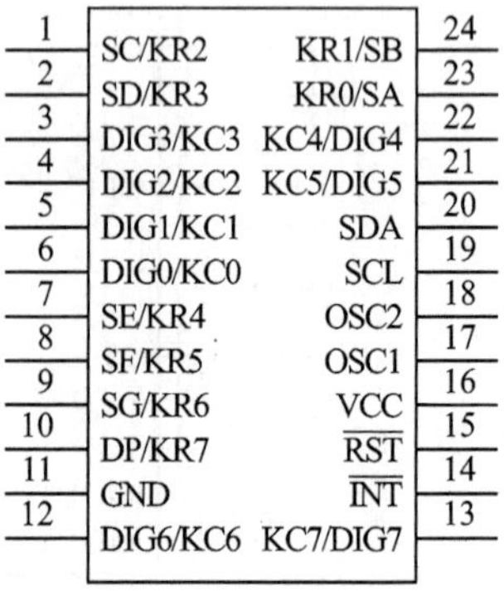

① 驱动数码管显示

使用 ZLG7290B 驱动数码管显示有两种方法，第一种方法是向命令缓冲区（07H～08H）写入复合指令，向 07H 写入命令并选通相应的数码管，向 08H 写

1	SC/KR2	KR1/SB	24
2	SD/KR3	KR0/SA	23
3	DIG3/KC3	KC4/DIG4	22
4	DIG2/KC2	KC5/DIG5	21
5	DIG1/KC1	SDA	20
6	DIG0/KC0	SCL	19
7	SE/KR4	OSC2	18
8	SF/KR5	OSC1	17
9	SG/KR6	VCC	16
10	DP/KR7	$\overline{RST}$	15
11	GND	$\overline{INT}$	14
12	DIG6/KC6	KC7/DIG7	13

图 6.5.4　ZLG7290B 引脚图

入所要显示的数据。这种方法每次只能写入一个字节的数据，多字节数据的输出可在程序中用循环写入的方法实现。第二种方法是向显示缓存寄存器（10H～17H）写入所要显示的数据的段码，段码的编码规则为从高位到低位为 abcdefgdp，这种方法每次可写入 1～8 个字节数据。

② 读取按键

使用 ZLG7290B 读取按键时，读普通键的入口地址和读功能键的入口地址不同，读普通按键的地址为 01H，读功能键的地址为 03H。读普通键返回按键的编号，读功能键返回的不是按键编号，需要程序对返回值进行翻译，转换成功能键的编号。ZLG7290B 具有连击次数计数器，通过读取该寄存器的值可区别单击键和连击键，判断连击次数还可以检测被按时间；连击次数寄存器只为普通键计数，不为功能键计数。此外，ZLG7290B 的功能键寄存器，实现了 2 个以上按键同时按下，来扩展按键数目或实现特殊功能，类似于 PC 机的"Shift"、"Ctrl"、"Alt"键。

③ 与单片机连接

ZLG7290B 通过 I²C 接口与单片机进行串口通信，I²C 总线接口传输速率可达 32 kbps。ZLG7290B 的 I²C 总线通信接口主要由 SDA、SCL 和/INT 3 个引脚组成。SCL 线用来传递时钟信号，SDA 线负责传输数据，SDA 和 SCL 与单片机相连时，需加 3.3 KΩ～10 KΩ 的上拉电阻。$\overline{INT}$负责传递键盘中断信号，与单片机相连时需串联一个 470 Ω 电阻。ZLG7290B 与单片机连接示意图如图 6.5.5 所示。

有关 ZLG7290B 的更加详细的寄存器介绍、配置要求和 I²C 总线编程要领请参见周立功公司的官方数据手册。图 6.5.6 和图 6.5.7 是采用 ZLG7290B 驱动数码管和读取 4×4 矩阵键盘的电路图。

如图 6.5.6 所示，U4 就是 ZLG7290B，为了使电源更加稳定，在 V_{cc} 与地之间接

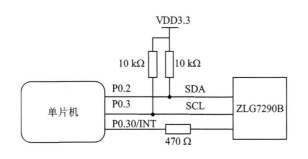

图 6.5.5　ZLG7290B 与微控制器进行通信的示意图

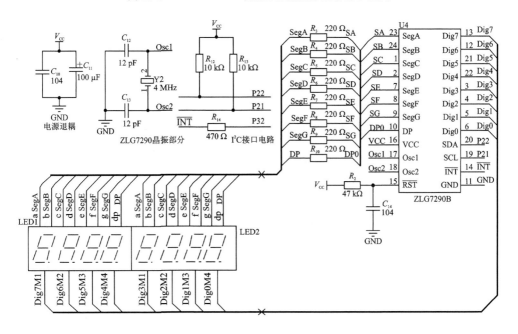

图 6.5.6　ZLG7290B 驱动数码管连接图

入一个 $47\sim470\mu F$ 的电解电容。芯片与 MCU 之间通过 I^2C 总线相连,按照 I^2C 总线协议的要求,信号线 SCL 和 SDA 上必须要分别加上拉电阻,其典型值是 $10\ k\Omega$。晶振 Y2 的典型值是4 MHz,调节电容 C_{12} 和 C_{13} 的典型值在 12 pF 左右。复位信号是低电平有效,直接通过拉低 RST 引脚的方法进行复位。数码管采用共阴式的,不能直接使用共阳式的。数码管在工作时要消耗较大的电流,$R_1\sim R_8$ 是 LED 的限流电阻,典型值是 270 Ω。如果要增大数码管的亮度,可以适当减小电阻值,最低为200 Ω,这里选择的是 220 Ω。

　　键盘采用 4×4 矩阵键盘共 16 只按键,键盘电阻 $R_{15}\sim R_{18}$ 的典型值是 3.3 $k\Omega$。数码管扫描线和键盘扫描线是共用的,所以二极管 D3～D6 是必需的,有了它们就可以防止按键干扰数码管显示的情况发生。

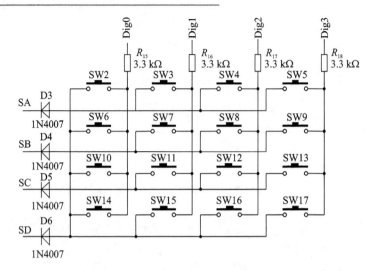

图 6.5.7　读取键盘电路

6.6　AT89S52 型单片机最小系统板的制作步骤

1. PCB 设计

　　按照印制板的设计要求,采用 Protel 99SE 或者 Altium Designer 等 CAD 软件设计,这里所有的示例都是在 Altium Designer 软件下完成的。图 6.6.1 是设计好的 PCB 元器件布局图,图 6.6.2 是顶层印制电路板图,图 6.6.3 是底层印制电路板图。

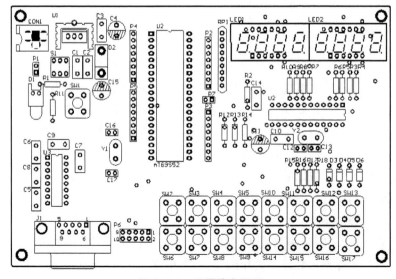

图 6.6.1　元器件布局图

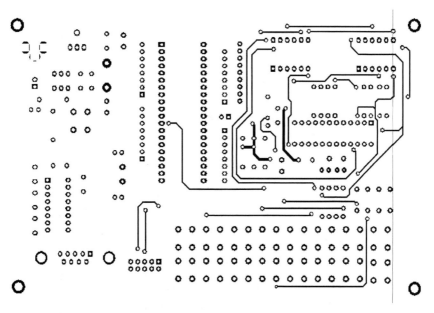

图 6.6.2　顶层印制电路板图

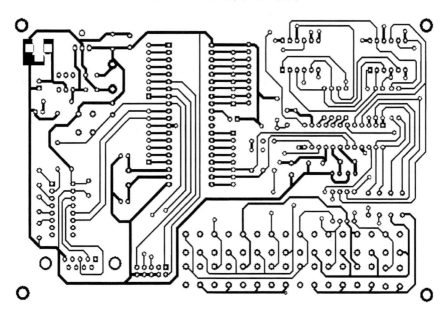

图 6.6.3　底层印制电路板图

2. 手工制作 PCB 板

PCB 设计好以后就进入到手工制板阶段,这个过程技术难度不大,只要按照下面的步骤来做,基本上都可以洗出漂亮的板子。该电路板选用的是一块 100 mm×150 mm 的双面环氧树脂材料的覆铜板。

（1）打印设置

打印采用通用喷墨打印机，在 Altium Designer 下打印设置需要完成以下 4 步。

第 1 步：填充机械层，然后保存，如图 6.6.4 所示。

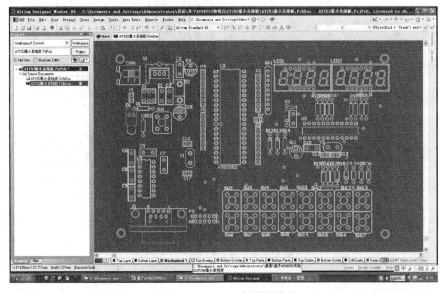

图 6.6.4　机械层填充图

第 2 步：设置打印参数

选择"file"→"Page Setup"弹出如图 6.6.5 所示界面，除了 Size 和页面位置选项 "Margins"可以按照纸张需要设置以外，其他参数必须按照图片的参数设定。

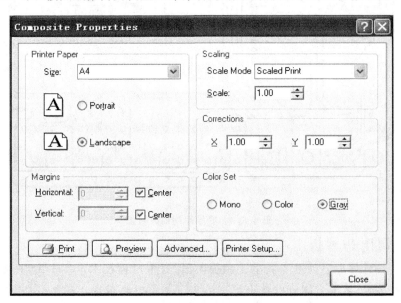

图 6.6.5　打印纸设置图

第 3 步:设置打印层次

单击图 6.6.5 中的"Advanced"选项,弹出"PCB Printout Properties"设置图,如图 6.6.6 所示,删除其他不需要的层,如果是顶层,保留的层和各层顺序如图 6.6.6 所示,特别注意的是"Holes"和"Mirror"必须勾上。

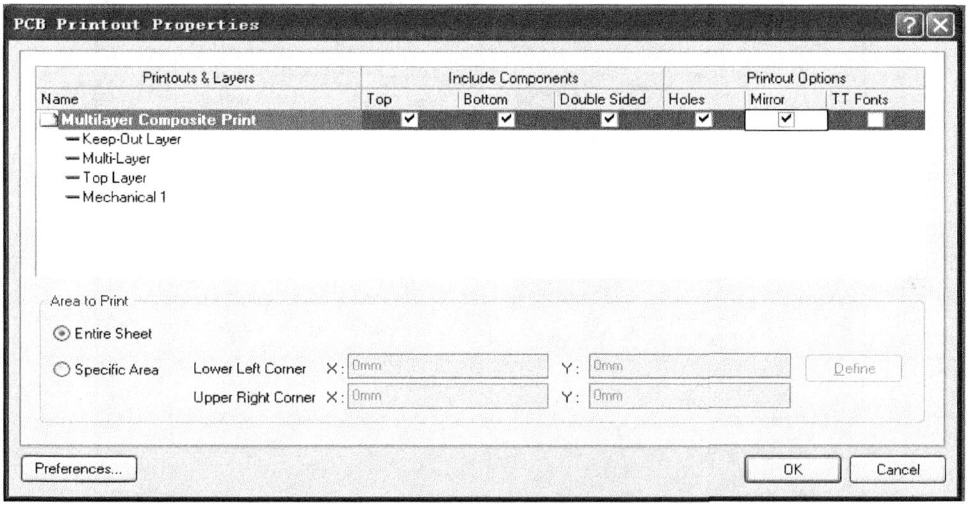

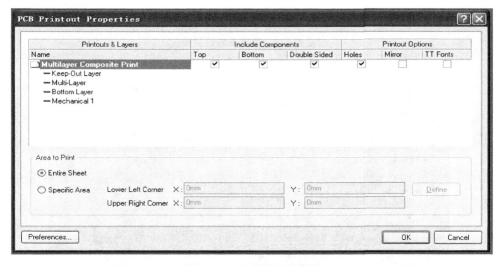

图 6.6.6　打印顶层设置图

图 6.6.7　打印底层设置图

如果是底层,保留的层和各层顺序如图 6.6.7 所示。

第 4 步:参考颜色设定

在打印之前,还必须设定好各层的参考颜色,单击图 6.6.7 页面中的"Preferences"选项,根据想要的打印效果(黑色的底色、焊盘和走线白色),各参考层的设置如下:

Top Layer，Bottom Layer，Back Grand，Keepout Layer 设置成白色。

Mechanical Layer，Pad Holes，Via Holes 设置成为黑色。

其他层为默认颜色。注意，焊盘必须在第二项色框中选择全白。图 6.6.8 为颜色参数设置图。

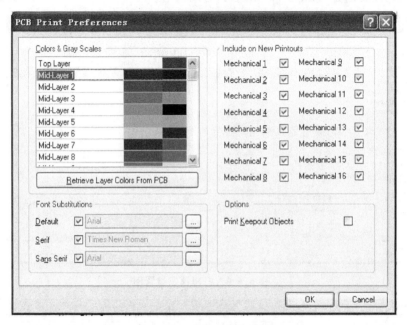

图 6.6.8　颜色参数设置图

打印之前必须预览打印效果，顶层和底层的打印效果如图 6.6.9 和 6.6.10 所示。

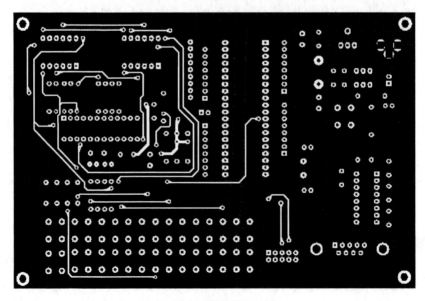

图 6.6.9　顶层预览效果图

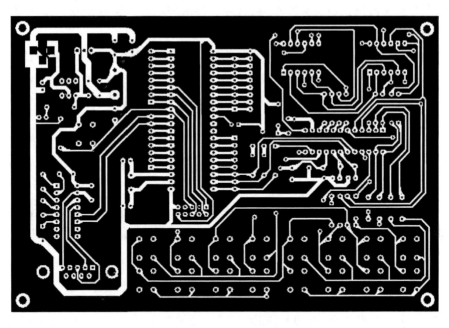

图 6.6.10　底层预览效果图

最后向打印机添加硫酸纸,开始打印 PCB 图。

(2) 曝　光

在曝光之前将硫酸纸的打印面紧贴感光板,注意底层和顶层的焊孔必须完全重合,如果不能重合就必须重新打印。然后用双面胶固定硫酸纸和感光板,注意不要遮住需要曝光的导线。曝光可以采用普通日光灯曝光约 10 min 左右,也可以使用专用的紫外线曝光机曝光约2~3 min。使用曝光机曝光的方法是将需要的曝光面朝下正对紫外线,压紧、关上机器盖子,设定需要的曝光时间,当时间到后机器自动关闭。如果是双面板只需按照同样的步骤对另一面进行曝光。曝光好的板子要尽快放入显影液中显影,时间过长会影响显影效果。

(3) 显　影

显影在整个印制板的制作过程中比较关键。

① 配制显影液。将显影剂按照 1∶100 溶于温度约 35 ℃的温水中,清摇容器或者用塑料棒搅拌使显影剂充分溶解。应当注意的是在显影液可以湮没感光板的条件下,显影液应该尽可能的少,显影剂的浓度不可过高,否则线路膜面会迅速剥离而遭到破坏。

② 显影。将曝光好的感光板浸入显影液中(单面板膜面朝上,双面板悬空放置),然后清摇容器,最好用软毛刷轻刷板面,板面未曝光的部分就会慢慢溶解露出铜底。当未曝光的部分全部呈现光亮的铜金属光泽时,显影完成,整个过程约为 1~

2 min。将板子取出用清水冲洗干净,目视无缺陷即可进入蚀刻步骤。如有瑕疵,请用油性记号笔修补。

显影剂会因为存放时间过长而显影效果降低,在使用时要按照每多存放半年增加 20％的比例浓度进行调整。当线间距小于 3 mm 时,显影速度会减慢,请用软毛刷蘸显影液擦洗该处。显影剂具有腐蚀性,请用完后及时洗手,入眼用大量的清水冲洗,废液要集中处理。

（4）蚀　刻

蚀刻一般采用三氯化铁溶液,配比浓度没有固定的要求,为节省原料,建议浓度不要太高,只要能完全完成置换反应就可以了。水温越高反应速度越快,反应太快会将线蚀去太多,建议温度在 40 ℃左右为佳。为加快蚀刻速度,可以用软毛刷轻刷板面。三氯化铁溶液呈黄褐色,请不要溅到浅色衣物上,具有腐蚀性,用完请立刻洗手,入眼请用大量的清水冲洗,废液要集中处理。

（5）脱　膜

将蚀刻好的感光板洗净,放入配比好的脱膜剂溶液中,用软毛刷清刷,待绿色膜全部脱去即可,脱膜剂的配比没有特别的要求。脱模剂为 NaOH,使用时请注意防护,废液要集中处理。

（6）钻　孔

钻孔请将水渍擦干,对照元器件封装孔径,选择合适的钻头就行了。钻头为高锰钢制作,硬度很高,极易断裂,请在钻孔的过程中不要晃动钻头或线路板。钻完后请注意检查是否有遗漏或者孔径大小不正确。

钻孔完成以后,电路板底板已经制作完成了。我们还需要擦净电路板上的污渍,并将其干燥,避免出现因为 PCB 的 Q 值改变导致晶振不能起振。

3．元器件焊接

在印制电路板上焊接元器件前请认真对照原理图和 PCB 布局图,仔细查看印制电路板,找到对应的元器件的功能区后,开始准备元器件和工具。需要特别注意的是,在插上元器件之前应该先处理好所有的过孔,过孔可以用 0.3 mm～0.6 mm 的导线连接。然后再将相关元器件插好,检查无误后开始焊接,元器件的焊接方法参考前面的有关章节。此电路板焊接要求是 30 W 左右的尖头烙铁,焊接完成后剪掉引脚线,尽量使之最短。

4．电路检查

检查时首先需要再次确认元器件的焊接位置,然后目测是否有明显的短路和断路现象,然后用万用表测试是有目测不到的断路、断路和虚焊现象。

在第一次上电之前必须确保供电正常,此时不能插上 AT89S52 和 ZLG7290B,以免供电问题造成芯片烧坏。输入电源应选取 8～15 V 的直流电源,按下开关,电源指示灯点亮。用万用表测试输出电压为 5 V 左右,各芯片的电源与地引脚之间的电压为 5 V 左右的话,供电就是正常的,此时才可以插入芯片进行下一步的操作。

6.7　AT89S52 型单片机应用于电子钟的软件设计

由于 AT89S52 没有硬件 I^2C 接口,因此软件设计的关键环节是模拟 I^2C 时序控制 ZLG7890B 工作。

1. I^2C 总线工作原理

I^2C 总线是飞利浦公司倡导的一种两线串行数据传输协议,标准传输速率可达 100 kb/s,高速条件下可达 400 kb/s 的速度,I^2C 电路结构见图 6.5.5。

(1) 起始条件和终止条件

I^2C 总线进行通信之前必须有一个总线发起信号,通信完成以后又一个总线结束信号来终止通信。图 6.7.1 是起始终止条件时序图。

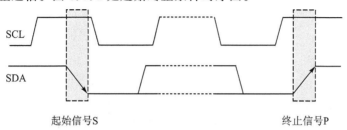

图 6.7.1　I^2C 总线起始终止条件时序图

(2) I^2C 总线上数据的有效性

I^2C 总线进行数据传送时,时钟信号为高电平期间,数据线上的数据必须保持稳定,只有在时钟线上的信号为低电平期间,数据线上的高电平或低电平状态才允许变化。图 6.7.2 是总线数据有效性时序示意图。

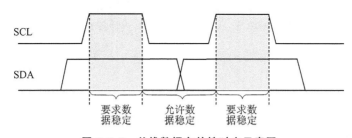

图 6.7.2　总线数据有效性时序示意图

(3) 从机地址

I^2C 总线不需要额外的地址译码器和片选信号。多个具有 I^2C 总线接口的器件都可以连接到同一条 I^2C 总线上,它们之间通过器件地址来区分,ZLG7290B 的器件地址是 70H(写操作)和 71H 读操作。主机是主控器件,它不需要器件地址,其他器件都属于从机,要有器件地址。必须保证同一条 I^2C 总线上所有从机的地址都是唯一确定的,不能有重复,否则 I²C 总线将不能正常工作。一般从机地址由 7 位地址位和 1 位读写标志(R/W)组成,7 位地址占据高 7 位,读写位在最后。读写位是 0,表示主机将要向从机写入数据;读写位是 1,则表示主机将要从从机读取数据。

(4) 数据传输格式与应答

I²C 总线在进行数据传输时每一个字节必须保证是 8 位长度,并且是先传送最高位(MSB),每一个被传送的字节后面都必须跟随一位应答位(即一帧共有 9 位),应答位总是由接收数据的一方产生。时序图如图 6.7.3 所示。

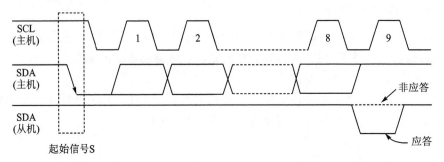

图 6.7.3　字节传送与应答时序图

(5) 读写数据

I²C 带有总线的器件除了有从机地址(Slave Address)外,还可能有子地址(Sub-Address)。从机地址是指该器件在 I²C 总线上被主机寻址的地址,而子地址是指该器件内部不同部件或存储单元的编址。如 ZLG7290B 中系统寄存器(地址 00H)就属于从机地址。

对 I²C 读写数据时既可以按照顺序连续读出/写入,也可以从任意一个子地址读出/写入。图 6.7.4 是两种读写方式下 SDA 线上的数据传输示意图。

2. 程序流程图

了解了 I²C 总线规范和 ZLG7290B 数据手册上所介绍的寄存器配置要求,我们就可以开始设计电子钟的程序了。图 6.7.5 是电子钟程序流程图。

3. 使用指南

(1) 程序下载

使用 AT89S52 和 AVR 的 MCU 通过 ISP 接口下载程序,AT89C5x 系列的和 STC89C5x 系列 MCU 通过串口下载程序。

(2) 时间调整

这是一个电子钟的程序,起始时间设定为 00:00:00,掉电归零。SW10 是时间调整命令键,SW11 是时间加,SW12 是时间减,SW13 是恢复计时键,时间调整的方法是:

① 按 1 下 SW10,时间调整光标跳到小时位,按 SW11 时间加,按 SW12 时间减,加减幅度为 1 h,按 SW13 恢复正常计时。

② 按 2 下 SW10,时间调整光标跳到分钟位,按 SW11 时间加,按 SW12 时间减,

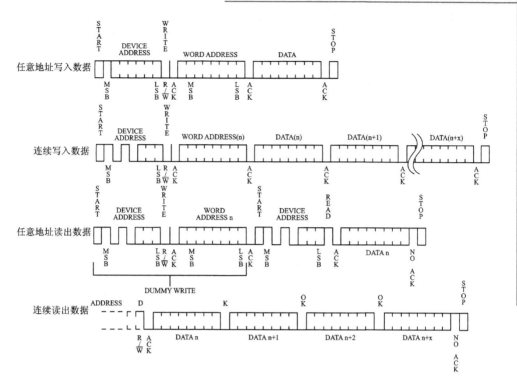

图 6.7.4 任意地址读写和连续读写数据传输示意图

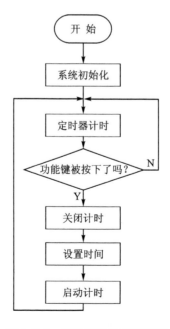

图 6.7.5 电子钟主程序流程图

加减幅度为 1 min，按 SW13 恢复正常计时。

　　③ 按 3 下 SW10，时间调整光标跳到秒位，按 SW11 时间加，按 SW12 时间减，加减幅度为 1 s，按 SW13 恢复正常计时。

　　时间调整也可以依次按第 1 下 SW10 调整小时、第 2 下调整分钟，第 3 下调整秒，第 4 下恢复正常计时，如不需调整某一位，则直接跳过调整下一位的时间。

第7章　电工技术技能训练

7.1　台灯调光电路

【实训目的】

1. 了解单结晶体管和晶闸管的特性及应用。
2. 掌握单结晶体管和晶闸管构成的台灯调光电路的工作原理。
3. 进一步熟悉电子电路的装配、调试、检测方法。

【实训器材】

1. 数字万用表　　　　　1块。
2. 组装焊接工具　　　　1套。
3. 元器件参数见表7.1.1。

表 7.1.1　元器件参数

名　称	代　号	规格型号	数　量	单　位	备　注
二极管	$VD_1 \sim VD_4$	IN4007	4	只	
晶闸管	VTH	3CT	1	只	
单结晶体管	VT	BT33	1	只	
金属膜电阻	R_1	$510\,k\Omega, 1/4\,W$	1	只	
金属膜电阻	R_2	$330\,\Omega, 1/4\,W$	1	只	
金属膜电阻	R_3	$100\,\Omega, 1/4\,W$	1	只	
金属膜电阻	R_4	$18\,k\Omega, 1/4\,W$	1	只	
开关电位器	R_P	$470\,k\Omega$	1	只	
涤纶电容	C	$0.022\,\mu F, 160\,V$	1	只	
台灯	H	$220\,V/15\,W$	1	只	
印刷电路板	PCB		1	块	自制

【工作原理】

台灯调光电路电原理图如图7.1.1所示。

电工电子实训教程

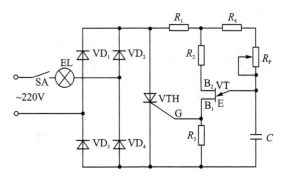

电路由 VTH、R_2、R_3、R_4、R_P、C 组成单结晶体管的张弛振荡器。在接通电源前,电容 C 上电压为 0,接通电源后,电容经由 R_4、R_P 充电而电压 V_E 逐渐升高,当 V_e 达到峰点电压时,E、B_1 间导通,电容上电压经 E→B_1 向电阻 R_3 放电,在 R_3 上输出一个脉冲电压。由于 R_4、R_P 的阻值较大,当电容上的电压降到谷点电压时,经由 R_4、R_P 供给的

图 7.1.1　自动调光电路原理图

电流小于谷点电流,不能满足导通要求,于是单结晶体管恢复阻断状态。此后,电容又重新充电,重复上述过程,结果在电容上形成锯齿状电压,在 R_3 上则形成脉冲电压。在交流电压的每半个周期内,单结晶体管都将输出一组脉冲,起作用的第一个脉冲去触发 VTH 的控制极,使晶闸管导通,灯泡发光。改变 R_P 的电阻值,可以改变电容充电的快慢,即改变锯齿波的振荡频率。从而改变晶闸管 VTH 导通角的大小,即改变了可控整流电路的直流平均输出电压,达到调节灯泡亮度的目的。本电路可使灯泡两端电压在几十伏至200 V范围内变化,调光作用显著。

【实训步骤】

1. 装　配

台灯调光电路 PCB 板及装配图如图 7.1.2 所示。

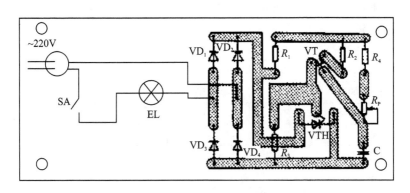

图 7.1.2　自动调光电路印刷电路板图

① 按常规检测所有元器件,并对元器件引脚进行镀锡、成型等处理后,按图 7.1.2 正确安装各元器件。

② 带开关电位器用螺母固定在 PCB 板的开关 SA 定位孔上,电位器用导线连接

到印制电路板上的所在位置。

③ 灯泡安装在灯头插座上,灯头插座固定在 PCB 板上。根据灯头插座的尺寸在 PCB 板上钻固定孔和导线串接孔。

④ 散热片上钻孔,把它安装在可控硅 VTH 上,作散热用。

⑤ 印制电路板四周用 4 个螺母固定、支撑。

⑥ 其他元器件的安装工艺参考以下要求:

➤ 电阻、二极管均采用水平安装,贴紧印制板。电阻的色环方向应该一致。

➤ 单结晶体管、单向晶闸管采用直立式安装,底面离印制板(5±1)mm。

➤ 电解电容器尽量插到底,元件底面离印制板最高不能大于 4 mm。

➤ 开关电位器尽量插到底,不能倾斜,三只脚均需焊接。

➤ 插件装配美观、均匀、端正、整齐,不能歪斜,要高矮有序。

➤ 所有插入焊片孔的元器件引线及导线均采用直脚焊,剪脚留头在焊面以上(1±0.5)mm,焊点要求圆滑、光亮,防止虚焊、搭焊和散锡。

2. 调试与检测

① 由于电路直接与市电相连,调试时应注意安全,防止触电。调试前认真、仔细检查各元器件安装情况,然后接上灯泡,进行调试。

② 插上电源插头,人体各部分远离 PCB 板,打开开关,旋转电位器,灯泡应逐渐变亮。

7.2　声光双控节电灯

【实训目的】

1. 了解声光双控节电灯电路结构和工作原理。
2. 通过对声光双控节电灯的组装、调试、检测,进一步掌握电子电路的装配技巧。
3. 熟悉光敏三极管、555 时基电路、双向晶闸管在电路中的具体应用。

【实训器材】

1. 数字万用表　　　　　1 块。
2. 普通台灯 220V/15W　1 套。
3. 装配及焊接工具　　　1 套。
4. 元器件参数见表 7.2.1。

电工电子实训教程

194

表 7.2.1　元器件参数配件

名　称	代　号	规格型号	数　量	单　位	备　注
三极管	VT_1,VT_2,VT_3	9013	3	只	
光敏三极管	VT_4	3DU5	1	只	
二极管	VD_1	IN4002	1	只	
金属膜电阻	R_1	$1\,M\Omega$,$1/4\,W$	1	只	
金属膜电阻	R_2	$6.8\,k\Omega$,$1/4\,W$	1	只	
金属膜电阻	R_3	$3.3\,k\Omega$,$1/4\,W$	1	只	
金属膜电阻	R_4	$1\,k\Omega$,$1/4\,W$	1	只	
金属膜电阻	R_5	$100\,\Omega$,$1/4\,W$	1	只	
金属膜电阻	R_6	$220\,\Omega$,$1/4\,W$	1	只	
金属膜电阻	R_7,R_9	$22\,k\Omega$,$1/4\,W$	2	只	
金属膜电阻	R_8	$330\,\Omega$,$1/4\,W$	1	只	
可调电位器	R_{P1}	$220\,k\Omega$	1	只	
可调电位器	R_{P2}	$1\,k\Omega$	1	只	
涤纶电容	C_1	$0.47\,\mu F$	1	只	
涤纶电容	C_5	$0.02\,\mu F$	1	只	
涤纶电容	C_7	$0.1\,\mu F$	1	只	
电解电容	C_2,C_6	$100\,\mu F$,$100\,V$	2	只	
电解电容	C_3,C_4	$0.47\,\mu F$,$16\,V$	2	只	
555 时基电路	555	NE555	1	套	
双向晶闸管	VTH	BCR1AM	1	只	
稳压二极管	VD_2	2CW56	1	只	
压电陶瓷片	HTD	1KC	1	只	
印刷电路板	PCB		1	块	自制

【工作原理】

利用 555 时基电路及少数外围元件可组成声光双控节电灯。白天由于光线照射,该灯始终处于关闭状态,一到晚上,该灯只要收到一个碎发声响(如脚步、击掌声),灯就自动点亮,而后延时一段时间又会自行熄灭,达到节电的目的。该电路具有结构简单,自耗电小,性能稳定,灵敏度高等特点。

图 7.2.1 为声光节电灯的电路原理图,压电陶瓷片对碎发声响有极为敏感的特性,本电路用其作为声—电换能元件。该电路由电源部分、声电转换及放大部分、单稳态延时部分和光控部分组成。

C_1、R_1、VD_1、VD_2 及 C_2 组成电源电路,交流市电经 C_1 电容降压,VD_1 整流,VD_2 稳压后,再由 C_2 滤波后供给整个电路工作。电路采用电容降压,与使用变压器相比,不但缩小了体积,杜绝了噪声,而且也减小了电路能耗。声控元件采用压电陶瓷片 HTD,它将声响信号转换为相应的电信号后,通过 C_3 耦合至 VT_1、VT_2 组成的直接耦合式双管放大器进行放大。该放大器由 R_2、R_{P1} 提供偏流,调节 R_{P1} 可改变放大器的增益,用以控制声控灵敏度。R_4 为直流负反馈电阻,用来稳定工作点,C_4 为交流旁路电容,用以补偿放大器的交流增益,R_3 为放大器的输出直流负载电阻,放大后的负脉冲信号经 C_5 去触发由 555 集成块组成的单稳态延时电路,达到控制负载的目的。

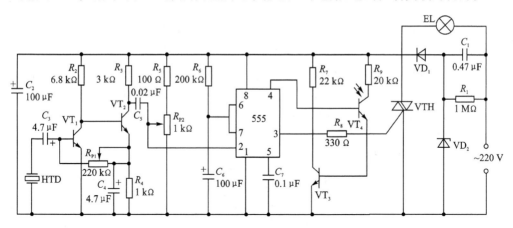

图 7.2.1　声光双控节电灯电原理图

单稳延时部分用一块 555 时基电路以及 R_6 与 C_6 组成延时回路,延时时间 $\tau = 1.1 R_6 C_6$。稳态时,555 集成块引脚 3 输出端为低电平,当其引脚 2 触发端得到一个负脉冲触发信号时,电路即进入暂态,输出端引脚 3 立刻翻转为高电平,触发双向晶闸管 VTH 导通,灯泡 EL 发光。此后,电源经 R_6 向 C_6 充电,当 C_6 端电位升至约 $2V_{CC}/3$ 时,电路又自动回复到初始稳定状态,引脚 3 恢复低电平,晶闸管因失去触发电压而关断,灯泡熄灭,控制电路暂态结束,进入稳态,等待下一次触发脉冲。图中 R_5 和 R_{P2} 组成分压电路,为集成块的触发端提供一个阀值电平,调节 R_{P2},使触发端引脚 2 的电压略大于 $V_{CC}/3$,迫使引脚 3 输出低电平,引脚 2 一旦出现负脉冲信号,单稳态电路即动作,适当调节 R_{P2},也可改变控制灵敏度。

　　白天由于光照度较强,VT$_4$的 B-C 间呈现低阻状态,为 VT$_3$ 提供了一个较大的偏置电流,使其饱和导通。此时,VT$_3$ 的集电极即 555 的强制复位端引脚 4 被强制为低电平,555 处于复位状态,使其输出端引脚 3 恒为低电平,双向晶闸管无触发电流而关断,灯泡 EL 不亮。因此,白天不管声控信号如何增强,555 的引脚 3 始终为低电平。VTH 关断,达到白天停止照明的目的。晚间由于光线明显减弱,VT$_4$ 因无光照而使 E-C 间呈高阻状态,使 VT$_3$ 截止,555 强制复位端引脚 4 为高电平,555 退出复位状态,电路可受控制。改变 R_9 的值,可以控制光控灵敏度。

【实训步骤】

　　① 声光双控节电灯 PCB 板装配图如图 7.2.2 所示,按图正确安装元器件。

　　② 焊接时基电路 555 时,宜将电烙铁的插头拔掉,利用余热焊接。焊装完毕,确认无误即可通电调试。

　　③ 由于本电路通电后带变电电压,因此调试时要十分小心,以防触电。通电后,测得 C_2 两端的直流电压应有 8～10 V 左右,这表明电源部分工作正常,方可进行其他部分的调试。

　　(a) 调试单稳延时部分。断开 VT$_4$ 和电容 C_5,使光控和声控部分脱开,接着将 R_{P_2} 大约旋至中间位置,使 555 时基电路触发端大约处在 $V_{CC}/2$ 左右,并将一个 10 kΩ 左右的电阻并联在 R_6 两端,以缩短延时时间。电源接通时,由于控制端引脚 6、7 初始通电时为低电平,输出端引脚 3 应为高电平,晶闸管导通,灯泡 EL 亮;约数秒钟后,灯泡 EL 自灭,表示延时部分工作正常。然后,手握镊子或螺钉旋具小心碰触 555 的引脚 2,EL 应立即发光,而后延时熄灭,适当调节 R_{P2},直到动作正常为止。一般,只要使 555 集成块的第 2 脚电压大于 $V_{CC}/3$ 即可正常工作。

　　(b) 调试声控放大部分。接上 C_5、R_{P1} 调到中间位置,通电后先用一器具轻轻敲击陶瓷片,灯泡应发光,然后延时自灭。接着击掌,灯泡应亮 1 次、延时自灭,再拉开距离调试,细心调节 R_{P1}、R_{P2},直到满意为止,调节上述两电位器,灵敏度最高时,其控制距离可达 8 m,为了保险起见,灵敏度调在 5 m 位置最合理。

　　(c) 调节光控部分。接上 TV$_4$,使受光面受到光照,接通电源,测量 TV$_3$ 的集电极电压应接近 0,这时,不管如何击掌或敲击

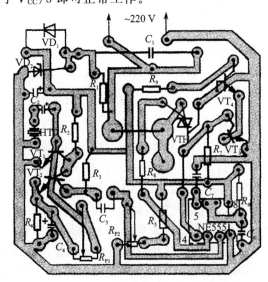

图 7.2.2　声光双控节电灯 PCB 板装配图

压电陶瓷片,EL 不发光为正常。然后挡住光线,使光电管不受光照,击一下掌,灯泡即亮,后延时自灭,表示光控部分正常,适当选择 R_9,可改变光控灵敏度,这可根据所处环境而定。

（d）调试完毕,将 R_6 上的并联电阻去掉,可根据需要适当调整 R_6,以获得所需延迟时间;最后用环氧树脂封固,防止振动改变参数。

7.3　三相异步电动机正反转电路

【实训目的】

1. 了解三相异步电动机正反转电路结构和工作原理。

2. 通过对正反转电路的组装、调试及测量,进一步掌握三相异步电动机正反转电路的工作原理。

3. 熟悉掌握各种电工器件结构、工作原理以及在电路中的具体应用。

【实训器材】

1. 数字万用表　　　　　　　　1 块。

2. 三相交流异步电动机 180 W　　1 台。

3. 装配板 500 mm×400 mm　　1 套。

4. 装配工具　　　　　　　　　1 套。

5. 电工器件见表 7.3.1。

表 7.3.1　电工器件表

名　称	代　号	型号、规格	数　量	单　位	备　注
隔离开关	Q_1	DZ47 - 63/3P	1	只	
隔离开关	Q_2	DZ47 - 63/2P	1	只	
交流接触器	KM_1,KM_2	CDC10 - 10	2	只	220 V
热继电器	FR	JR36 - 20	1	只	
指示灯	LD_1,LD_2	LD11 - 25	2	只	绿色
停止按钮	SB_1	LA19 - 11	1	只	红色
启动按钮	SB_2,SB_3	LA19 - 11	2	只	绿色
连接导线		BV 1.5 mm²	6	米	红、黄、绿色
连接导线		BV 1.0 mm²	20	米	红、黑色
线号		0～9	若干	个	
接线牌		TB - 2512	1	只	

【工作原理】

图 7.3.1 是实现电动机正反转的基本控制电路。左边为电动机正反转电路主回路，右边为控制回路。首先合上 Q_1、KM_1、KM_2 上方带电，然后合上 Q_2，控制电路带电。当按下启动按钮 SB_2 后，KM_1 线圈回路通电，KM_1 带电吸合，主回路主触点接通，同时 KM_1 的两个辅助触点（常开）闭合。第一个辅助触点为自锁触点（此时按下 SB_2 没有作用），第二个辅助触点接通 LD_1 回路，正转指示灯亮，电机 M 正转运行。

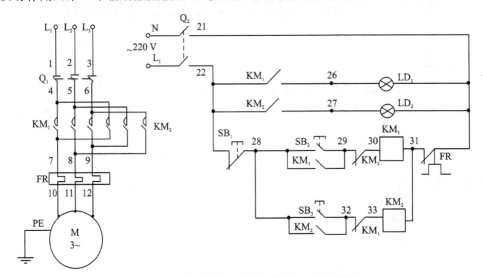

图 7.3.1　三相异步电动机正反转电路原理图

如果需要反转，则先按下停止按钮 SB_1，KM_1 断电，电动机停止运行；然后再按 SB_3，KM_2 通电并自锁，LD_2 回路接通，反转指示灯亮，主回路已经换相，电动机 M 反转。

若发生已按下正向启动按钮 SB_2 后，又按下反向启动按钮 SB_3 的误操作时，将发生电源两相短路的故障，电动机无法正常工作。为此，将 KM_1、KM_2 正反转接触器的常闭触点串接在对方线圈电路中，形成相互制约的控制，这种相互制约关系称为互锁控制。这种由接触器（或继电器）常闭触点构成的互锁称为电气互锁。互锁过程如下：正转时，按下 SB_2，KM_1 通电并自锁，电机 M 正转运行，串联在 KM_2 线圈回路的 KM_1 辅助触点（常闭）断开，保证 KM_2 线圈不能同时带电。反转时，按下停止按钮 SB_1，KM_1 断电，电动机停止运行；再按下 SB_2，KM_2 通电并自锁，电机 M 反转，串联在 KM_1 线圈回路的 KM_2 常闭触点断开，保证了 KM_1 线圈回路也不同时带电。

但电路在进行电动机由正转变反转或由反转变正转的操作控制中，必须先按下停止按钮 SB_1，而后再进行反向或正向启动的控制。这就构成正—停—反的操作顺序。

【实训步骤】

① 三相异步电动机正反转电路如图 7.3.1 所示，按图正确选择电气器件。
② 确定装配板（一般选用 500 mm×400 mm 木制板），安装电气器件。

③ 用 1.5 mm² 导线按图 7.3.1 连接主电路,然后用 1 mm² 导线连接控制电路。

④ 每连接一根导线必须按图标注线号。

【检查步骤】

① 合上 220 V 开关(不能通电),按下正转启动按钮(或按下反转启动按钮)用万用表的2 kΩ电阻档测量 0～L_1 之间的电阻,如果是 600 Ω 左右,就说明控制线路接对了。

② 电阻检测正确后,可以在教室通上 220 V 电压(在老师的指导下进行),观察正转指示和反转指示是否正确,同时还要看正、反转之间是否可以互锁。

③ 接负载(电动机)之前先测量 L_1、L_2、L_3 之间的电阻,应该是无穷大。在确定电路连接准确无误以后,再带电动机检验。

7.4 直流稳压电源

【实训目的】

1. 通过串联型稳压电源的制作,进一步掌握稳压电源的工作原理。

2. 学会电子电路的测试、检修等方法,熟悉电子线路板的插装、焊接工艺。

【实训器材】

1. 数字万用表 1块。

2. 常用电工工具 1套。

3. 焊接工具 1套。

4. 元器件选择参数见表 7.4.1。

表 7.4.1 串联型稳压电源元器件参数

名 称	代 号	规格型号	数 量	单 位	备 注
三极管	VT_1,VT_2,VT_3	9013	3	只	
二极管	VD_1～VD_4	IN4007	4	只	
嵌位二极管	VD_5,VD_6	IN4007	2	只	
金属膜电阻	R_1	2.2 kΩ 1/4 W	1	只	
金属膜电阻	R_2	680 Ω 1/4 W	1	只	
可调电位器	R_P	1 kΩ	1	只	
电解电容	C_1,C_3	100 μF,16 V	2	只	
电解电容	C_2	470 μF,16 V	1	只	
电源变压器	T	220 V/9 V,5VA	1	只	
熔断丝	RD	1A	1	只	
印刷电路板		PCB	1	块	自制

【工作原理】

串联型稳压电源稳压精度高,内阻小。本例输出电压在 3～6 V 范围内随意调节,输出电流为 100 mA。可供一般实验线路使用。

原理图如图 7.4.1 所示,变压器 T 次级的低压交流电,经整流二极管 VD_1～VD_4 整流,电容器 C_1 滤波,获得直流电,送到稳压部分。稳压部分由复合调整管 VT_1、VT_2,比较放大管 VT_3,起稳压作用的硅二极管 VD_5、VD_6 和取样微调电位器 R_P 等组成。晶体三极管集电极、发射极之间的电压降简称管压降。复合调整管上的管压降是可变的,当输出电压有减小的趋势时,管压降会自动地变小,维持输出电压不变;当输出电压有增大的趋势,压降又会自动地变大,仍维持输出电压不变。可见,复合调整管相当于一个可变电阻,由于它的调整作用,使输出电压基本上保持不变。复合调整管的调整作用是受比较放大管控制的,输出电压经过微调电位器 R_P 分压,输出电压的一部分加到 VT_3 的基极和地之间。由于 VT_3 的发射极对地电压是通过二极管 VD_5、VD_6 稳定的,可以认为 VT_3 的发射极对地电压是不变的,这个电压叫做基准电压。这样 VT_3 基极电压的变化就反映了输出电压的变化。如果输出电压有减小趋势,VT_3 基极发射极之间的电压也要减小,这就使 VT_3 的集电极电流减小,集电极电压增大。由于 VT_3 的集电极和 VT_2 的基极是直接耦合的,VT_3 集电极电压增大,即 VT_2 的基极电压增大,这就使复合调整管加强导通,管压降减小,维持输出电压不变。同样,如果输出电压有增大的趋势,则通过 VT_3 的作用又使复合调整管的管压降增大,维持输出电压不变。

VD_5、VD_6 是利用它们在正向导通时正向压降基本上不随电流变化的特性来稳压的,硅管的正向压降约为 0.7 V 左右。两只硅二极管串联可以得到约为 1.4 V 的稳定电压。R_2 是提供 VD_5、VD_6 正向电流的限流电阻。R_1 是 VT_3 的集电极负载电阻,又是复合调整管基极的偏流电阻。C_2 是考虑到在市电电压降低时,为了减小输出电压的交流成分而设置的。C_3 的作用是降低稳压电源的交流内阻和纹波。

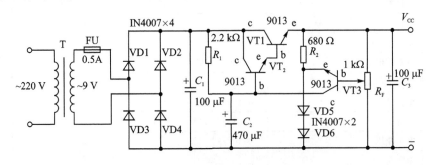

图 7.4.1 串联型稳压电源原理图

【实训步骤】

1. 印制电路板的制作

（1）印制电路板的特点与种类

印制电路板，也称印制线路板、印制或印刷电路板。它指以绝缘板为基础材料加工成一定尺寸的板，在其上面至少有一个导电图形及所有设计好的孔（如元件孔、机械安装孔及金属化孔等），以实现元器件之间的电气互连。

刚性印制板通常分为：

单面板——仅一面有导电图形的印制板；

双面板——两面上都有导电图形的印制板；

多层板——由交替的导电图形层及绝缘材料层层粘合而成的一块印制板，导电图形的层数在两层以上，层间电气互连是通过金属化孔实现的。

除上述三种刚性印制板之外，还有使用挠性基材的挠性印制板。

印制电路板由绝缘底板、连接导线和装配焊接电子元器件的焊盘组成，具有导电线路和绝缘底板的双重作用。它可以实现电路中各个元件的电气连接，代替复杂的布线，减少了传统方式下的接线工作量，简化电子产品的装配、焊接和调试工作；缩小了整机体积，降低了产品成本；提高了电子设备的质量和可靠性。印制电路板具有良好的产品一致性，它可以采用标准化设计，有利于实现生产过程机械化和自动化；使整块经过装配的印刷电路板作为一个备件，也便于整机产品的互换和维修。

（2）电路图的设计

通过 Altium Designer 软件，来绘制电路原理图和 PCB 图。下面我们以串联型稳压直流电路为例进行介绍，参见图 7.4.1。

（3）工程的建立

打开 Altium Designer 软件，选择文件菜单下的新建工程中的"PCB 工程"，如图 7.4.2所示。

然后将新建 PCB 工程保存并命名。再在工程中添加原理图文件和 PCB 图文件，如图7.4.3所示。

（4）原理图的绘制

在绘制原理图前，先将元件库文件添加到软件的库中，如图 7.4.4 所示。

常用元器件的集成文件是 Library 目录下的 Miscellaneous Devices. IntLib 文件，将此文件添加到软件的元件库中，就可以调用各种常用元器件了，如图 7.4.5 所示。

接下来从元件库中将各个元器件放置到原理图中，并选择"放置"菜单中的"线"将各元器件连接好，如图 7.4.6 所示。

然后双击元器件，在弹出的元件属性窗口中对每个元器件的标识、注释、名称、值、引脚 PIN 的属性等进行编辑从而完善原理图，如图 7.4.7 所示。

最后选择"设计"中的"Update PCB Document 稳压电源. pcbdoc"对绘制好的原理图进行错误检查同时会产生 PCB 图。

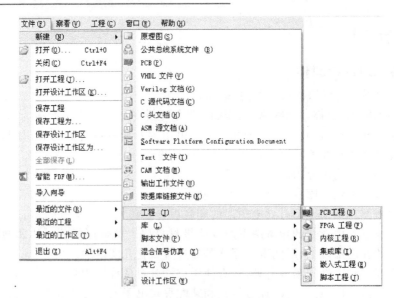

图 7.4.2　新建 PCB 工程图

图 7.4.3　添加原理图文件和 PCB 图文

图 7.4.4　添加元器件库

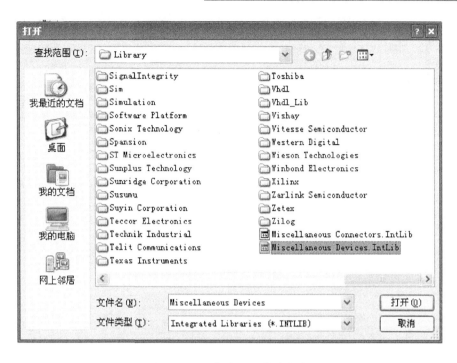

图 7.4.5　添加常用元器件集成库

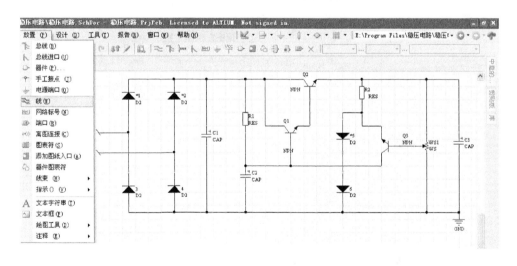

图 7.4.6　放置元器件并连接导线

（5）PCB 图的绘制

先对 PCB 板的尺寸进行重新定义，根据所需大小进行更改。在 PCB 图中单击"设计→板子形状→重新定义板子外形"，如图 7.4.8 所示。

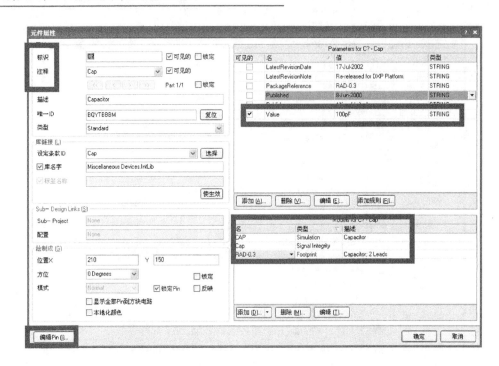

图 7.4.7　编辑元器件的属性窗口

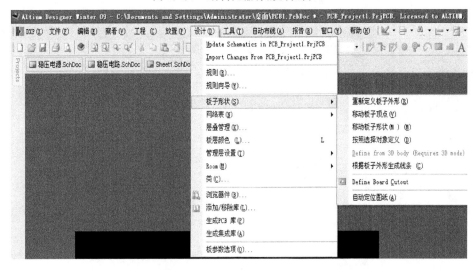

图 7.4.8　重新定义板子外形

　　然后导入原理图元件,导入的元件在 PCB 中变成了 PCB 元件。将各个元件放置在定义好的板子内,如图 7.4.9 所示。

　　图 7.4.9 中的细线是元件间的电气连接,在布置导线时必须按照此线的连接方式来布置导线。

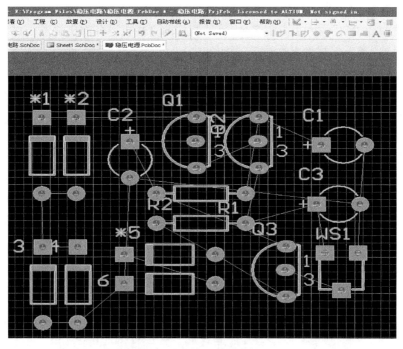

图 7.4.9　放置 PCB 元件图

在布线前对导线进行设置,选择"设计→规则"。在弹出窗口中找到"routing",
然后对导线各项指标进行设置,如图 7.4.10 所示。

图 7.4.10　布线规则设置窗口

接下来是布线。布线在软件中有两种方式:自动布线和手动布线。自动布线选
择"自动布线→全部",软件会自动将所有的导线布好。对于复杂的电路自动布线是
不能完全达到要求的,所以必须手动布线。手动布线选择"放置→interactive routing",
然后对相应的元件进行布线。

　　(6) 手工 PCB 板的制作方法

　　手工制作 PCB 的方法有很多种，每种制作的方法也是各有优缺点。这里我们介绍两种方法：感光板制作方法和手工描绘法。

　　第 1 种方法：感光板制作

　　所需要材料：感光电路板、两块大小适中的玻璃、透明菲林(或半透明硫酸纸)、显像剂、三氯化铁、钻孔工具。

　　第 1 步：准备 PCB 原稿图。首先要在电脑中设计好电路板图(前文已述)。

　　第 2 步：打印菲林纸。最好是选择透明的菲林用激光打印机来打印，这样打印出来的效果非常好，完全胜任一般的电路板制作要求。如果是喷墨式打印机就要用硫酸纸，但是效果差。打印的时候要注意，Top 层就要选择镜像打印，Bottom 层直接打印就可以了，这样做的目的是为了让菲林的打印面(碳粉面/墨水面)紧贴着感光板的感光膜，如图 7.4.11 所示。

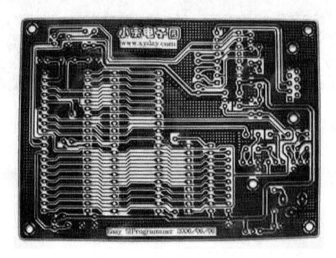

图 7.4.11　打印菲林纸

　　第 3 步，开始整个制作环节中比较重要的工作：曝光。没使用过的感光板铜皮面会有一层白色不透明的保护膜。用刀子将曝光板裁成所需要的大小，并把毛边刮掉，然后将保护膜撕掉。去掉保护膜的感光板铜皮面被一层绿色的化学物质所覆盖，这层绿色的东西就是感光膜。先将其中一块玻璃放在较平的台面上，然后把感光板放在玻璃上，绿色曝光面朝上，如图 7.4.12 所示。

　　去掉保护膜的感光板铜皮面被一层绿色的化学物质所覆盖，这层绿色的东西就是感光膜。先将其中一块玻璃放在较平的台面上，然后把感光板放在玻璃上，绿色曝光面朝上。将打印好的菲林轻轻铺在感光板上，并对好位置。将另外一块玻璃压上，利用上面那块玻璃本身的自重使曝光板和菲林紧贴在一起。确定两块玻璃已经准确无误地将电路板和菲林压好后，接下来就要开始曝光了，如图 7.4.13 所示。

　　曝光的方法有几种：太阳照射曝光、日光灯曝光、专用的曝光机曝光，可以根据情况灵活选择。这里采用的是日光台灯来曝光,台灯和感光板的距离大概是 5 cm 左右。曝光的时间要根据曝光光源的照射强度,以及不同厂家生产的感光板可能对曝光时间要求的不同,具体时间请参考厂家的说明。在这里这次曝光用了大约12 min。曝光时间的要求并不是很严格,但时间不要太短,那样会导致曝光不充分,曝多几分钟无所谓。

图 7.4.12　将保护膜去掉

图 7.4.13　用两块玻璃电路板和菲林压好

第 4 步:显像。在曝光的的这个空挡时间里还有一件事要做,就是调制显像剂,曝光后的板子要尽快进行显像工作,当然也可以事先调好。用一个塑料盆将显像剂和水按 1:20 的比例调好。加入水后轻轻摇晃,使显影剂充分溶解于水中。注意:不要用金属材料的盆,不要用纯净水,用一般的自来水即可。将曝光后的感光板放入调制好显像剂的盆中,绿色感光膜面要向上并且不停的晃动盆子,此时会有绿色雾状冒起,线路也会慢慢显露出来。直到铜箔清晰且不再有绿色雾状冒起时即显像完成,此时需再静待几秒钟以确认显像百分百完成。显像完成后用水稍微冲洗,吹风机吹干,检查磨面线路是否有短路或开路的地方,短路的地方用小刀刮掉,断路的地方用油笔修补。感光板显像图如图 7.4.14 所示。

图 7.4.14　感光板显像图

第 5 步：蚀刻电路板。将三氯化铁放入塑料盆中（注：不能用金属盆），按 250 g 三氯化铁配 1 500 cc～2 000 cc 的水进行调配，用热水可加快蚀刻速度，节约时间。待三氯化铁充分溶于水中后即可将已显影的电路板放入盆中进行蚀刻，蚀刻的过程当中不停晃动盆子，使蚀刻均匀并可加快蚀刻速度。大约十几分钟即可完成蚀刻过程，蚀刻完成后将电路板取出用水轻轻冲洗即可。

最后一步：钻孔。对零件孔或需要钻孔的地方进行钻孔，钻孔后的电路板就可以进行零件装配焊接了。感光板可以直接焊接，绿色的感光膜不必去除，如需去除可用酒精或天那水等进行擦洗。

第 2 种方法：手工描绘法

直接用笔将 PCB 图画在覆铜板上，然后再进行蚀刻。这种方法看似简单，实际操作起来很不容易。下面介绍一种比较容易成功的方法。首先用复写纸将覆铜板包裹住，然后将打印好的 PCB 图也包住覆铜板，用铅笔和直尺将 PCB 上的导线和焊盘全部描绘出来，打开图纸和复写纸，可以看见覆铜板上已经复印了一个 PCB 图了。接下来用油性笔把覆铜板上的 PCB 图再画一次。注意只能采用油性笔，水性笔放在腐蚀液中会溶解，电路板就会报废；用油性笔画图的时候，油墨要厚重，这样抗腐蚀能力就会更强一些，不至于导线出现小孔或断线的现象。接下来就是蚀刻电路板。普遍的方法是采用三氯化铁，反应速度较慢，而且需要加温。这里介绍一种新的方法：取 4 份清水，1 份浓盐酸，1 份双氧水；混合后再将电路板放入溶液中不断摇晃，几分钟后蚀刻就完成了；再用牙膏将电路板上的油墨清洗干净；最后钻孔。这种蚀刻方法速度快，不需要加温，效果比较明显。

2. 安　装

（1）用万用表检测所有元器件，并对元器件引脚做好镀锡、成型等准备工作。

（2）按 PCB 板图（如图 7.4.9 所示）正确安装元器件。安装焊接工艺参考如下要求：

① 电阻、二极管均采用水平安装，贴紧印制板。电阻的色环方向应该一致。

② 三极管采用直立式安装，底面离印制板（5±I）mm。

③ 电解电容器尽量插到底，元件底面离印制板最高不能大于 4mm。

④ 微调电位器尽量插到底，不能倾斜，三只引脚均需焊接。

⑤ 外接电源变压器一次侧接 220 V 电源，二次侧 9 V 输出电源焊在印制板上。变压器的一、二次侧引出线（初、次级）都需用绝缘胶布包妥，绝不允许露出线头。

⑥ 插件装配美观、均匀、端正、整齐、不能歪斜，要高矮有序。

⑦ 所有插入焊片孔的元器件引线及导线均采用直脚焊，剪脚留头在焊面以上（1±0.5）mm，焊点要求圆滑、光亮、防止虚焊、搭焊和散锡。

3. 调试与检测

（1）用万用表交流电压挡测量并记录电源变压器初、次级电压。

（2）用万用表直流电压挡测量并记录电解电容器 C_1 两端电压值和输出波形。

（3）用螺丝刀调节 R_p 电阻，使输出电压在 3～9 V 之间变化。

7.5　七彩循环装饰灯控制器

【实训目的】

1. 熟悉七彩循环装饰灯控制器原理。

2. 通过安装制作七彩循环装饰灯控制器，进一步熟悉电子线路制作工艺。

【实训器材】

1. 数字万用表　　　　　　1 块。

2. 常用电工工具　　　　　1 套。

3. 元器件参数见表 7.5.1。

表 7.5.1　元器件参数

名　称	代　号	规格型号	数量	单位	备　注
"与非"门	IC_1	CD4011	1	套	含插座
DK 触发器	IC_2	CD4518	1	套	含插座
晶闸管	$VTH_1 \sim VTH_3$	MRR100-6	3	只	
二极管	$VD_1 \sim VD_5$	1N4004	5	只	
稳压二极管	VD_6	2CW59	1	只	
可调电位器	R_P	WS1-X-1K	1	只	
金属膜电阻	R_1	82 kΩ,1/4 W	1	只	
金属膜电阻	R_2	1 MΩ,1/4 W	1	只	
金属膜电阻	R_3	10 kΩ,1/4 W	1	只	
金属膜电阻	$R_4 \sim R_6$	33 kΩ,1/4 W	3	只	
电解电容	C_1	220 μF,16 V	1	只	
电解电容	C_2	4.7 μF,16 V	1	只	
扭子开关	SA	5A	1	只	
彩色灯	$H_1 \sim H_3$	15 W,220 V	3	套	红绿蓝
印刷电路板		PCB	1	块	自制

【工作原理】

七彩循环装饰灯控制器电路如图 7.5.1 所示，它由电源变换电路、调色时钟脉冲信号发生电路和灯光变色控制电路三部分组成，其中，HL_1、HL_2、HL_3 是被控"三基色"灯泡。

电工电子实训教程

210

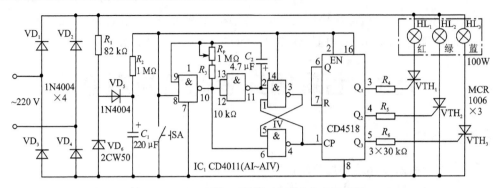

图 7.5.1　七彩循环装饰灯控制器电路原理图

　　接通电源,220 V 交流电经 $VD_1 \sim VD_4$ 桥式整流后,一方面供彩灯回路用电;另一方面经 R_1 降压限流、VD_6 稳压、VD_5 隔离和 C_1 滤波,为控制电路提供约 10.3 V 的稳定直流电压。IC_1 与外围组件构成一个时钟脉冲信号发生器,其中"与非"门Ⅲ、Ⅳ以及 R_P、R_3 和 C_2 组成多谐振荡器,由"与非"门Ⅲ、Ⅳ构成 R-S 触发器对振荡产生的脉冲进行整形,然后由"与非"门Ⅳ输出送到 IC_2 的时钟脉冲 CP 输入端。IC_2 是一块有双同步加法计数功能的 CMOS 集成电路 CD4518,由"与非"门Ⅳ送来的正脉冲在其内部进行二进制编码,并使 $Q_1 \sim Q_4$ 输出端的状态发生循环组合变化。其逻辑真值表如表 7.5.2 所列,从真值表中可以看出,当 IC_2 的 CP 端输入第一个时钟脉冲时,其 Q_1 输出高电平,VTH_1 受触发导通,HL_1 通电发出红光;当第二个时钟脉冲到来时,IC_2 的 Q_2 端输出高电平,VTH_2 随之导通,HL_2 通电发出绿光;当第三个时钟脉冲到来时,IC_2 的 Q_1、Q_2 端同时输出高电平,VTH_1、VTH_2 均导通,HL_1、HL_2 同时通电点亮,根据混色原理,灯箱对外变成黄色;依次类推,IC_2 的 Q_1、Q_2、Q_3 端有 8 种逻辑状态,可使"三基色"灯顺序产生 7 种色光(红、绿、红+绿=黄、蓝、红+蓝=紫、绿+蓝=青、红+绿+蓝=白)。当第八时钟脉冲到来时,IC_2 的 Q_1、Q_2、Q_3 端均输出低电平,HL_1、HL_2、HL_3 全部熄灭片刻;同时 IC_2 的 Q_4 端输出高电平,其信号直接送入清零端 R,使 IC_2 内部电路复位;第九个时钟脉冲送入 IC_2 时,循环上述过程。

　　电路中,灯光变色速度由"与非"门Ⅰ、Ⅱ组成的多谐振荡器工作频率确定,其工作频率由公式 $f \approx 1/[0.69(R_P+R_3)C_2]$ 来估算。按图 7.5.1 所示选用数值,通过调节 R_P 阻值,可使灯光每隔 0.1~10 s 自动变换一种颜色。闭合定色开关 SA,"与非"门Ⅰ的控制输入端由高电平变为低电平,振荡器停止工作,变色灯便停留在上述 8 个状态中的某一个状态。

表 7.5.2　CD4518 真值表

输　出	时　钟							
	1	2	3	4	5	6	7	8
Q_1	1	0	1	0	1	0	1	0
Q_2	0	1	1	0	0	1	1	0
Q_3	0	0	0	1	1	1	1	0
Q_4	0	0	0	0	0	0	0	1

【实训步骤】

1. 制作印制板

按 PCB 板图要求,课前制作七彩循环装饰灯控制器印刷板。七彩循环装饰灯控制器印制电路板(PCB)接线图如图 7.5.2 所示。印制板实际尺寸约为 75 mm×35 mm。

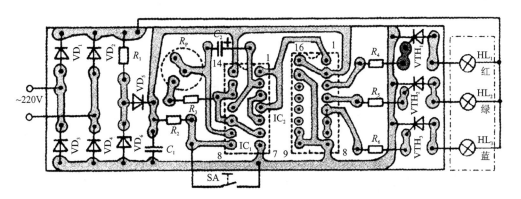

图 7.5.2 七彩循环装饰灯控制器印制板(PCB)图

2. 组装控制器

按 PCB 板接线图焊接元器件,IC_1、IC_2 最好用插座,插座的缺口标记与印制板相应标记对准,不得装反,同时集成电路插入插座也要注意不要插反,焊好的电路板经检查无误后,最好装在密封的小盒内,以免使用时不慎而发生触电事故。制好的控制器电路无需调试即可投入正常工作。

实际运用时,"三基色"灯应为 220 V、15~40 W 彩色钨丝灯泡组,要求每组色灯总功率不超过 100 W。可以用此控制器制成形式多样、功能不一的变色壁灯、变色吸顶灯、变色灯柱、变色广告牌等,但必须考虑"三基色"灯泡色彩混合问题。

该控制器能长年通电使用,性能可靠。使用时调节电位器 R_P 的旋钮,即可使七色光变换的快慢达到满意速度。若要变色灯停在某一喜欢的颜色上,则只需合上定色开关 SA 即可;若想返回到变色状态,则只需要断开 SA 便可。

7.6 水箱自动水位控制器

【实训目的】

1. 熟悉自动水位控制装置的电路原理。
2. 通过安装自动水位控制电路,进一步熟悉了解电路原理和工艺制作过程。

【实训器材】

1. 数字万用表　　　　　　　　　1 块。
2. 装配板 400 mm×500 mm　　　1 块。
3. 常用电工工具　　　　　　　　1 套。
4. 元器件参数见表 7.6.1。

表 7.6.1　元器件参数

名　称	代　号	型号、规格	数　量	单　位	备　注
隔离开关	Q1	DZ47 - 63/3P	1	只	
磁保险	$FU_1 \sim FU_3$	5A	3	套	
保险丝	FU_4	1 A	1	套	
交流接触器	KM_2	CDC10 - 10	1	只	220 V
热继电器	FR	JR36 - 20	1	只	
固态继电器	IC	PSSR	1	只	
中间继电器	KA	JQX—10	1	只	
停止按钮	SB1	LA19 - 11	1	只	红色
启动按钮	SB2	LA19 - 11	1	只	绿色
绕线电阻	R_1	120 Ω, 4 W	1	只	
涤纶电容	C_1	0.33 μF, 450 V	1	只	
压敏电阻	R_V	MYH 500 V	1	只	
连接导线		BV 2.5～4 mm²	6	m	按负载定
连接导线		BV 1.5 mm²	20	m	红、黑色
接线端子		TB - 2512	1	只	
电极	C、L、H	直径为 0～16 mm 的不锈钢棒			

【工作原理】

电路原理如图 7.6.1 所示。

IC 为 PSSR 型交流固态继电器,它是在 SSR 固态继电器基础上发展起来的一种新型交流无触点继电器,与 SSR 相比,不但具有 SSR 的有源驱动功能,而且还具有无源驱动及负载功率驱动功能。PSSR 固态继电器具有结构简单、工作可靠、开关速度快、寿命长、噪声低、可以频繁启动等特点。该实训项目主要利用 PSSR 固态继电器工作于无源驱动。

PSSR 固态继电器为 6 个引脚端组件,输入、输出端采用变压器隔离。其中①脚为正功率驱动端;②脚为高无源阻抗驱动端或负功率驱动端;③脚为低无源阻抗驱动

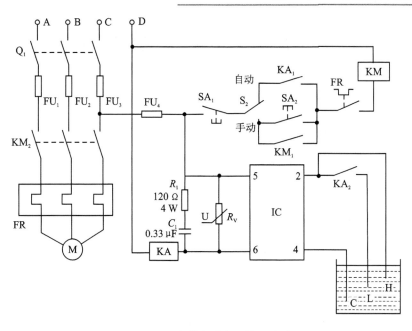

图 7.6.1　水箱自动水位控制电路

端;④脚为公共端;⑤、⑥脚为输出端。例如,PSSR 用于无源驱动电路,则②、④端为高阻抗;③、④端为低阻抗,可根据不同传感元件选择不同输入端子,当变化阻值大于门限值时,⑤、⑥端连通;小于门限值时,⑤、⑥端关断。

当转换开关 S_2 在自动位置时,若水面低于 C 点,跨接在 IC 的②、④脚之间的电阻为无穷大,输出端⑤、⑥脚导通,中间继电器 KA 线圈得电,触点 KA_1 闭合。交流接触器 KM 吸合,水泵电机 M 开始工作,向水箱注水。与此同时,触点 KA_2 由常闭变为常开,电机 M 仍继续工作,当水位上升到 H 点时,跨接在 IC 的②、④脚之间的电阻为水的电阻,此电阻小于门限值,IC 输出端⑤、⑥脚断开,KA 线圈失电,触点 KA_1 断开。水泵电机 M 停止工作。同时触点 KA_2 恢复常闭状态。当水位下降到 L 点时,由 C、L、H 点组成的电阻跨接到 IC 的②、④脚端为无穷大,因而 IC 输出端⑤、⑥脚呈导通状态,KA_2 得电吸合,重新抽水,把水位自动控制在 L、H 之间。

【实训步骤】

① 自动水位控制器电路原理如图 7.6.1 所示,按图正确选择电气器件。

② 确定装配板(一般选用 500 mm×400 mm 木制板),安装电气器件。

③ 用在 2.5~4 mm² 导线按图 7.5.1 连接主电路,然后用 1.5 mm² 导线连接控制电路。

④ 安装 C、L、H 三处电极,或模拟三个电极。

7.7 晶闸管型三路抢答器

【实训目的】

1. 了解晶闸管的特性及应用。
2. 掌握晶闸管构成的多路抢答器的工作原理。
3. 通过实训,进一步熟悉电子电路的装配、调试、检测方法。

【实训器材】

1. 数字万用表　　　　　1块。
2. 焊接工具及材料　　　1套。
3. 常用电工工具　　　　1套。
4. 元器件参数见表7.7.1。

表 7.7.1　元器件参数

名　　称	代　　号	规格型号	数　量	单　位	备　注
晶闸管	$VTH_1 \sim VTH_3$	MCR100 - 6	3	只	
扭子开关	SA	3 A/250 V	1	只	
按钮	$SB_1 \sim SB_3$		3	只	
金属膜电阻	R_1	3.3 kΩ,1/4 W	1	只	
金属膜电阻	R_2	1 kΩ,1/4 W	1	只	
金属膜电阻	R_3	36 kΩ,1/4 W	1	只	
金属膜电阻	R_4	330 Ω,1/4 W	1	只	
发光二极管	$D_1 \sim D_3$	0.3 A,2.5 V	3	只	
涤纶电容	C_1	0.1 μF	1	只	
二极管	VD_1,VD_2	1N4007	2	只	
三极管	VT_1	1015	1	只	
三极管	VT_2	1815	1	只	
扬声器	B	8 Ω,0.5 W	1	只	

【工作原理】

由晶闸管构成的多路抢答器电路原理图如图7.7.1所示。主持人闭合SA,抢答开始。假定按钮开关SB_3先按下,则晶闸管VTH_3触发导通,指示灯玩亮,振荡器工作,扬声器发声,表示持SB_3按钮者获优先抢答权。由于VD_1、VD_2导通,使电路中

A、B 两点电位很接近,此时其他按钮再按下,已没有足够的触发电压使尚未导通的晶闸管导通,即其他指示灯不会再亮。当主持人断开 SA,再闭合时,即可进行下一轮抢答。

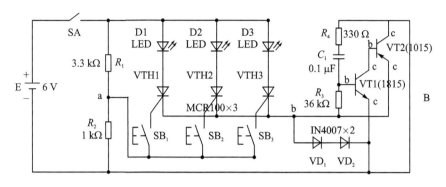

图 7.7.1 三路抢答器电原理图

【实训步骤】

安装、调试与检测

① 由晶闸管构成的三路抢答器安装在万能板上。三极管、单向晶闸管采用直立式安装,底面离印制板(5±1)mm。其他元器件按电子元器件装配工艺要求进行安装。插件装配力求美观、均匀、端正、所有插入焊片孔的元器件引线及导线均采用直脚焊,剪脚留头在焊面以上(1±0.5)mm,焊点要求圆滑、光亮,防止虚焊、搭焊。

② 检查元器件装配无误后,接上 6 V 电源。在开关 SA 处于断开状态下时,把电流表串接在开关两端,测试静态电流,正常情况下应为 1.25 mA 左右,用镊子短路晶闸管阳极和阴极,扬声器发声,电流表读数应为 1.75 mA 左右。

③ 接通扭子开关 SA,按下按钮开关,其中相对应的一只指示灯亮,扬声器发声,此时再按下其他按钮开关,其他指示灯不会再亮。

④ 断开扭子开关 SA,再闭合。检查其他每个指示灯、晶闸管是否正常。电路中晶闸管、指示灯可根据情况增减。

7.8 日光灯功率因素补偿电路

【实训目的】

1. 明确感性电路中提高功率因数的方法和意义。

2. 了解日光灯的工作原理及电路中各元件的作用。

3. 掌握日光灯的安装接线。

4. 掌握单相功率表及单相功率因数表的使用方法。

【实训器材】

1. 数字万能表		1 块。
2. 交直流电压表		1 块。
3. 交直流电流表		1 块。
4. 单相功率因素表		1 块。
5. 低功率因素瓦特表		1 块。
6. 日光灯散件 20 W		1 套。
7. 可变电容器 470 μF/450 V		1 只。

【工作原理】

整个日光灯电路是由灯管、镇流器和起辉器所组成,因为电感式镇流器是一个铁心线圈,所以日光灯电路是感性负载,其功率因数在0.5左右,工作原理图如图 7.8.1 所示。

可以采用在日光灯电路两端并联电容器的办法来提高电路的功率因数。若电容选择适当,可以使电路功率因数提高到1,此时电路达到电流谐振(线路电流达到最小值)。

日光灯管两头装有灯丝,灯丝由钨丝制成,表面涂有锶氧化物等,以增强热点发射的能力。内封入小滴水银,以维持水银蒸气稳定的低

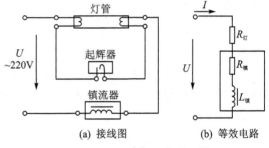

图 7.8.1　日光灯工作原理图

压。在两灯丝之间通过水银蒸气放电时,产生为 235.7 nm(1 nm＝10^{-9} m)的紫外线,激励管壁内表面上的荧光涂层,发出可见的白光。

灯丝表面的氧化物涂层是保护灯管在额定电压下(20 W 灯管的电压约为 70 V)正常工作所必需的,在工作中氧化物逐渐损失,每次启动也引起附加的损失,所以每次启动后连续工作 3 h,累计总工作小时数(7500 h),作为灯管的寿命。

起辉器有一个固定触头及一个 U 形双金属片动触头,一起封装在一个充有氖气的小玻璃壳内。若在两触头间加上 220 V 的电压,氖气就被离化而辉光放电(气体导电的一种形式)。辉光放电产生的热量使 U 形双金属片受热而伸直,动触头向静触头移动。当触头碰接时,辉光随之熄灭,双金属片开始冷却,恢复原状,两触头分开,因此起辉器相当于自动闭合后又自动分开的开关,整个过程只有 2~3 s。起辉器在灯管两灯丝之间,灯管起辉后,电压下降(20 W 灯管的工作电压约为 70 V),不能再使氖气离化,起辉器保持断开状态。起辉器两端并联一只0.01 μF的小电容器,其主要

功能是消除高频干扰。

镇流器是一个铁心电感,功能有三点:第一,在起辉器断开瞬间,镇流器产生一个很高的感应电动势使日光灯管起辉;第二,在预热阶段,镇流器和灯丝串连接 220 V 电压,全靠其感抗来限制预热电流,以免烧断灯丝;第三,气体放电器件具有负阻特性,因此灯管起辉后,必须有镇流器的感抗来限制灯管的启动电流,日光灯启动后,镇流器工作电压约为70 V,电流约为 0.3 A。日光灯正常工作时,灯管和镇流器串联构成感性负载,因此,应该并联上一个电容器,以改进功率因数,如图 7.8.2 所示。

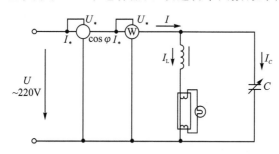

图 7.8.2　日光灯功率因素补偿电路原理图

【实训步骤】

① 按图 7.8.1 电路原理图接线,合上电源,观察日光灯是否正常启动。

② 日光灯电路未并入电容时,测出表 7.8.1 内第 1 组数据。(此时按图 7.8.2 接线,将功率表和功率因素表接入电路中。)

③ 调节可变电容 C 的电容量,使 $\cos\varphi \approx 0.75$(滞后),测出表 7.8.1 内第 2 组数据。

④ 调节可变电容 C 的电容量,使 $\cos\varphi \approx 0.85$(滞后),测出表 7.8.1 内第 3 组数据。

⑤ 调节可变电容 C 的电容量,使 $\cos\varphi \approx 0.8$(超前),测出表 7.8.1 内第 4 组数据。

表 7.8.1　日光灯功率因素补偿记录表

条　件	$\cos\varphi$	P/W	U/V	U_i/V	U_R/V	I/A	I_t/A	I_R/A
未并入电容								
$\cos\varphi \approx 0.75$(滞后)								
$\cos\varphi \approx 0.85$(滞后)								
$\cos\varphi \approx 0.8$(超前)								

表 7.8.1 中,$\cos\varphi$ 为实测数据;P 为灯管的有功功率;U 为电源电压;U_L 为镇流器两端电压;U_R 为灯管两端电压。

7.9　镍镉电池自动充电器

【实训目的】

1. 了解自动充电器基本性能、特性和结构。
2. 掌握镍镉电池自动充电器的工作原理。
3. 通过实训,进一步熟悉电子产品的装配、调试、检测方法。

【实训器材】

1. 数字万用表　　　　　　1 块。
2. 焊接工具及材料　　　　1 套。
3. 常用电工工具　　　　　1 套。
4. 元器件参数见表 7.9.1。

表 7.9.1　元器件参数

名　称	代　号	规格型号	数　量	单　位	备　注
电源变压器	Tr	220 V/6～10 V	1	只	自制
整流二极管	$D_1 \sim D_4$	2CE82	1	只	
稳压二极管	D_5	2CW11	1	只	
稳压二极管	D_6	2CW9	1	只	
直流继电器	J	JRX－13	1	只	
三极管	VT_1	3CG15	1	只	
三极管	VT_2	3AX83	1	只	
三极管	VT_3	3DK4	1	只	
三极管	VT_4, VT_5	3DG8	2	只	
电解电容	C	1000 μF,16 V	1	只	
可调电位器	W_1	1.5 kΩ	1	只	
可调电位器	W_2	110 kΩ	1	只	
电流指示器	M	6411	1	只	
按钮	K	单联 10A	1	只	
金属膜电阻	R_1	310 Ω,1/4 W	1	只	
金属膜电阻	R_2	1 kΩ,1/4 W	1	只	
金属膜电阻	R_3	27 kΩ,1/4 W	1	只	
金属膜电阻	R_4	1.1 kΩ,1/4 W	1	只	
金属膜电阻	R_5	6.2 kΩ,1/4 W	1	只	
金属膜电阻	R_6	4.7 kΩ,1/4 W	1	只	
金属膜电阻	R_7	20 kΩ,1/4 W	1	只	
电源插头	CZ	单相～220 V	1	只	
印刷电路板		PCB			自制

【工作原理】

由于电池的内阻与内部储藏的电荷量有关,随着充电时间的增长,电池内部电荷量增多,电池的内阻会迅速地减小。因此,用恒压源充电,充电电流会随内阻减小而增大,这将引起所谓"过电流"充电,而损坏电池。所以需要用恒流源来充电。

电流充电到达满容量后,再充电就会形成"过量"充电。大电流的过量充电反而会使已经充满的容量减少。这是因为本来转变成化学能的电能转变成热能而产生的热量会损坏电池内部的电解液和电极,造成寿命下降。防止过量充电,可以用电路来控制,使它自动关电。

自动充电器电路具有用恒定电流充电和充电满容量后自动断电两种功能,达到保护电池和节能的目的。

镍镉充电电池自动充电器电路如图 7.9.1 所示。由电源变压器 Tr、桥式全波整流器 $D_1 \sim D_4$ 和滤波电容器 C 构成了降压、整流和滤波电路;由稳压管 D_5、晶体管 T_1、T_2,电阻器 $R_1 \sim R_7$ 和电位器 W_1 构成恒流源电路;由 $R_8 \sim R_{12}$ 与电流表构成电流指示电路;由晶体管 T_3、T_4、T_5,稳压管 D_6,电阻器 $R_{13} \sim R_{17}$ 和电位器 W_2 和继电器 J(包括接点 J_{1-2}、J_{1-1})构成了过压控制电路。

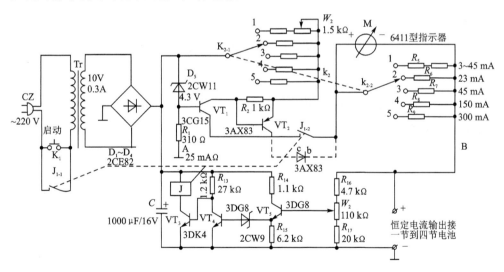

图 7.9.1　自动充电器电路原理图

为清楚表示恒流充电的工作原理,画出了如图 7.9.2 所示的等效电路。图中 U_1 为稳压管的稳定电压(4.3 V),电阻 R_1 的端电压为 U_{CB},它等于 $E_{C_1} - U_1$。E_{Cl} 为电源单元的输出电压(C_1 的端电压),I_S 为恒流输入电流,I 为恒流源输出电流。输入、输出的公共端是基极。由共基极电路的输出特性曲线可知,当 I_S 一定时,I 基本上不随 U_{CB} 而变,即其输出电阻很高,因此可作为恒流源。

过压控制电路工作过程如下：当按下启动键 K_1 后，若电池电压低于满容量电压（镍镉电池满容量电压为每节 1.45 V 左右，普通锰锌电池每节 1.65 V 左右），D6 不导通，则 VT_4 截止，而 VT_3 导通。于是继电器 J 吸合，J_{1-1} 接通。当 K_1 断开时，J_1 能自锁，电源仍然接通；J_{1-2} 同时接通，恒流源输出使电池充电。待充至满容量电压值时，VT_5 输出电位大于 D_6 稳压值，D_6 导通使 VT_4 导通而使 VT_3 截止，继电器释放，J_{1-1} 断开，切断交流市电。调节电位器 W_2，可改变使继电器刚动作的外加电压值，从而能调节满容量电压的数值。调

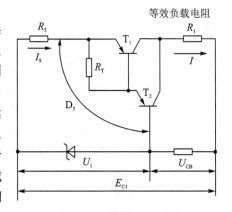

图 7.9.2　恒流源充电器等效电路图

节 W_1，能使恒流源输出电流从 3～45 mA 变化，以供各种扣式银锌电池充电。

【实训步骤】

1. 元件的选择

电源变压器 Tr 可用小型电铃变压器代替，次级电压 6～10 V 均可。自制数据如下：铁芯 E 为 10 mm×24 mm 高硅钢片，按每伏 20 匝计算；初级 220 V 用 ϕ0.06 mm 高强度漆包线，层层密绕 4400 匝（层间不要垫纸，否则绕不下）；次级 10 V 用 Φ0.47 mm 高强度漆包线密绕 200 匝。初次级间垫两层牛皮纸。最后在 2：1 的石蜡和松香溶液中浸煮一小时即可。

继电器可选用具有两组常断接点的任何高灵敏度继电器。如 RX-13F、JAG-4-2H 等。如果手头只有一组接点的继电器，那么 J_{1-2} 接点可用一只 3AX83 的 b、c 结代替。

电流指示器 M 用小型电流表头（500 μA、455 Ω 左右）。

晶体管 VT_1 可用任何 3CG 管，要求 β>100，I_{ceo} 愈小愈好。T_2 用锗中功率管，如 3AX63。要求 β≥20。T_3 选用 3DK4、3DG12 均可，β≥50。T_4、T_5 选用 3DG6、3DG8 等，要求 β≥150。要求所有晶体管的耐压 BVceo 大于 20 V。

2. 电路安装

元器件布置和安装参照图 7.9.3 所示。

3. 电路的调试

① 调节 R_1，使 D_5（2CW）工作在稳压特性平坦的部分，即图中 A 点电流≥25 mA。如果变压器 B 次级电压只有 6 V，为了能对四节电池充电，D_5 必须改用 2CW9（稳压值 1 V 左右）。

② 断开 B 点，按下 K_1，使继电器吸合，在输出端接上 0～7 V 可变的稳压电源，

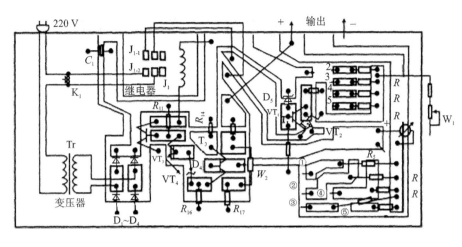

图 7.9.3 自动充电器电路元器件安装图

调整稳压电源输出电压,使其分别在 1.45 V(对于镍镉蓄电池)或 1.65 V(对于普通锰锌电池)、2.9 V 或3.3 V、4.35 V 或 4.95 V、5.8 V 或 6.6 V 时分别调节 W_2,能使继电器 J_1 动作(接点断开),此时,在 W_2 度盘上按上述对应点可分别刻上"一节"、"二节"、"三节"和"四节"电池。

如要一次对四节以上的更多电池充电,可适当提高电源变压器的次级电压,也要相应提高晶体管的耐压。若 D_5 不变,则其他元件值也可以不变。

4. 充电注意事项

镍镉电池开始充电时,其端电压会很快升至某一值(1.25~1.30 V),到达此值后,则上升的速率将会变得愈来愈慢,直至满容量电压值,充电电池充电容量状态与端电压的关系参见表6.9.2。如果再充电,电压升得过高,将产生过热,对电池不利。图 7.9.1 的电路有过电压控制电路会自动切断充电,能避免这种现象。

图 7.9.1 电路输出端允许短路,不会损坏内部电路。但应避免电池极性接反充电,这会损坏电池。电池串联使用应避免过放电,因为对于某只先放完电量的电池来说,相当于其他电池对它反充电,这样也会损坏电池。

表 7.9.2 镍镉电池充电容量与端电压的关系

充电时(以 10 小时速充电)		放电后(以 5 小时速放电)	
电荷容量/%	充电时的端电压/V	电荷容量 放完容量/%	开路电压/V (<1.10)
25	1.35~1.39	25	1.25 左右
50	1.39~1.42	50	1.29~1.32
75	1.42~1.45	75	1.32~1.34
100	1.45~1.48	100	1.34~1.38

7.10　机床电气控制电路

【实训目的】

1. 了解机床电气控制电路的基本形式、结构。
2. 掌握机床电气控制电路的工作原理。
3. 通过实训,进一步熟悉电工产品的装配、调试、维修方法。

【实训器材】

1. 数字万用表　　　　　　　1块。
2. 常用电工工具　　　　　　1套。
3. 电工器材选择见表7.10.1。

表 7.10.1　电工器件参数

名　称	代　号	型号、规格	数　量	单　位	备　注
电源开关	QS	DZ47－63/3P	1	只	
电源总保险	FU	RL1－30	3	只	
分保险座	FU$_1$	RL1－15	3	只	
控制保险	FU$_2$～FU$_4$	RL1－5	3	只	
交流接触器	KM$_1$	CDC20－20	1	只	220 V
交流接触器	KM$_2$,KM$_3$	CDC10－10	2	只	220 V
电源变压器	T	～380 V/220 V/36 V	1	只	
热继电器	FR$_1$	JR36－20	1	只	
热继电器	FR$_2$	JR36－10	1	只	
指示灯	HL$_1$,EL$_2$	LD11－25	2	只	绿色
停止按钮	SB$_1$,SB$_3$	LA19－11	2	只	红色
启动按钮	SB$_2$,SB$_4$,SB$_5$	LA19－11	3	只	绿色
扭子开关	SA	5A	1	只	
连接导线		BV 2.5 mm^2	15	m	红、黄、绿色
连接导线		BV 1.5 mm^2	20	m	红、黑色
线号		0～9	若干	个	
接线牌		TB－2512	1	只	

【工作原理】

机床电气控制原理如图 7.10.1 所示。系统有三台均为鼠笼型三相异步电动机,其中 M$_1$ 为主轴电动机,M$_2$ 为冷却电动机,M$_3$ 为刀架快速移动电动机。

总电源开关为 Q,系统工作前应先合上。FU 为总熔断器,FU$_1$ 为分熔断器,T 为

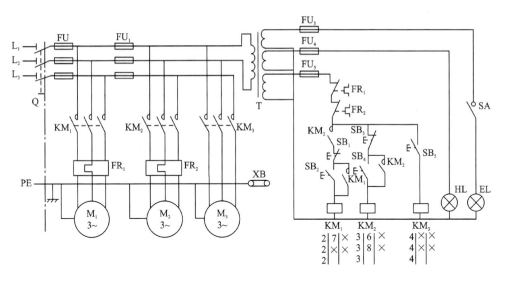

图 7.10.1　机床电气控制原理图

输出电源变压器，为控制电路提供电源，$FU_2 \sim FU_4$ 为控制电路和辅助电路用熔断器。总电源为三相三线制方式，L_1、L_2、L_3 分别表示三相进线。

主电路由接触器（$KM_1 \sim KM_3$）的主触头（带有灭弧装置）控制，其中主轴电动机和冷却泵电动机接有热继电器，作为两台电动机的过载保护。SB_1 和 SB_2 分别为主轴电动机 M_1 的启动和停止按钮，启动方式为直接启动，并由接触器 KM_1 自锁。SB_3 和 SB_4 分别为冷却泵电动机 M_2 的启动和停止按钮，启动时提供冷却液，并由 KM_2 接触器自锁。由于工艺过程的要求，启动时，M_2 先启动，然后 M_1 才能启动。M_1 可单独停机。

刀架快速移动按钮 SB_5，通常安装在溜板箱的快慢速进给手柄内，手柄扳到所需的方向，按下 SB_5，刀架便往所需的方向移动，松开按钮则停止移动，是点动控制。

FR_1 和 FR_2 为过载保护热继电器，分别串接在主轴电动机和冷却电动机电路中，当两台电动机出现过载发热时，热继电器动作，断开 KM_1 和 KM_2 控制回路，使 M_1 和 M_2 停止工作。另外，系统电源信号指示灯 HL，只要合上 Q 电源开关，电源变压器有 36 V 电压输出，表示机床系统有电，指示灯亮；另一个为由开关 SA 控制的照明灯，在机床系统有电的情况下，可以根据需要打开和关闭。

PE 表示接地标志，也是一种安全保护措施，本系统具有短路和过载保护功能。XB 为接地线端子。

【实训步骤】

① 机床电气控制电路如图 7.10.1 所示，按图正确选择电气器件。

② 确定装配板（一般选用 500 mm×400 mm 木制板），安装电气器件。

③ 用 2.5 mm² BV 导线按图 7.10.1 连接主电路，然后用 1.5 mm² BV 导线连接控制电路。

第8章 电子技术技能训练

8.1 光控音乐门铃

【实训目的】

1. 了解音乐集成块和光敏三极管的具体应用,熟悉光控音乐门铃的电路结构和工作原理。

2. 通过对光控音乐门铃的组装、调试、检测,进一步掌握电子电路的装配技巧。

【实训器材】

1. 数字万用表　　　　　　1块。

2. 常用焊接工具　　　　　1套。

3. 元器件参数见表 8.1.1。

表 8.1.1　元器件参数

名　称	代　号	规格型号	数　量	单　位	备　注
二极管	VD_1	1N4148	1	只	
发光二极管	VD_2	BT11405	1	只	
稳压二极管	VD_3,VD_4	2CW51	2	只	
光敏三极管	VT_1	3DU	1	只	
三极管	VT_2	9011	1	只	
三极管	VT_3~VT_5	9013	3	只	
可调电位器	R_P	1 kΩ	1	只	
音乐集成块	IC	KD~153	1	只	
金属膜电阻	R_1	3.3 kΩ,1/4 W	1	只	
金属膜电阻	R_2,R_4,R_5	10 kΩ,1/4 W	3	只	
金属膜电阻	R_3	24 kΩ,1/4 W	1	只	
金属膜电阻	R_6	1 kΩ,1/4 W	1	只	
金属膜电阻	R_7	68 kΩ,1/4 W	1	只	
电解电容	C_1	47 μF,16 V	1	只	
电解电容	C_2	33 μF,16 V	1	只	
继电器	J	HG4098 6V	1	只	
扬声器	B	8Ω		只	
印刷电路板		PCB	1	块	
干电池	V_{CC}	5#	4	只	自制

【工作原理】

图 8.1.1 为光控音乐门铃电路原理图，它由光控电路和音乐门铃两部分组成。当接通电源时，用手挡住 VT_1 光敏三极管的光线，其内阻增大，使 VT_2 集电极为高电位；这样使 VT_3、VT_4 复合管饱和导通，VD_2 发光二极管发光变亮。同时电流流过继电器线圈，产生磁场，使 J_{1-1} 常开触点吸合接通，电流经 VD_3、VD_4、R_4、R_5 分压，C_1 滤波，通过 R_6 限流电阻给 IC 音乐集成块提供 3 V 左右的电压，此时 IC 工作，音乐信号经 IC 的引脚②输出，通过 VT_5 放大，使扬声器发出悦耳的音乐门铃声。

反之，若不用手挡住 VT_1，光敏三极管内阻较小，VT_2 基极为高电位，使 VT_2 导通，其集电极为低电位，这样 VT_3、VT_4 复合管截止，发光二极管 VD_2 不亮，继电器线圈中也没有电流通过，继电器不工作，常开触点断开，音乐集成块没有电源，扬声器不发声。

VD_1 为继电器的保护二极管。当 VT_3、VT_4 复合管从导通突然转变为截止时，继电器线圈中会产生一个较大的反电动势，反电动势产生的脉动电流，给 VD_1 放电，使继电器线圈不受损坏，从而达到保护继电器的作用。

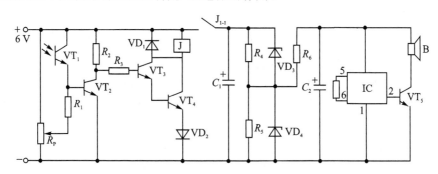

图 8.1.1　光控音乐门铃电原理图

【实训步骤】

1. 安装、调试与检测

① 清理检测所有元器件和零部件，按如图 8.1.2 所示的 PCB 板图正确安装元器件和零部件。

② R_7、VT_5 装配在 IC 音乐集成块上，集成块 1～4 脚用裸铜丝焊接在 PCB 板上，焊接要牢靠；高度适中。微调电位器尽量插到底，不能倾斜，三只脚均需焊接。集成电路、继电器、轻触式按钮开关底面与印制板贴紧。

③ 检查无误后，用烙铁将断口 A、B、C、D 封好，再将继电器的常闭触点临时短接，接上 6 V 电源。用万用表电压档测量 VD_3、VD_4 中点电压，正常应为 3 V 左右。

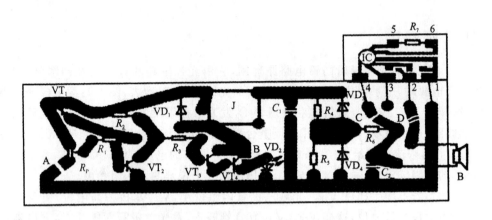

图 8.1.2　光控音乐门铃 PCB 板图

扬声器发出悦耳的音乐门铃声。

④ 去掉继电器常闭触点短接线。用手挡住 VT_1 的光线,调节 R_P,使继电器刚好吸合。手不遮挡 VT_1,继电器释放。然后在不同的光线下,调试光控音乐门铃的可靠性。

音乐集成块可任意选用,但引脚各不相同,安装时需加注意。

2. 技能训练与故障设置

① 检测和记录三极管 VT_1~VT_5 各级在两种状态下的电位值。

② 检测和记录 VD_2 发光二极管亮时的电流值。

③ 用烙铁将断口 A 焊开,即 R_P 下端开路。观察故障现象,用万用表测量光控电路各三极管的各极电压值,把观察到的现象和测量数据记录在实验报告表上,分析故障原因,然后用烙铁将断口 A 封好。

④ 用烙铁将断口 B 封好,相当于 VT_4 发射极与集电极短路。观察故障现象,把现象记录在实验报告表上,分析故障原因,然后用烙铁将断口 B 焊开。

⑤ 用烙铁将断口 C 焊开,把万用表拨至电流档,串接在 C 断口处,测量和记录扬声器响和不响两种状态下的电流值。然后用烙铁将断口 C 封好。

⑥ 用烙铁将断口 D 焊开,观察故障现象,用万用表电压档测量 IC 集成块 1~6 脚两种状态下的电压值。然后用烙铁将断口 D 封好,再用万用表电压档测量集成块 IC 1~6 脚两种状态下的电压值。并进行比较。

8.2　TTL 集成芯片多路抢答器

【实训目的】

1. 了解 TTL 集成电路 D 触发器的特性及应用。

2. 掌握 D 触发器构成的多路抢答器的工作原理。

3. 通过实训,进一步熟悉电子电路的装配、调试、检测方法。

【实训器材】

1. 数字万能表　　　　　　　1 块。
2. 焊接工具及材料　　　　　1 套。
3. 常用电工工具　　　　　　1 套。
4. 元器件参数见表 8.2.1。

表 8.2.1　元器件参数

名　称	代　号	规格型号	数　量	单　位	备　注
晶体振荡器	BC	5 kHz	1	只	
开关	$SA_1 \sim SA_5$		5	只	
金属膜电阻	$R_1 \sim R_4$	220 Ω,1/4 W	4	只	
金属膜电阻	$R_5 \sim R_9$	2 kΩ,1/4 W	5	只	
金属膜电阻	R_{10}	100 kΩ,1/4 W	1	只	
D 触发器	$A_1 \sim A_4$	CD4013	2	块	
与非门	F_1	CD4012	1	块	
与非门	F_2, F_3	CD4011	1	块	
发光二极管	$VD_1 \sim VD_4$	5 V	4	只	4 种颜色
二极管	VD_5, VD_6	IN4148	2	只	
蜂鸣器	B	HTD-27A	1	只	

【工作原理】

由双 D 型触发器 CD4013、双四输入端"与非"门 CD4012、四二输入端"与非"门 CD4011 组成的智力竞赛抢答器的电路原理如图 8.2.1 所示。电路工作时,CD4012 中的"与非"门 F_1 的四个输入均呈高电平,F_1 输出低电平。由于按键开关 $SA_1 \sim SA_5$ 均未按动,CD4013 中的 $A_1 \sim A_4$ 的 D 端,R 端为低电平,则 $A_1 \sim A_4$ 的 $\overline{Q}$ 均输出高电平"1"状态,发光二极管 $VD_1 \sim VD_4$ 不亮,CD4012 中的"与非"门 F_2 输出低电平,CD4011 中的"与非"门 F_3 无信号输出,蜂鸣片 BC 不发声响。

若第一组最先按动按键开关 SA_2 时,A_1 的 D_1 端呈高电平,A_1 状态发生翻转,A_1 的 $\overline{Q}_1$ 输出低电平"0"状态,发光二极管 VD_1 显示红光。A_1 的 $\overline{Q}_1$ 输出送出两路信号,一路送至 F_2 的输入端,F_2 输出高电平,使 F_3 输出 1 kHz 音频信号,蜂鸣片 HA 发出声响;另一路反馈给 F_1 的输入端,使 F_1 输出呈高电平。因此,无论是第二组,还是其他两组,再按按键开关时,由于 CD4013 的 CP 端为时钟脉冲下降沿,虽 D 端为高电平,但不起作用。故此,$A_2 \sim A_4$ 被锁住保持原状态,发光管 $VD_2 \sim VD_4$ 不亮。当主持人知道是第一组最先抢答时,便按动按键开关 SA_1,A_1 的 S_1 端便被复位,A_1 的 Q_1 输出

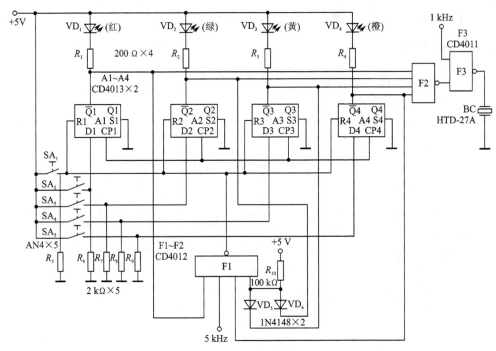

图 8.2.1 多路抢答器电路原理图

高电平"1"状态,发光管 VD_1 熄灭,BC 发声停止,抢答器则又重新开始新的一轮抢答。

CD4013、CD4012、CD4011 集成电路的引脚封装形式如图 8.2.2 所示。

由于 CD4012 的输入只有四个,本电路则需要五个输入端。为此,图 8.2.1 中,采用了两只二极管 VD_5、VD_6 进行扩展,1N4148 的硅二极管导通电压较高(0.6 V),可选用 2AP 或 2AK 型锗二极管。

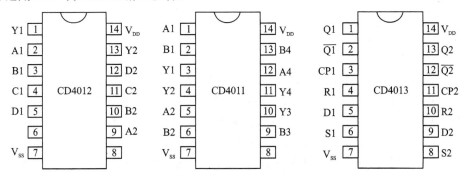

图 8.2.2 CD4013/12/11 芯片引脚排列图

为使抢答器中的按键开关与声音和亮度同步进行,将时钟脉冲的频率选为 5 kHz,这样较高的频率,可使 D 触发器在发生状态改变过程中,翻转速度加快。

若将发光和声响部分进行改进,发光管改成白炽彩灯,声音用扬声器,便可用于各种场合的四组智力竞赛抢答。

【实训步骤】

① 按照电路原理图准确安装元器件。注意三块门电路的型号与位置,以及发光二极管的极性。电阻、二极管均采用水平安装,贴紧印制板。电阻的色环方向应该一致。发光二极管直立式安装,底面离印制板(6 ± 2)mm;三极管采用直立式安装,底面离印制板(5 ± 1)mm。

② 通电调试时可先连接导线对四输入端任意加高低电平,再根据所给电平,拨动开关 SA_1~SA_5,观察发光管的变化。

③ 调试完后,在输入端子接近插孔处焊上窄磷铜片,以保证输入端与插卡的可靠接触。电源和地也要焊上磷铜片。

8.3　可编控制开关

【实训目的】

1. 了解可编控制开关的电路结构和工作原理。

2. 通过对可编控制开关的组装、调试、检测,进一步掌握电子电路的装配技巧。

3. 熟悉六反相器 C4069、双四输入"或"门 C4072、四二输入"与"门 C4081 在电路中的具体应用。

【实训器材】

1. 直流稳压电源 0~30 V/3 A　　　　1 台。

2. 数字万用表　　　　　　　　　　1 块。

3. 装配及焊接工具　　　　　　　　1 套。

4. 元器件参数见表 8.3.1。

表 8.3.1　元器件参数

名　称	代　号	规格型号	数量	单位	备　注
金属膜电阻	R_1~R_4	10 kΩ,1/4 W	4	只	
金属膜电阻	R_5,R_6	2.2 kΩ,1/4 W	2	只	
金属膜电阻	R_7,R_8	1 kΩ,1/4 W	2	只	
二极管	VD_1,VD_2	1N4148	2	只	
发光二极管	VD_3,VD_4	5 V	2	只	红、绿色
三极管	VT_1,VT_2	9013	2	只	
六反相器	IC_1	C4069	1	片	
四输入"或"门	IC_2	C4072	1	片	
四、二"与"门	IC_3	C4081	1	片	
拨动开关	SA_1~SA_4	微型	4	只	

【工作原理】

可编控制开关的电原理图如图 8.3.1 所示,该电路采用六反相器 C4069、双四输入"或"门 C4072、四二输入"与"门 C4081 及其他组件组成。其中四个反相器及各自并接的开关组成编码输入电路,根据开关 $SA_1 \sim SA_4$ 合上与打开的不同组合,可有 16 种输入方式。

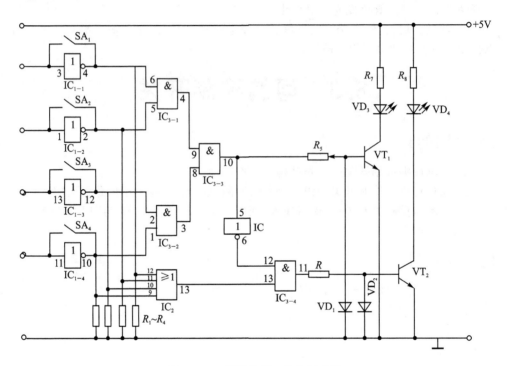

图 8.3.1　可编控制开关电原理图

当插入卡片输入码和开关、"非"门组合,使 IC_{3-1}、IC_{3-2} 的四个输入端子均为高电平时,它们输出高电平,再经 IC_{3-3} "与"门后输出高电平。VT_1 导通,VD_3 亮,表示插入卡片的输入码正确。IC_{3-3} 输出的高电平经过 IC_{1-5} 的反相变成低电平,使 VT_2 截止。若插入卡片输入不符时,IC_{3-3} 输出低电平,VT_1 截止。这时只要 IC_2 的四个输入端有一个是高电平,就输出高电平;IC_{3-4} 的两个输入信号都是高电平,就输出高电平。VT_2 导通,VD_4 亮,说明插入卡片不对。由于 $R_1 \sim R_4$ 电阻的分压作用,当无卡片插入时 VD_3、VD_4 都不亮。

若将 VD_3、VD_4 改成继电器加音响电路,就可制成带报警编码锁装置,若要增加编码的种数,则可再增加"非"门和"与"门电路。

【实训步骤】

1. 装配、调试与检测

① 本电路的 PCB 板图如图 8.3.2 所示,清理好和检测元器件后,按照 PCB 板图安装元器件。注意三块门电路的型号与位置,以及发光二极管的极性。电阻、二极管均采用水平安装,贴紧印制板。电阻的色环方向应该一致。发光二极管直立式安装,底面离印制板(6±2)mm。三极管采用直立式安装,底面离印制板(5±1)mm。

② 通电调试时,可先连接导线对四输入端任意加高低电平,再根据所给电平,拨动开关 SA 的有关键,观察发光管的变化。

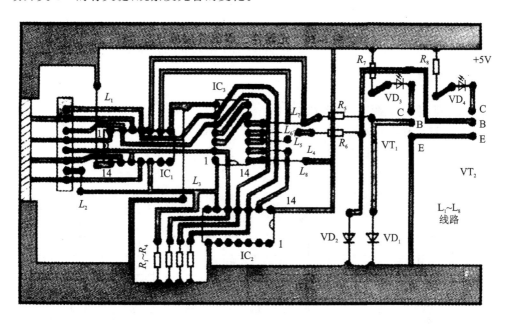

图 8.3.2   可编控制开关 PCB 图

IC_1、IC_2 各引脚参考电压值如表 8.3.2 所列。

表 8.3.2 IC_1、IC_2 各引脚参考电压值

单位:V

引脚	IC_2					IC_3					
	⑨	⑩	⑪	⑫	⑬	④	⑥	⑧	⑩	⑪	⑫
VD_3 亮	4.6	4.6	4.6	5	5	5	5	5	4	0	0
VD_4 亮	4.6	4.6	4.6	3.6	5	2.6	2.6	2.6	0	2	2.4

2. 技能训练

① 在组装调试本电路的基础上,可让学生自行设计制作不同的插卡,配合不同

的开关位置,观察电路的工作情况。若设定了一种状态,插入其他卡后观察电路工作情况。

② 实训时也可将发光管 VD_3、VD_4 改成音响电路。分别表示问好和报警,提高电路的趣味性。

8.4　双管振荡警报器

【实训目的】

1. 熟悉三极管导通条件及电容充放电过程。
2. 了解振荡电路的工作原理和电路结构。
3. 通过对双管振荡警报器的组装,掌握电子电路装配技巧。

【实训器材】

1. 直流稳压电源 0～30 V/3 A　　　　　1 台。
2. 双踪示波器 EM6520　　　　　　　　1 台。
3. 数字万用表 UT55　　　　　　　　　1 块。
4. 焊接工具　　　　　　　　　　　　　1 套。
5. 元器件参数见表 8.4.1。

表 8.4.1　元器件参数

名　称	代　号	规格型号	数　量	单　位	备　注
金属膜电阻	R_1	20 KΩ 1/4 W	1	只	
金属膜电阻	R_2	47 Ω 1/4 W	1	只	
金属膜电阻	R_3	3 kΩ 1/4 W	1	只	
电解电容	C_1	100 μF	1	只	
电容	C_2	0.047 μF	1	只	
三极管	Q_1	1815	1	只	
三极管	Q_2	1015	1	只	
微型开关	SB		1	只	
喇叭	SPEAKER	8 Ω/0.5 W	1	只	

【工作原理】

双管振荡警报器原理图如图 8.4.1 所示。该电路是一典型的振荡电路,晶体管 Q_2 的发射结是 Q_1 的负载,而 Q_1 则为 Q_2 提供基极电流,它们互相配合工作,与电阻 R_3、电容 C_2 构成正反馈电路,从而形成振荡。

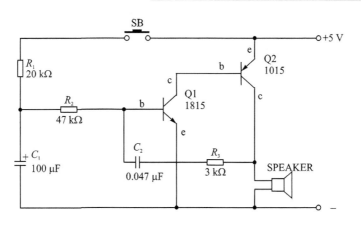

图 8.4.1　两级放大电路原理图

　　当按下按钮不放时,电源通过 R_1 向 C_1 充电,使 Q_1 基极电位上升。当电压上升到 0.65 V 左右电路即起振,喇叭开始发声。由于 C_1 不断被充电,电压不断升高,使 Q_1 的基极电流不断升高,因此喇叭声音不断升高。当 C_1 电压达到电源电压时,声音趋于稳定。松开 SB 按钮后, C_1 所存储的电荷通过 R_2 向 Q_1 发射结放电,使喇叭延时发声十几秒钟。这十几秒的音调由高滑向低,声音由大变小。当所存储的电荷基本放完后,线路停振。

【实训步骤】

　　1. 检查元器件的数量、参数,判别三极管极性;

　　2. 按照原理图合理在电路板上布局元器件,以便使连接导线相互平行或垂直、工艺美观;

　　3. 用数字万用表交流电压档测量喇叭两端输出电压;

　　4. 用万用表的频率档测量喇叭两端电压的频率;

　　5. 用示波器测量输出波形,分别接 1015 集电极和电源的负极。

8.5　音频信号发生器

【实训目的】

　　1. 了解音频信号发生器的工作原理和电路结构。

　　2. 熟悉多级放大电路基本特征,调试各级静态工作点。

　　3. 通过对音频信号发生器的组装、调试、检测,进一步掌握电子电路的装配技巧。

电工电子实训教程

【实训器材】

1. 直流稳压电源:0～30 V/3 A　　　　1台。
2. 双踪示波器:EM6520　　　　　　　1台。
3. 数字万用表:UT55　　　　　　　　1块。
4. 焊接工具　　　　　　　　　　　　1套。
5. 元器件选择见表 8.5.1。

表 8.5.1　元器件表

名　称	代　号	规格型号	数　量	单　位	备　注
金属膜电阻	R_1,R_4	470 Ω,1/4 W	2	只	
金属膜电阻	R_2	5.6 kΩ,1/4 W	1	只	
金属膜电阻	R_3	15 kΩ,1/4 W	1	只	
金属膜电阻	R_5	36 kΩ,1/4 W	1	只	
金属膜电阻	R_6	1.5 kΩ,1/4 W	1	只	
金属膜电阻	R_7	510 kΩ,1/4 W	1	只	
可调电阻	R_8	1 MΩ	1	只	
金属膜电阻	R_9	3 kΩ,1/4 W	1	只	
金属膜电阻	R_{10}	680 Ω,1/4 W	1	只	
三极管	Q_1,Q_2	9013	2	只	
涤纶电容	C_1,C_2,C_3	0.047 μF	3	只	
电解电容	C_4	47 μF/16 V	1	只	
电解电容	C_5	100μF/16 V	1	只	

【工作原理】

音频信号发生器电路原理如图 8.5.1 所示。

音频信号发生器主要由两部分电路构成,即音频信号发生电路和音频信号放大电路。音频信号发生电路由 Q_1 及阻容元件构成,这是一个典型的 R_C 低频振荡器,由 Q_1 放大器和三节 R_C 移相反馈网络组成。由于 Q_1 的输出信号被同相位地反馈到其输入端,满足振荡条件,因此产生自激振荡,输出音频信号。放大电路由 R_7、R_8、R_9、R_{10}、Q_2 组成,Q_1 集电极输出的音频信号 U_{o1} 通过 C_5 输入到 Q_2 的基极,经放大后的信号由 Q_2 集电极输出。

【实训步骤】

1. 首先用数字万用表测量三极管的 b、c、e 电极。
2. 测量电阻、电容值,特别注意可调电阻(电位器)的引脚接线方法。

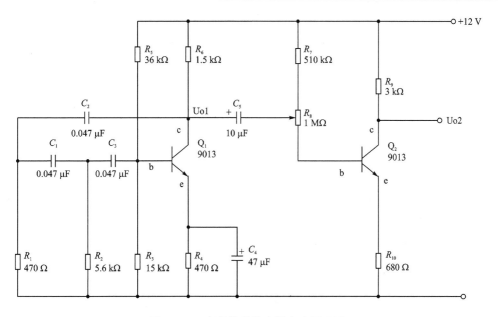

图 8.5.1 音频信号发生器电路原理图

3. 按照电路原理图布局元器件并进行焊接,元器件排列要整齐。

4. 焊接完后检查无误再接上＋12 V 电源,用示波器观察 U_{o1} 的波形应为正弦波信号。

5. 调节电阻 R_8 改变放大电路的静态工作点,使放大信号 U_{o2} 在保证波形不失真的前提下尽可能提高其放大倍数。

8.6　2.5 kHz 信号发生器

【实训目的】

1. 了解信号发生器的工作原理和电路结构。

2. 通过对信号发生器的组装,掌握发生器的电路装配技巧。

3. 熟悉 RC 振荡电路基本特征,调试发生器各工作点,测量电路输出电压波形。

【实训器材】

1. 直流稳压电源 0～30 V/3 A　　　　1 台。

2. 数字万用表　　　　　　　　　　1 块。

3. 装配及焊接工具　　　　　　　　1 套。

4. 元器件参数见表 8.6.1。

表 8.6.1　元器件参数

名　称	代　号	规格型号	数　量	单　位
三极管	VT_1、VT_2	C1815	2	只
热敏电阻	R_T	RRW1-200Ω	1	只
发光二极管	VD	5V	1	只
可调电位器	R_{P1}	270Ω,1/4W	1	只
可调电位器	R_{P2}	1kΩ,1/4W	1	只
金属膜电阻	R_1	6.4kΩ,1/4W	1	只
金属膜电阻	R_3,R_5	10kΩ,1/4W	2	只
金属膜电阻	R_4	33kΩ,1/4W	1	只
金属膜电阻	R_6	560Ω,1/4W	1	只
金属膜电阻	R_7,R_8	1.5kΩ,1/4W	2	只
金属膜电阻	R_9	820Ω,1/4W	1	只
金属膜电阻	R_{10}	100Ω,1/4W	1	只
金属膜电阻	R_{11}	560Ω,1/4W	1	只
金属膜电阻	R_{12},R_{13}	6.2kΩ,1/4W	2	只
金属膜电阻	R_{14},R_{15}	1kΩ,1/4W	2	只
瓷片电容	C_1,C_2	0.01μF,10V	2	只
电解电容	C_3	4.7μF,10V	3	只
电解电容	C_4,C_6	22μF,10V	2	只
电解电容	$C_5\sim C_9$	47μF,16V	4	只

【工作原理】

电路原理图如图 8.6.1 所示。这个电路是采用 RC 串—并选频电路的振荡器，也叫做文氏桥振荡器。三极管 VT_1、VT_2 组成两级直接耦合放大器。在三极管 VT_1 的基极至地端是 RC 并联网络；从基极至输出端是 RC 串联网络。

由 VT_1、VT_2 组成两级直耦合放大器，从 VT_2 的集电极输出，因此输入、输出信号电压极性是相同的。若将 R_1 与 R_2 和电容 C_1 与 C_2 参数值选择一致，即 $R_1=R_2=R$,$C_1=C_2=C$,容易看出,RC 选择网络的谐振频率为 $\omega=1/RC$,即 $f=1/2\pi RC$,在这一状态反馈网络的相位移为 0,因此会形成正反馈而加强输入信号。

该电路的输入是采用自举形式,用来提高电路的输入阻抗,以减小对 RC 移相电路的影响。输出端接有 T 型衰耗器($R_{12}\sim R_{14}$),一方面满足输出高阻抗的要求,另一方面也能减小负载对 RC 移相电路的影响。采取上述措施后,振荡器频率稳定度主要由 RC 移相电路元件本身的稳定度来决定。由于选用了低温度系数的 RC 元件,

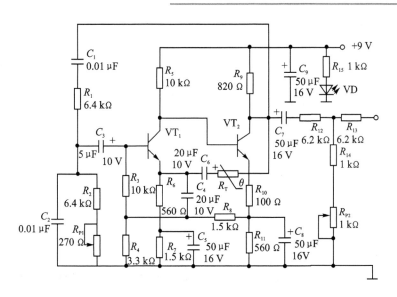

图 8.6.1 2.5kHz 信号发生器电路原理图

故本振荡器的频率比较稳定（$25\pm 5\,℃$，则频率变化$\leqslant 5\pm 1\,\text{Hz}$）。

热敏电阻 RT 为交流负反馈电阻，主要用来自动稳定振荡振幅，而不需利用晶体管的非线性来稳定振幅，这就使得放大器可以工作在线性区，从而进一步减小波形失真。其振幅过程如下：当振荡器输出电压增大时，通过热敏电阻 R_T 中的电流便增加，因而它的耗散功率增加，其温度增加值减小，而阻值的减小等于增加负反馈的深度，从而使输出电压的幅度受到抑制。在振荡器起振时，热敏电阻 RT 的阻值较大，负反馈较弱，满足 $K\cdot\beta>1$ 的条件，振荡器比较容易起振。电阻 R_6 和 R_7 为 VT_1 的发射极负反馈电阻，它有两种作用：

① 产生直流负反馈，稳定直流工作点；

② 产生交流负反馈改善放大器的性能指标。

R_6 和 R_7 串联共同起着直流负反馈作用。而 R_7 被电容 C_5 旁路，不起交流负反馈作用。只有 R_6 起着交流负反馈作用。电阻 R_8 为电流并联负反馈电阻，它除了具有交流负反馈作用外，还利用直流负反馈以稳定直流工作点。本电路采用交流负反馈目的，是进一步改善整个放大器的各项性能指标。从输入端看，它是并联负反馈电路，所以引起电流放大倍数和输入阻抗降低；从输出端看，它是电流负反馈电路，所以使得输出阻抗增高。

由于电阻 R_1 和 R_2 的数值在选择时总有误差，因此在 R_2 串接一只电位器 R_{P1}，可使输出能精确在所需要的信号频率上。调节 R_{P1}，输出频率有 $\pm 10\,\text{Hz}$ 的变化。调节电位器 R_{P2}，可使输出电平有 $\pm 2\,\text{dB}$ 的调节范围。

【实训步骤】

① 电路只要元件选择质量可靠,接线无误,安装完毕即可工作。工作正常时,各级直流工作点如表 8.6.2 所列。换管后,工作点偏差过大,可调偏置电阻 R_5、R_7、R_{11} 等。

② 如果电路没有起振,多因 VT_1 的直流工作点不正常,只略调整电阻 R_7 即可。

③ 用标准的低频信号发生器接入本电路的输入端,来进行校准频率,而输出端用频率计测出所需要的 2.5 kHz 振荡信号频率。

表 8.6.2　放大级直流工作点

VT$_1$		VT$_2$	
V_{ce}/V	V_e/V	V_{ce}/V	V_e/V
4.5±0.3	2.6	7.5±0.5	6.5

8.7　555 芯片振荡报警电路

【实训目的】

1. 了解 555 振荡电路的工作原理和电路结构。

2. 通过对 555 振荡电路的组装,了解 555 振荡电路的电路装配过程。

3. 熟悉 555 振荡电路基本特征,测量电路的输出电压波形。

【实训器材】

1. 直流稳压电源 0~30 V/3 A　1 台。

2. 数字万用表　　　　　　　1 块。

3. 装配及焊接工具　　　　　1 套。

4. 元器件参数见表 8.7.1。

表 8.7.1　元器件参数

名　称	代　号	规格型号	数　量	单　位
555 时基电路	555	NE555	2	块
金属膜电阻	R_1,R_3,R_4	10 kΩ,1/4 W	3	只
金属膜电阻	R_2	75 kΩ,1/4 W	1	只
金属膜电阻	R_5	220 kΩ,1/4 W	1	只
电解电容	C_1,C_3	10 μF,10 V	2	只
涤纶电容	C_2,C_4	0.47 μF	2	只
扬声器	B	8 Ω/0.5 W	1	只

【工作原理】

555 振荡报警电路原理如图 8.7.1 所示。

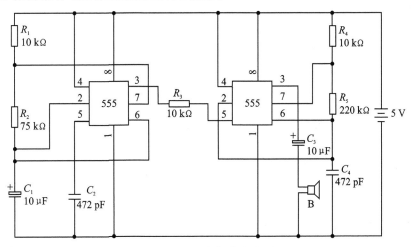

图 8.7.1　555 振荡报警电路原理图

555 在电路结构上是由模拟电路和数字电路组合而成，它将模拟功能与逻辑功能融为一体，能够产生精确的时间延迟和振荡。CMOS 型的电源适应范围为 2～18 V。可以和模拟运算放大器和 TTL 或 CMOS 数字电路共用一个电源。555 的最大输出电流达 200 mA，带负载能力强。可直接驱动小电机、喇叭、继电器等负载。

555 时基集成块的封装外形图一般有两种，一种是做成 8 脚圆形 TO - 99 型，如图 8.7.2(a)所示；另一种是 8 脚双列直插式封装，如图 8.7.2(b)所示。各引脚的功能为：1——地；2——触发；3——输出；4——复位；5——控制电压；6——阈值电压；7——放电；8——电源＋V_{DD}。556 双时基集成块内含两个相同的时基电路，采用双列直插 14 脚封装，其引脚封装外形如图 8.7.3 所示。

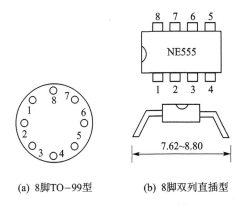

(a) 8脚TO-99型　　(b) 8脚双列直插型

图 8.7.2　555 时基电路的封装形式

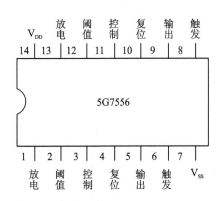

图 8.7.3　556 双时基电路的封装形式

CMOS 型 555 等效功能框图如 8.7.4 所示,内含两个比较器 A_1 和 A_2、一个双稳态触发器、一个驱动器和一个放电晶体管等电路。

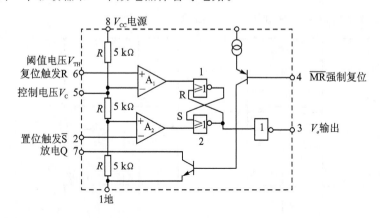

图 8.7.4　CMOS 型 555 等效功能框图

555 时基电路的工作过程如下:

当引脚②(即比较器 A_2 的反相输入端)加进电位低于 $V_{CC}/3$ 的触发信号时,输出端③输出高电平。此时,不管引脚⑥(阈值电压)为何种电平,由于双稳态触发器的作用,引脚端 3 输出高电平状态一直保持到引脚⑥出现高于 $2V_{CC}/3$ 的电平为止。

当触发信号加至引脚⑥时,且电位高于 $2V_{CC}/3$ 时,若引脚②无外加触发信号,引脚端③输出低电平。当⑥端的触发信号消失后,即该端电位降至低于 $2V_{CC}/3$ 时,使输出端③维持在低电平状态。

通过上面两种状态的分析,可以发现:只要引脚端的电位低于 $V_{CC}/3$,即有触发信号加入时,必使输出③端为高电平;而当引脚端 6 的电位高于 $2V_{CC}/3$ 时,即有触发信号加进时,且同时引脚②的电位高于 $V_{CC}/3$ 时,才能使输出端③有低电平输出。

引脚④为复位端。只要在该端加低电平触发信号,引脚③为低电平。此时,不管引脚②、引脚⑥为何电位,均不能改变这种状态。因此,当复位端④的电位高于 1.4 V 时,此时输出端 3 端的电平只取决于②端、⑥端的电位。

【实训步骤】

① 按图 8.7.1 电路原理图用细导线(Φ0.5 mm²)将元器件连接在一起。

② 用数字万用表分别测量第一、第二片 555 芯片引脚 3 输出电压,并观察电压波形。

③ 接上扬声器后会发出间歇的救护车报警声,如只有单一的声音,说明第一块 555 芯片没有工作,此时应重点查找第一块芯片及相关电路。

8.8　电子鸟鸣电路

【实训目的】

1. 了解电子鸟鸣电路的工作原理和电路结构。

2. 通过对电子鸟鸣电路的组装,了解电子鸟振荡电路的装配过程。

3. 熟悉电子鸟鸣电路基本特征,测量电路的输出电压波形。

【实训器材】

1. 直流稳压电源 $0 \sim 30\,\text{V}/3\,\text{A}$　　1 台。

2. 数字万用表　　　　　　　1 块。

3. 装配及焊接工具　　　　　1 套。

4. 元器件参数见表 8.8.1。

表 8.8.1　元器件参数

名　称	代　号	规格型号	数　量	单　位
555 时基电路	555	NE555	2	块
音乐芯片	A_2	KD-56012	1	块
发光二极管	LD_1, LD_2	5 V	2	只
发光二极管	LD_3, LD_4	5 V	2	只
二极管	$VD_1, VD2$	1N4148	2	只
光敏电阻	R_0	MG45	1	只
金属膜电阻	R_1	$150\,\text{k}\Omega, 1/4\,\text{W}$	1	只
金属膜电阻	R_2	$1.2\,\text{k}\Omega, 1/4\,\text{W}$	1	只
金属膜电阻	R_3	$1\,\text{k}\Omega, 1/4\,\text{W}$	1	只
金属膜电阻	R_4	$220\,\text{k}\Omega, 1/4\,\text{W}$	1	只
金属膜电阻	R_5	$220\,\text{M}\Omega, 1/4\,\text{W}$	1	只
电解电容	C_1	$220\,\mu\text{F}, 10\,\text{V}$	1	只
电解电容	C_2	$22\,\mu\text{F}, 10\,\text{V}$	1	只
电解电容	C_3	$1\,\mu\text{F}, 10\,\text{V}$	1	只
三极管	VT_1	9014	1	只
三极管	VT_2	9013	1	只
扬声器	B	$8\,\Omega$	1	只

【工作原理】

电子鸟鸣电路原理如图 8.8.1 所示,它由光控开关、定时线路和鸟鸣发生器三大部分组成。A_2 是鸟鸣专用集成电路,其触发信号由 A_1 的 3 脚供给。当 A_1 的 3 脚输出高电平时,LED_1、LED_2 点亮发光,A_2 工作,即输出鸟鸣信号,经三极管 VT_2 功率放大后推动扬声器 B 发声,同时 LED_3、LED_4 也伴随阵阵闪光。

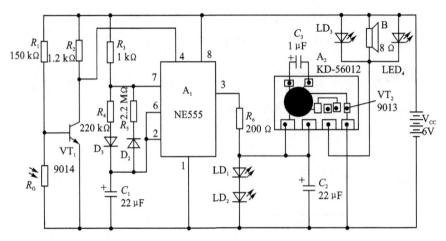

图 8.8.1　电子鸟鸣电路原理图

A_1 组成定时线路,实质上它是一个不对称的自激多谐振荡器,刚接通电源时,C_1 两端电压为 0,A_1 置位其 3 脚输出高电平,鸟鸣器发声。此时电源经 R_3、R_4 和 VD_1 向 C_1 充电,使 A_1 的 6 脚电平不断上升,当上升到 V_{DD} 时,A_1 复位,3 脚输出低电平,鸟鸣声停止。此时 A_1 内部放电管导通,7、1 两脚被放电管短接,C_1 储存电荷通过 VD_2、R_5 向 7 脚放电,使 2 脚电平逐渐下降,当降至电源电压 1/3 时,A_1 又置位,3 脚输出高电平,线路重复上述过程。由此可见,当 3 脚为高电平时,根据计算鸟鸣时间 $t_1 = 0.7(R_3 + R_4)C_1 \approx 34\,s$;静止时间 $t_2 = 0.7R_5C_1 \approx 400\,s$。光敏电阻 R_G 和三极管 VT_1 组成光控开关。晚上熄灯后,R_G 无光线照射呈现高电阻,VT_1 由原来的截止态转变为导通态,其集电极输出低电平,因而使 A_1 的强制复位端 4 脚电平下降到 0.4 V 以下,A_1 被强制复位,3 脚输出低电平,鸟鸣器即处于"休息"状态,不再发声。

【实训步骤】

自行设计并制作印刷板,按图 8.8.1 安装好元件,然后将印刷电路板安放在鸟笼底部夹层里,笼内放一只丝绒小鸟。

鸟笼底部侧面应开一个小孔,光敏电阻 R_G 对准小孔部位。白天只要受光线照射,鸟鸣器就开始工作;约叫 30 s,休息 400 s 左右。

更改电阻 R_4、R_5 的阻值即可改变鸣叫和休息时间的长短。到了晚上,R_G 无光线

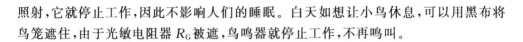

照射,它就停止工作,因此不影响人们的睡眠。白天如想让小鸟休息,可以用黑布将鸟笼遮住,由于光敏电阻器 R_G 被遮,鸟鸣器就停止工作,不再鸣叫。

8.9　调幅式六管收音机

【实训目的】

1. 了解调幅收音机电路的工作原理。
2. 通过对调幅式收音机电路的组装,掌握收音机电路的装配工艺。
3. 熟悉调幅式收音机电路基本特征以及了解调幅信号的调制过程。

【实训器材】

1. 数字万用表　　　　　　1 块。
2. 装配及焊接工具　　　　1 套。
3. 元器件参数见表 8.9.1。

表 8.9.1　元器件参数

名　称	代　号	规格型号	数　量	单　位
三极管	$VT_1 \sim VT_6$	3DG201	6	只
输入变压器	B_1	铁氧体	1	只
振荡变压器	B_2	TTF-3	1	只
中频变压器	B_3, B_4	TTF-1	2	只
输出变压器	B_5	$5 \sim 10\,VA$	1	只
金属膜电阻	R_1	$200\,k\Omega, 1/4\,W$	1	只
金属膜电阻	R_2	$1.8\,k\Omega, 1/4\,W$	1	只
金属膜电阻	R_3	$120\,k\Omega, 1/4\,W$	1	只
金属膜电阻	R_4	$56\,k\Omega, 1/4\,W$	1	只
金属膜电阻	R_5	$100\,k\Omega, 1/4\,W$	1	只
金属膜电阻	R_6	$100\,\Omega, 1/4\,W$	1	只
金属膜电阻	R_7	$120\,\Omega, 1/4\,W$	1	只
金属膜电阻	R_8	$100\,\Omega, 1/4\,W$	1	只
金属膜电阻	R_9	$120\,\Omega, 1/4\,W$	1	只
金属膜电阻	R_{10}	$100\,\Omega, 1/4\,W$	1	只
涤纶电容	C_1	$0.01\,\mu F$	1	只
涤纶电容	C_2	$6\,800\,pF$	1	只
电解电容	C_3	$10\,\mu F, 10\,V$	1	只

续表 8.9.1

名　称	代　号	规格型号	数　量	单　位
涤纶电容	C_4	$0.022\,\mu\mathrm{F}$	1	只
涤纶电容	C_5	$0.01\,\mu\mathrm{F}$	1	只
电解电容	C_6	$4.7\,\mu\mathrm{F},10\,\mathrm{V}$	1	只
涤纶电容	C_7	$0.022\,\mu\mathrm{F}$	1	只
涤纶电容	C_7	$0.022\,\mu\mathrm{F}$	1	只
电解电容	C_8,C_9	$100\,\mu\mathrm{F},10\,\mathrm{V}$	2	只
可调电容	C_A,C_B	双连	1	只
耳机插座	CK		1	只
扬声器	B	$8\,\Omega$	1	只
可调电位器	W	$470\,\mathrm{k}\Omega$	1	只
开关	K	电位器开关	1	只

【工作原理】

天线接收到调幅高频信号如图 8.9.1 所示。调幅信号的振幅按照音频信号的变化而变化,振幅变化的轨迹就是音频信号的波形,也叫包络线。

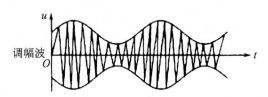

图 8.9.1　调幅信号波形图

收音机把天线接收到的广播电台的高频调幅信号变成一个固定的中频信号(我国规定调幅中频为 465 kHz),然后对固定的中频信号进行多级放大,通过检波,再进行低频放大和功率放大,然后送扬声器发声。典型的超外差式调幅式收音机原理如图 8.9.2 所示。

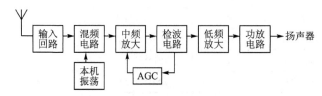

图 8.9.2　调幅式收音机原理框图

六管超外差收音机电路原理如图 8.9.3 所示,它由输入电路、混频级、本振电路、中放电路、检波电路和功放等电路组成。所谓超外差是指收音机接收的高频信号与本机振荡频率差拍成 465 kHz 中频信号，然后检波和功放，它可克服收音机在不同频率接收灵敏度不均匀的缺点。而且固定的中频信号既便于放大，又便于调谐。

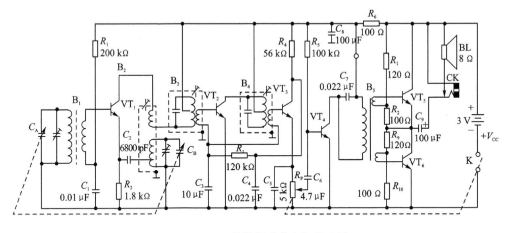

图 8.9.3　六管调幅式收音机原理图

1. 输入回路

从天线到变频管基极间的电路称为输入电路，其作用是接收来自空中的无线电波，从所有这些信号中选出所需的电台信号。输入回路由 B_1 天线线圈的初级和它并联的双连可调电容组成。对中波调幅信号，它能接收 535～1 650 kHz 的频率信号，并经过 B_1 的次级耦合到混频级的基极。

2. 混频和本振电路

变频由原理图中的 R_1、C_1、R_2、VT_1、C_2、B_2 及双连可调电容组成。它将输入电路送来的调幅高频信号和本机振荡信号混频后，将不同高频载波的电台信号变成固定频率的中频载波信号。三极管 VT_1 构成共基放大电路，由 B_2 的中心抽头组成电感三点式振荡电路。它们将产生一个比输入信号频率高出 465 kHz 的本机振荡信号，与输入信号在混频级（VT_1）形成差频 465 kHz 的中频信号，并经过 B_2 耦合到中频变压器 B_3 加到中放级 VT_2 的基极，因为输入回路和本机振荡电路的 C_A 和 C_B 是一个双连可调电容，无论是接收哪个频率的电台信号经混频级后产生的差频信号总是高于输入信号 465 kHz。

3. 中频放大电路

中频放大器的作用是放大经过变频后的 465 kHz 中频信号，然后将放大的中频信号送出检波器。中放级核心元器件是三极管 VT_2，采用中频变压器 B_4 耦合。电路中 R_3、R_4 构成一个 AGC 自动增益控制回路，以保证远近电台均能获得相同的增益值。

4. 检波器和 AGC 控制

检波器将原来调制的高频载波的音频信号检波后产生音频信号和直流分量。音频信号送出到功放级放大,直流信号用于音量的 AGC 控制。检波级由 VT_3 的发射极、C_5 和 R_p 组成。发射极的作用是将广播电台发送的双边带调幅信号进行单导电。而 C_5、R_p 的作用分别是通过中频电流和低频电流,也就是利用 C_5 对于不同频率信号的阻抗不同而达到将中频信号和音频信号分离的目的,从而达到检波效果。检波出来的音频信号经 C_6 耦合到功放级。

5. 功放级

功放级将中频信号经检波后得到音频信号,再经功率放大级后放大,然后推动扬声器发出声音。功放级由前置放大级 VT_4 和推挽功放级 VT_5、VT_6 组成。

电阻 R_6 和 C_8 组成自举电路,目的是向混频级、中放级提供稳定的直流工作电压,同时电容 C_8 起滤除直流电池的噪动带来的干扰信号的作用。

【实训步骤】

1. 检测元器件

用万用表检测元器件。如用 R×1 档测量各天线线圈、振荡线圈、高频阻流圈、中频变压器、低频变压器、喇叭等元器件直流电阻是否符合要求。对振荡线圈、低频变压器还应分出哪边是初级,哪边是次级,有没有短路和开路现象。

测量喇叭阻值的同时还可凭听觉来判断音质、音量等;用 R×1000 档测量二极管正、反向电阻。

测量三极管集电极与发射极正、反向电阻。

测量电位器控制阻值是否平滑;测量固定电阻是否符合标称值。

测量电容器是否有短路、漏电现象等。通过测量和选择,可以判断元件的好坏,去掉不合格元件。

2. 装配前元器件的预处理

检测好的元件,装配前应进行整形加工,以保证成品的工整美观。元件整形加工应注意下列事项:

在加工前先用镊子轻轻拉直加工件的引出线,并刮去表面氧化层。对各种元件应做出粗略的加工尺寸和造型力求高度一致。元件引出线不得短于 8 mm,太长也不好,不但影响美观,容易摆动折断,还容易引起机震。将元件引出线末端 3～5 mm 处镀上一层薄薄的焊锡,便于装配时焊接。镀锡前可以粘适量的酒精松香水,切不可使用剧烈腐蚀性焊剂如硫酸、盐酸和其他焊油之类。镀锡时力求迅速,以防元件损坏变质。

元器件在收音机的位置往往决定着性能、质量和收音效果。如果布局合理,调整起来就顺利,使用起来就稳定,这在高频电路里显得更为重要。电路布局的基本原则:元件要紧凑,走线尽量短,前后不交叉,各级要分清,高、中、低频分三段,大体形成一条线。

具体注意事项如下：与磁棒应该靠近的元件有高频线圈、可变电容器、天线线圈、振荡线圈；与磁棒应该疏远的元器件有电池、喇叭、变压器、振荡线圈、二极管；变压器之间要垂直，磁棒与机壳要平行；喇叭最好放正中，以使整机重量平衡；面板布局要对称，使控制旋钮容易旋动。元器件布置可参照图 8.9.4。

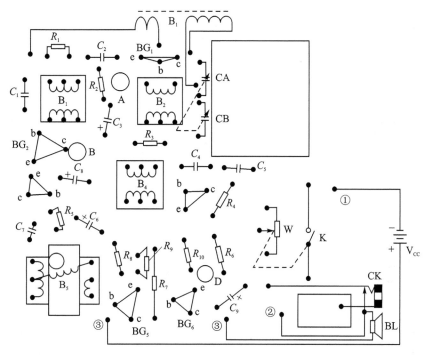

图 8.9.4　六管收音机元器件布置图

8.10　自动搜索调频收音机

【实训目的】

1. 了解自动搜索调频收音机电路的工作原理。
2. 通过对自动搜索调频收音机电路的组装，了解收音机电路的装配过程。
3. 熟悉调频收音机电路基本特征以及了解调频序号发射与接收过程。

【实训器材】

1. 数字万用表　　　1 块。
2. 装配及焊接工具　1 套。

电工电子实训教程

248

3. 元器件参数见表 8.10.1。

表 8.10.1　元器件参数

名　称	代　号	规格型号	数量	单位	备　注
集成芯片	A	CD9088	1	块	
瓷片电容	C_1	220 pF	1	只	
瓷片电容	C_2,C_{19}	35 pF	2	只	
瓷片电容	C_3	82 pF	1	只	
瓷片电容	C_4,C_{11}	403	2	只	
瓷片电容	C_5	470 pF	1	只	
瓷片电容	C_6,C_9	0.1 μF	2	只	
瓷片电容	C_7	330 pF	1	只	
瓷片电容	C_8,C_{13}	332	2	只	
瓷片电容	C_{10},C_{12}	103	2	只	
瓷片电容	C_{14}	180 pF	1	只	
电解电容	C_{15}	220 μF,6.3 V	1	只	
瓷片电容	C_{16},C_{17}	104	2	只	
瓷片电容	C_{18}	680 pF	1	只	
三极管	VT_1	9018	1	只	
三极管	VT_2	9014	1	只	
三极管	VT_3	8550	1	只	
变容二极管	VD_1	BB910	1	只	
发光二极管	VD_2	1V	1	只	红色
空心线圈	L_1	Φ3×8.5×0.5	1	只	
空心线圈	L_2	Φ3.5×4.5×0.7	1	只	
电感线圈	L_3,L_4	4.7 μH	1	只	
金属膜电阻	R_1	47 kΩ,1/8 W	1	只	
金属膜电阻	R_2	510 Ω,1/8 W	1	只	
金属膜电阻	R_3	22 kΩ,1/8 W	2	只	
金属膜电阻	R_4	5.6 kΩ,1/8 W	1	只	
金属膜电阻	R_5	20 Ω,1/8 W			
金属膜电阻	R_6	330 Ω,1/8 W	1	只	
金属膜电阻	R_7	150 kΩ,1/8 W	1	只	
金属膜电阻	R_8	1.2 kΩ,1/8 W	1	只	
可调电位器	R_P	50 kΩ	1	只	
耳机插座	CZ	ST-111	1	只	
印刷电路板		PCB	1	只	厂家提供

【工作原理】

调频是指高频信号的角频率随着音频信号的大小作正比例变化。调频波如图8.10.1所示。由图可以看出,高频信号的振幅和初相角没有变化,只是它的频率按照音频信号的变化规律相应发生变化,音频信号电压越高,调频波的频率越高,电压越低,频率越低。

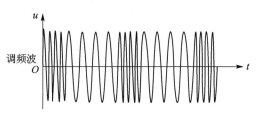

图 8.10.1　调频信号波形图

调频收音机的原理图如图8.10.2所示。由输入回路、高频放大电路、混频电路、本机振荡电路、中频放大电路、限幅器和鉴频器以及功率放大电路组成。

从以上的调频收音机原理框图可以看出,其原理基本与调幅收音机差不多,只是增加了几个电路,如高放、限幅、鉴频等。

(1) 高放电路

实际上,在调幅收音机中有的收音机也有这个电路,经过输入回路的高频信号进行一次放大,然后再送到混频级,目的就是提高它的接收能力。

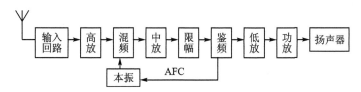

图 8.10.2　调频式收音机原理框图

(2) 中放电路

作用与调幅收音机一样,只是频率不同,调幅收音机的中频是 465 kHz,而调频收音机的中频是 10.7 MHz。因此在调频收音机的输入回路端接收到的频率范围是 87~108 MHz。

(3) 鉴频电路

在调幅收音机中有检波电路,作用是把中频的 465 kHz 的频率滤掉,把音频信号提取出来,而这里是通过鉴频器达到这样的目的。其作用与检波器的作用相似。

(4) 限幅电路

为了提高抗干扰能力,在鉴频之前,首先把它超出的振幅加以限制,一般高出的幅度多数为干扰信号。调频收音机比调幅收音机的抗干扰能力强,限幅器的作用是非常重要的。

(5) AFC 电路

在调幅收音机中有 AGC 电路,目的是自动调整信号的强弱,而这里是通过 AFC 电路调整信号的强弱,不同的是,它是通过改变本振频率实现的。

以集成电路 CD9088 为核心的 FM 收音机电路原理如图 8.10.3 所示,它采用先进的低中频(70 kHz)技术,能自动搜索,外围电路省去了中频变压器和陶瓷滤波器,使电路简单可靠,调试方便。

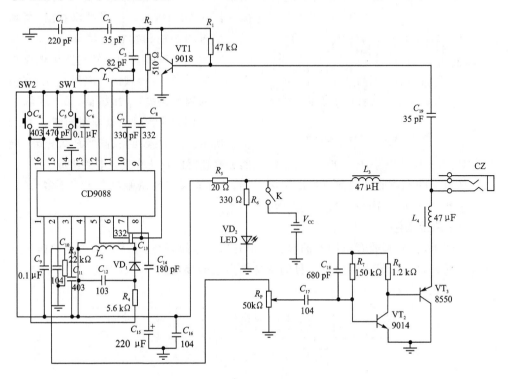

图 8.10.3　自动搜索单片调频收音机原理图

图 8.10.3 中,FM 收音机的调频信号由耳机线输入,经 C_{19}、VT_1、C_2、C_3 和 L_1 进人 IC 的引脚端 11、引脚端 12 混频电路。此处的调频信号是没有调谐的调频信号,即所有调频电台均可进入。

本振电路中频率调节的关键元器件是变容二极管 VD_1。由于 VD_1 PN 结的电容与所加电压有关,当按下扫描开关 SW_1 时,IC 内部的 RS 触发器打开恒流源,由 16 脚向电容 C_4 充电,C_4 两端电压不断上升,VD_1 电容量不断变化,由 VD_1、C_{12}、L_2 构成的本振电路的频率随之不断变化而进行调谐。当收到电台信号后,信号检测电路使 IC 内的 RS 触发器翻转,恒流源停止对 C_4 充电,同时在 AFC 电路作用下,锁住所接收的广播节目频率,从而可以稳定接收电台广播,直到再次按下 SW_1 开始新的搜索。当按下复位开关 SW_2 时,电容 C_4 放电,本振频率回到低端。

电路的中频放大、限幅及鉴频电路的有源器件及电阻均在 IC 内。FM 广播信号和本振电路信号在 IC 内混频器中混频产生 70 kHz 的中频信号,经内部 1 dB 放大器、中频限幅器,送到鉴频器检出音频信号,经内部环路滤波后由 2 脚输出音频信号。电路中 1 脚的 C_9 为静噪电容。3 脚的 C_{11} 为 AF(音频)环路滤波电容,6 脚的 C_{13} 为中频反馈电容,7 脚的 C_{14} 为低通滤波电容,8 脚与 9 脚之间的电容 C_8 为中频耦合电容,10 脚的 C_7 为限幅器的低通滤波电容,13 脚的 C_6 为限幅器失调电压滤波电容。

由于用耳机收听,所需功率很小,本机采用了简单的晶体管放大电路,2 脚输出的音频信号经电位器 R_P 调节后,由 VT_2、VT_3 组成复合管甲类放大电路放大。R_3 和 C_{10} 组成音频输出负载,线圈 L_3 和 L_4 为射频与音频隔离线圈。

CD9088 采用 SOT16 脚封装,其引脚功能如表 8.10.2 所列。

表 8.10.2　集成芯片 CD9088 引脚功能表

引　脚	功　　能	引　脚	功　　能
1	静噪输出	9	IF 输入
2	音频输出	10	IF 限幅放大器滤波电容
3	AF 环路滤波	11	射频信号输入
4	V_{CC}	12	射频信号输入
5	本振调谐回路	13	限幅器失调电压滤波电容
6	IF 反馈	14	接地
7	1 dB 放大器低通滤波电容	15	全通滤波电容搜索调谐输入
8	IF 输出	16	电调谐 AFC 输出

【实训步骤】

1. 安装前检查

① 印制板检查对照图 8.10.4 检查 PCB 板图,有无短、断路和缺陷;孔位及尺寸是否准确。

② 元器件的检测(用万用表)。三极管的极性的判别和放大倍数测量;电位器阻值调节特性是否正常;LED、线圈、电解电容、插座、开关的好坏;判断变容二极管的好坏及极性。

2. 元器件的安装与焊接

元器件在焊接之前应按图 8.10.4 将元件插入孔内,并反复检查是否正确。

具体安装步骤如下:

① 安装并焊接电位器 R_P,注意电位器与印制板平齐。

② 安装耳机插座 CZ。

③ 安装按键开关 SW_1、SW_2(可用剪下的组件引线)。

④ 安装变容二极管 VD_1(注意极性方向标记)。

⑤ 安装电感线圈 $L_1 \sim L_4$(8 匝线圈 L_1,5 匝线圈 L_2、L_3、L_4 要贴板安装)。

⑥ 安装各电容,特别是电解电容 C_{15}(220 μF)要贴板焊接。

⑦ 电阻 R_3、R_5、R_6、R_7、R_8 要立式焊接,R_1、R_2、R_4 要平装。

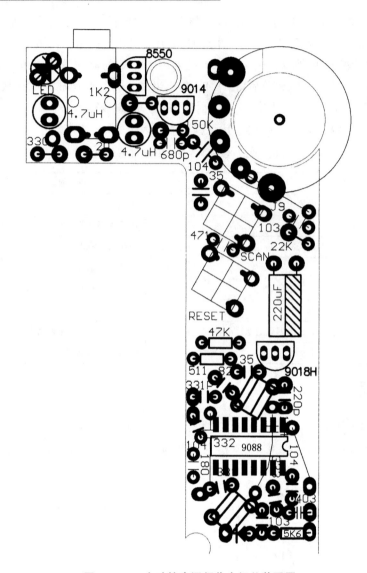

图 8.10.4　自动搜索调频收音机总装配图

⑧ 安装发光二极管 VD_2，注意高度，极性。

⑨ 焊接电源连接线要注意正负极性和连线颜色。

3．调　试

① 调试前，先检查所有元器件；焊接完成后，先目视检查，元器件的型号、规格、数量及安装位置、方向是否与图纸符合。焊点有无虚、漏焊及桥接、飞溅等缺陷。

② 检查一切正常后装入电池，然后测量整机电流，具体方法如下：（插入耳机）用万用表 200 mA（数字表）跨接在电源开关两端测电流（电源开关不能打开），这时，正常电流应为 7～30 mA（与电源电压有关），并且 LED 正常点亮。当电源电压为 3 V

时,电流约为 24 mA。如果电流为 0,或超过 35 mA 应检查电路。

搜索电台广播。如果电流在正常范围,可按 SW_1 搜索电台广播。只要元器件质量完好,安装正确,焊接可靠,不用调任何部分即可收到电台广播。如果收不到电台,应仔细检查电路,特别要检查有无错装、虚焊等缺陷。

调接收频段(俗称调覆盖)。我国调频广播的频率范围为 87~108 MHz,调试时可找一个当地频率最低的调频电台,适度改变线圈 L_2 的间距,使按下 SW_1 键后第一次就可收到这个电台。由于 CD9088 集成度高,元器件一致性较好,一般收到低端电台后均可覆盖调频频段,故可不调高端而仅做检查(可用一个成品调频收音机对照检查)。

调整灵敏度。本机灵敏度由电路及元器件决定,一般不用调整,调好覆盖后即可正常收听。

附录 A 电气工程图纸字母代码表

电气工程图纸字母代码表见表 A.1。

表 A.1 电气工程图纸字母代码表

字母代码	项目种类	举 例
A	组件、部件	分立元件放大器、磁放大器、印制电路板等
B	变换器(从非电量到电量或相反)	送话器、给音器、扬声器、耳机、磁头等
C	电容器	可变以电容器、微调电容器、极性电容器等
D	二进制逻辑单元,延迟器件,存器储件	数字集成电路和器件,双稳态元件、单稳态元件、寄存器等
E	杂项、其他元件	光器件、热器件等
F	保护器件	熔断器、避雷器等
G	电源、发动机、信号源	电池、电源设备、振荡器、石英晶体振荡器等
H	信号器件	光指示器、声指示器等
K	继电器、接触器	
L	电感器、电抗器	感应线圈、线路陷波器、电抗器等
M	电动机	
N	模拟集成电路	运算放大器、模拟/数字混合器件等
P	测量设备、试验设备	指示、记录、积算、信号发生器、时钟等
Q	电力电路的开关	断路器、隔离开关等
R	电阻器	可变电阻器、电位器、变阻器、分流器、热敏电阻等
S	控制电路的开关选择器	控制开关、按钮、隔制开关、选择开关、选择器等
T	变压器	电压、电流互感器等
U	调制器、变换器	鉴频器、解调器、变频器、编码器等
V	电真空器件 半导体器件	电子管、晶体管、二极管、显像管等
W	传输通道 波导、天线	导线、电缆、波导、偶极天线、拉杆天线等
X	端子、插头、插座	插头和插座、测试塞孔、端子板、焊接端子片、连接片等
Y	电气操作的机械装置	制动器、离全器、气阀等
Z	滤波器、均衡器、限幅器	晶体滤波器、陶瓷滤波器、网络等

附录 B 电气工程图常用图形、文字符号新旧对照表

电气工程图常用图形、文字符号新旧对照表见表 B.1。

表 B.1 电气工程图常用图形、文字符号新旧对照表

名　称	GB 312—75 图形符号	GB 1203—75 文字符号	GB 4728—85 图形符号	GB 7159—87 文字符号
直流电				
交流电				
交直流电				
正、负极				
三角形连接的三相绕组				
星形连接的三相绕组				
导线				
三根导线				
导线连接				
端子				
可拆卸的端子				
端子板	1 2 3 4 5 6 7 H	IX	1 2 3 4 5 6 7 H	XT
接地				E
插座		CZ		XS
插头		CT		XP
滑动（滚动）连接器				E
电阻器一般符号		R		R
可变（可调）电阻器		R		R

续表 B.1

名　称	GB 312—75 图形符号	GB 1203—75 文字符号	GB 4728—85 图形符号	GB 7159—87 文字符号
滑动触点电位器		W		RP
电容器一般符号		C		C
极性电容器		C		C
电感器、线圈、绕组、扼流圈		L		L
带铁芯的电感器		L		L
电抗器		K		L
可调压的单相自耦变压器		ZOB		T
有铁芯的双绕组变压器		B		T
三相自耦变压器星形连接		ZOB		T
电流互感器		LH		TA
电机放大机		JF		AG
按钮开关动断触点（停止按钮）		TA		SB
位置开关动合触点		XK		SQ
位置开关动断触点		XK		SQ

续表 B.1

电工电子实训教程

257

名　称	GB 312—75 图形符号	GB 1203—75 文字符号	GB 4728—85 图形符号	GB 7159—87 文字符号
熔断器		RD		FU
接触器动合主触点 （带灭弧装置）		C		KM
接触器动合辅助触点			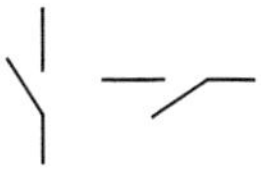	
接触器动断主触点	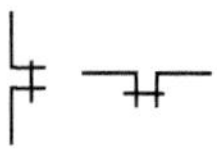	C	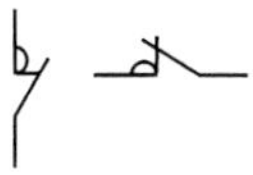	KM
接触器动断辅助触点			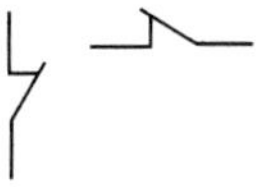	
继电器动合触点 （带灭弧装置）	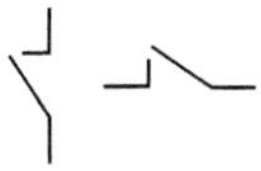	J	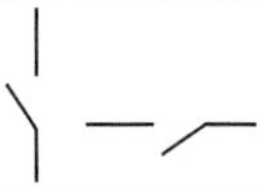	KA
继电器动断触点	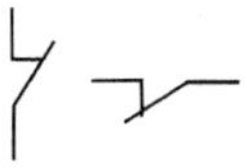	J	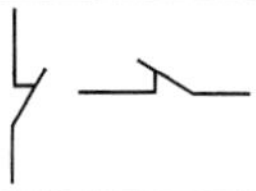	KA
热继电器动合触点	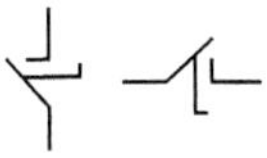	JR	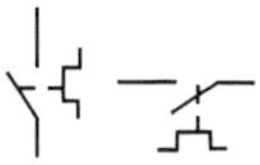	FR
操作器件一般符号， 接触器线圈	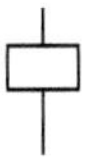	C	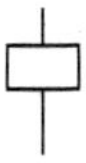	KM
缓慢释放继电器的线圈	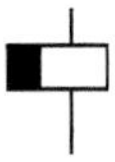	SJ	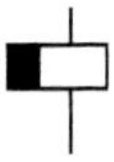	KT
缓慢吸合继电器的线圈	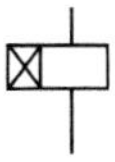	SJ	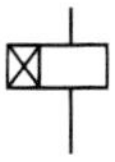	KT
热继电器的驱动器件	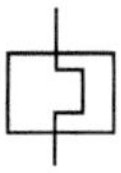	JR		FR
电磁离合器	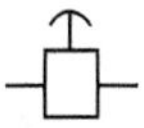	CH	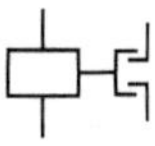	YC

电
工
电
子
实
训
教
程

258

名　称	GB 312—75 图形符号	GB 1203—75 文字符号	GB 4728—85 图形符号	GB 7159—87 文字符号
电磁阀	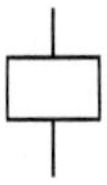	YD		YV
电磁制动器		ZC	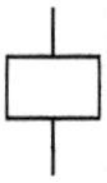	YB
电磁铁	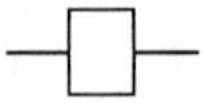	DT	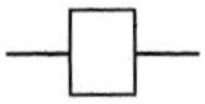	YA
照明灯一般符号	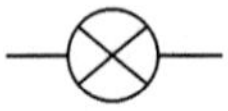	ZD	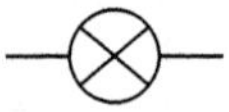	EL
指示灯、信号灯一般符号		ZSD、XD	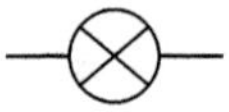	HL
电铃		DL		HA
电喇叭	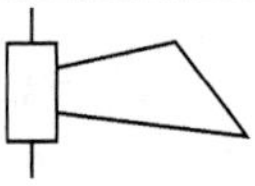	LB	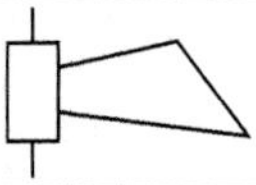	HA
热继电器 动断触点	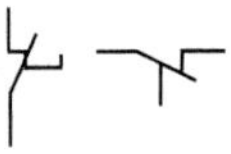	JR	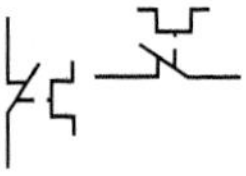	FR
延时闭合的动合触点	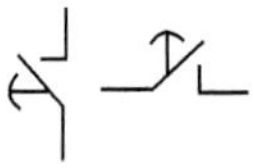	SJ	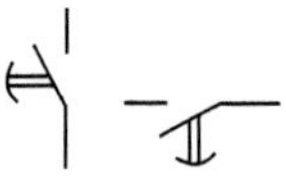	KT
延时断开的动合触点	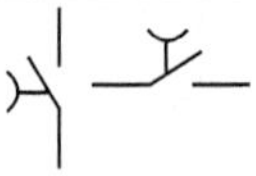	SJ	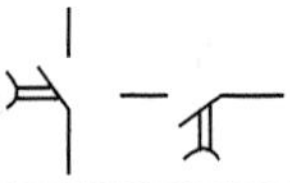	KT
延时闭合的动断触点	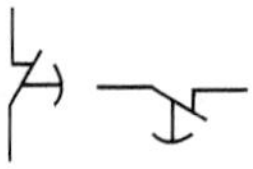	SJ	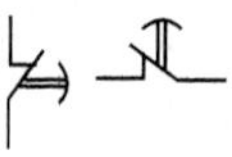	KT
延时断开的动断触点	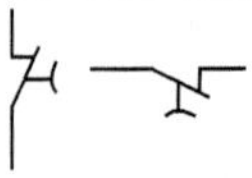	SJ	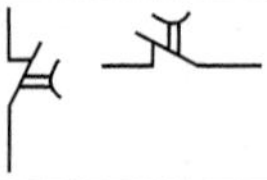	KT
接近开关动合触点	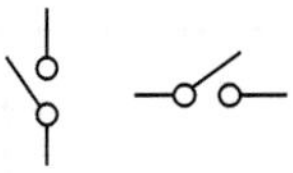	XK	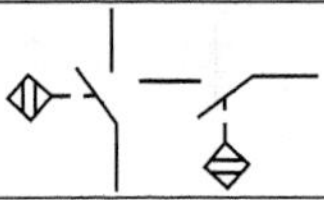	SQ

电工电子实训教程

名　称	GB 312—75 图形符号	GB 1203—75 文字符号	GB 4728—85 图形符号	GB 7159—87 文字符号
接近开关动断触点	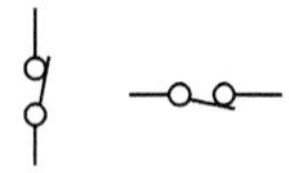	XK	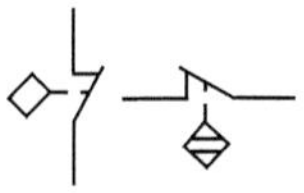	SQ
气压式液压继电器 动合触点	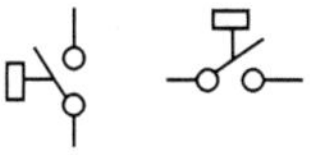	YJ	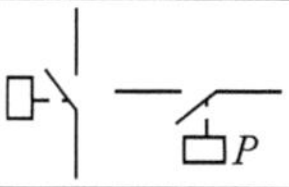	SP
气压式液压继电器 动断触点	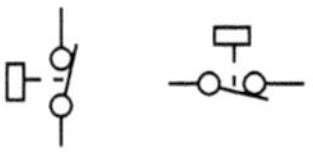	YJ	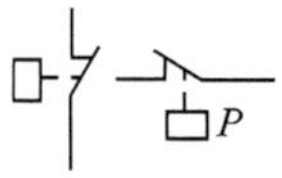	SP
速度继电器动合触点	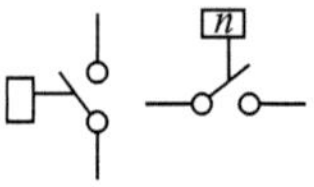	SDJ	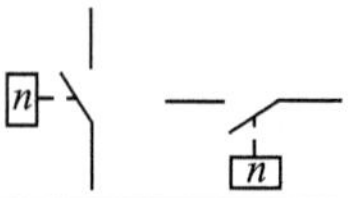	KV
速度继电器动断触点	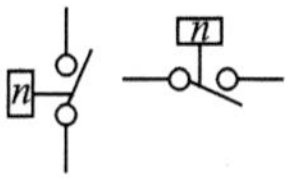	SDJ	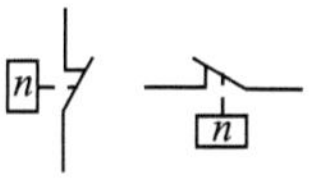	KV
串励直流动机	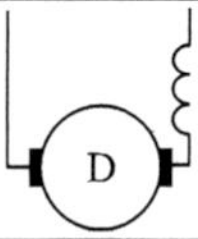	ZD	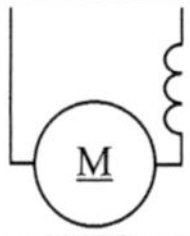	M
并励直流动机	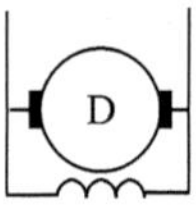	ZD	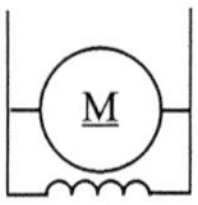	M
他励直流电动机	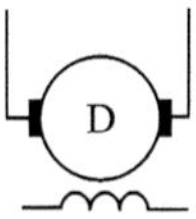	ZD	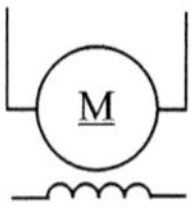	M
三相鼠笼型 异步电动机		JD	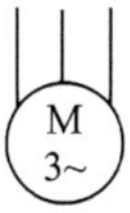	M3～
三相绕线型 异步电动机		JD		M3～
永磁式直流 测速发电机	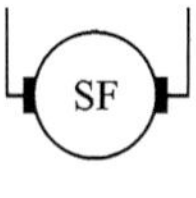	SF		BR
普通刀开关	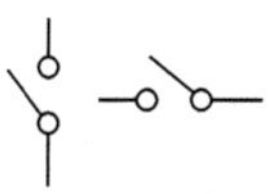	K	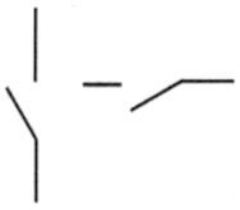	Q

259

电工电子实训教程

260

名　称	GB 312—75 图形符号	GB 1203—75 文字符号	GB 4728—85 图形符号	GB 7159—87 文字符号
普通三相刀开关	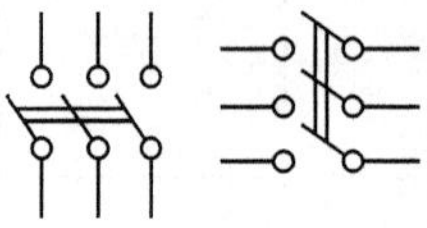	K	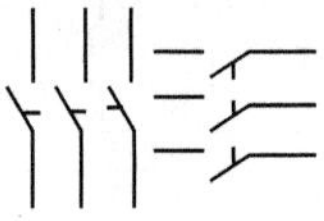	Q
按钮开关动合触点（起动按钮）	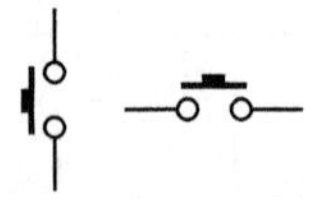	QA	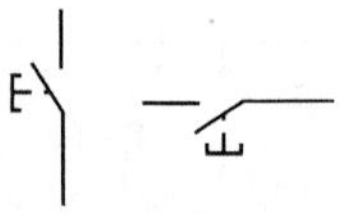	SB
蜂鸣器	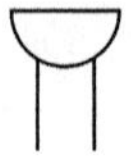	FM	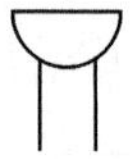	HA
电警笛、报警器		JD		HA
普通二极管		D	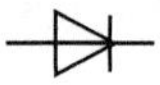	VD
普通晶闸管		T、SCR、KP	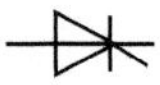	VT
稳压二极管	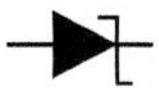	DW、CW	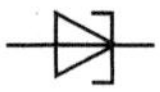	V
PNP 三极管	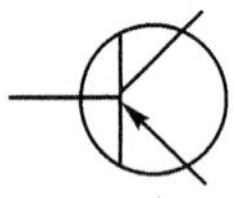	BG	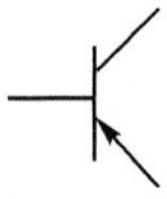	V
NPN 三极管	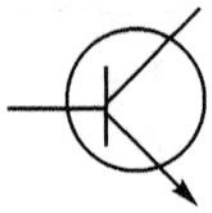	BG	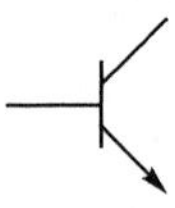	V
单结晶体管	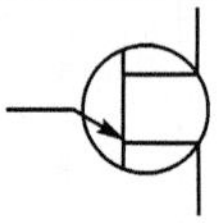	BT	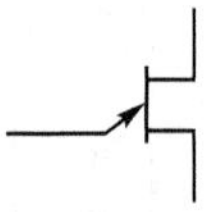	V
运算放大器	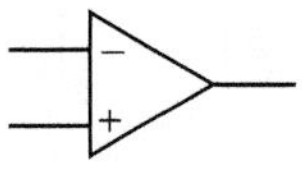	BG	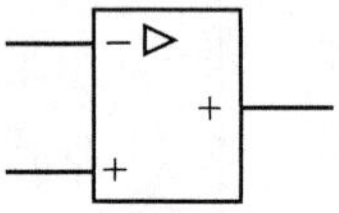	N

附录 C　常用 TTL(74 系列)集成芯片型号及引脚排列图

常用 TTL(74 系列)集成芯片型号及引脚排列图见图 C.1。

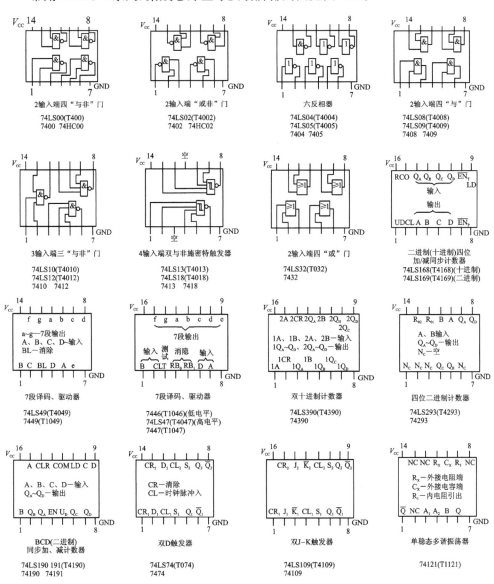

图 C.1　常用 TTL(74 系列)集成芯片型号及引脚排列图

附录 D　常用 CMOS(C000 系列)集成芯片型号及引脚排列图

常用 CMOS(C000 系列)集成芯片型号及引脚排列图见图 D.1。

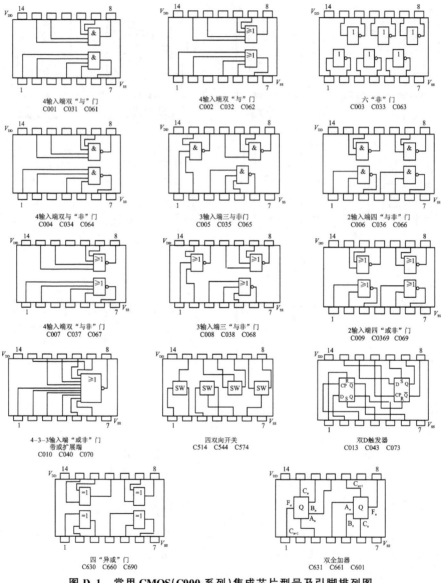

图 D.1　常用 CMOS(C000 系列)集成芯片型号及引脚排列图

附录 E　国外常用二极管参数表

国外常用二极管参数表见表 E.1。

表 E.1　国外常用二极管参数表

额定电流/A	反向电压/V														
	25	50	100	200	300	400	500	600	800	1000	1200	1400	1600	1800	2000
0.1	2CP10	2CP11	2CP12	2CP14	2CP17	2CP18	2CP19	2CP20	2CP20A						
0.3				2CZ21A		2CZ21B		2CZ21C	2CZ21D	2CZ21E	2CZ21F				
				2DP3A		2DP3B		2DP3C	2DP3D	2DP3E	2DP3F	2DP3G	2DP3H	2DP3I	2DP3J
0.5		2CP1A	2CP1	2CP2	2CP3	2CP4	2CP5	2CP1E	2CP1G						
				2DP4A		2DP4B		2DP4C	2DP4D	2DP4E	2DP4F	2DP4G	2DP4H	2DP4I	2DP4J
1		2CZ11K	2CZ11A	2CZ11B	2CZ11C	2CZ11D	2CZ11E	2CZ11F	2CZ11H						
				2CZ20A		2CZ20B		2CZ20C	2CZ20D	2CZ20E	2CZ20F				
				2DP5A		2DP5B		2DP5C	2DP5D	2DP5E	2DP5F	2DP5G	2DP5H	2DP5I	2DP5J
		1N4001	1N4002	1N4003		1N4004		1N4005	1N4006	1N4007					
1.5		1N5391	1N5392	1N5393	1N5394	1N5395	1N5396	1N5397	1N5398	1N5399					
2		PS200	PS201	PS202		PS204		PS206	PS208	PS209					
3			2CZ12	2CZ12A	2CZ12B	2CZ12C	2CZ12D	2CZ12E	2CZ12F	2CZ12H					
		1N5400	1N5401	1N5402	1N5404	1N5405	1N5406	1N5407	1N5408	1N5409					
5	2CZ13	2CZ13A	2CZ13B	2CZ13C	2CZ13D	2CZ13E	2CZ13F	2CZ13H							

附录 F　国外常用三极管参数表

国外常用三极管参数表见表 F.1。

表 F.1　国外常用三极管参数表

型　号	极　性	P_{CN}/W	I_{CN}/A	BV_{CBO}/V	BV_{CED}/V	BV_{BBO}/V	f_T/MHz
9011	NPN	0.4	0.03	50	30	5	370
9012	PNP	0.625	0.5	40	20	5	
9013	NPN	0.625	0.5	40	20	5	
9014	NPN	0.625	0.1	50	45	5	270
9015	PNP	0.45	0.1	50	45	5	190
9016	NPN	0.4	0.025	30	20	4	620
9018	NPN	0.4	0.05	30	15	5	1100
8050	NPN	1	1.5	40	25	6	190
8550	PNP	1	1.5	40	25	6	200
3903	NPN	0.625	0.2	60	40	5	300
3905	PNP	0.625	0.2	60	40	5	250
4401	NPN	0.625	0.6	60	40	5	300
4402	PNP	0.625	0.6	60	40	5	300
5401	PNP	0.625	0.6	160	150	6	200
5551	NPN	0.35	0.6	180	160	6	200
2500	NPN	0.9	2	30	10	7	150

附录 G 实训报告格式

×× 大学工程训练中心
电工电子实训报告

学院名称：＿＿＿＿＿＿＿＿

专　　业：＿＿＿＿＿＿＿＿

班　　级：＿＿＿＿＿＿＿＿

学　　号：＿＿＿＿＿＿＿＿

姓　　名：＿＿＿＿＿＿＿＿

指导老师：＿＿＿＿＿＿＿＿

实训时间

年　　月　　日　至　　年　　月　　日

电工电子实训教程

实训项目一：＿＿＿＿＿＿＿（根据学生情况在项目选择）

1. 电路原理图：(由老师先绘制,也可让学生自己绘制)

2. 电路原理：(限××字以内)学生根据自己的理解,用简洁的语言叙述电路原理,训练学生不仅能动手,而且善于总结。可参照科技论文摘要形式。

3. 实测参数和波形：

IC各部电压/V	①	②	③	④	⑤	⑥	调试中出现的故障及排除方法
测量点	各级电压流			各级电压波形			
	E	B	C	E	B	C	
1							
2							
3							
4							
5							

5. 结论：用自己的语言总结整个电路的制作过程;调试中出现的故障及排除的方法;测量参数的(波形)过程以及制作过程的体会与收获。

说明：每个实训项目都需要一张报告,而每个项目记录、总结的内容、要求都不一样。最后装订成册,建立学生实训档案。

参考文献

[1] 黄智伟.全国大学生电子设计竞赛系统设计[M].北京:北京航空航天大学出版社,2006.

[2] 黄智伟.全国大学生电子设计竞赛电路设计[M].北京:北京航空航天大学出版社,2006.

[3] 黄智伟.全国大学生电子设计竞赛技能训练[M].北京:北京航空航天大学出版社,2007.

[4] 黄智伟.全国大学生电子设计竞赛制作实训[M].北京:北京航空航天大学出版社,2007.

[5] 黄智伟.全国大学生电子设计竞赛培训教程[M].北京:电子工业出版社,2005.

[6] 韩广兴.电子产品装配技术与技能实训教程[M].北京:电子工业出版社,2006.

[7] 孙余凯.电子产品制作技术与技能实训教程[M].北京:电子工业出版社,2006.

[8] 黄仁欣.电子技术实践与训练[M].北京:清华大学出版社,2004.

[9] 刘德旺.电子制作实训[M].北京:中国水利水电出版社,2004.

[10] 张翠霞.电子工艺实训教材[M].北京:科学出版社,2004.

[11] 张大彪.电子技术技能训练[M].北京:电子工业出版社,2002.

[12] 文国电.电子测量技术[M].北京:机械工业出版社,2005.

[13] 杨海洋.电子电路故障查找技巧[M].北京:机械工业出版社,2004.

[14] 张咏梅.电子测量与电子电路实验[M].北京:北京邮电大学出版社,2000.

[15] 谭克清.电子技能实训[M].北京:人民邮电出版社,2006.

[16] 汤元信.电子工艺及电子工程设计[M].北京:北京航空航天大学出版社,2001.

[17] 王卫平.电子产品制造技术[M].北京:清华大学出版社,2005.

[18] 陈尚松.电子测量与仪器[M].北京:电子工业出版社,2003.

[19] 周惠潮.常用电子元件及典型应用[M].北京:电子工业出版社,2005.

[20] 黄永定.电子实验综合实训教程[M].北京:机械工业出版社,2004.

[21] 李义府.电工电子实习教程[M].长沙:中南大学出版社,2002.

[22] 朱建望.电工技术[M].西安:西北工业大学出版社,2001.

[23] 薛涛.电工技术[M].北京:机械工业出版社,2002.

[24] 刘国林.电工技术教程与实训[M].北京:清华大学出版社,2006.

[25] 杨亚平.电工技能与实训[M].北京:电子工业出版社,2005.

[26] 杨帮文.新型实用电路制作 200 例[M].北京:人民邮电出版社,1998.